普通高等教育"十一五"国家级规划教材

软件工程专业核心课程系列教材

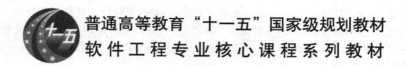

软件项目管理与案例分析
（第2版）

肖来元 吴涛 陆永忠 武剑洁 编著

清华大学出版社

北京

内 容 简 介

本书系统讲述软件项目管理的基本概念、基本原理及基本方法,包含当前相关知识领域的最新发展概况。

本书共分 12 章,围绕软件项目管理过程展开论述,内容涉及软件开发过程管理、软件项目质量管理、软件需求管理、软件团队管理、软件项目估算与进度管理、软件项目配置管理、软件项目风险管理等多方面。本书采用大量分散案例来解释和验证软件项目管理的基本概念、基本原理及基本方法,同时采用综合案例将整个知识内容有机地结合在一起。

本书可以作为高等学校软件项目管理课程的教科书,也可以作为从事软件项目管理、软件系统分析与设计、软件开发及应用等工作人员的参考书。同时对于希望了解软件项目管理的各类读者而言,本书也是一本较好的参考读物。

图书在版编目(CIP)数据

软件项目管理与案例分析/肖来元等编著. —2 版. —北京:清华大学出版社,2013(2021.8 重印)
(软件工程专业核心课程系列教材)
ISBN 978-7-302-30512-5

Ⅰ. ①软… Ⅱ. ①肖… Ⅲ. ①软件开发—项目管理 Ⅳ. ①TP311.52

中国版本图书馆 CIP 数据核字(2012)第 257271 号

责任编辑:魏江江　王冰飞
封面设计:常雪影
责任校对:时翠兰
责任印制:刘海龙

出版发行:清华大学出版社
　　　　网　　　址:http://www.tup.com.cn,http://www.wqbook.com
　　　　地　　　址:北京清华大学学研大厦 A 座　　　　邮　　编:100084
　　　　社 总 机:010-62770175　　　　邮　　购:010-83470235
　　　　投稿与读者服务:010-62776969,c-service@tup.tsinghua.edu.cn
　　　　质量反馈:010-62772015,zhiliang@tup.tsinghua.edu.cn
　　　　课件下载:http://www.tup.com.cn,010-83470236
印 装 者:北京鑫海金澳胶印有限公司
经　　销:全国新华书店
开　　本:185mm×260mm　　印　张:15.25　　　　字　　数:367 千字
版　　次:2009 年 2 月第 1 版　　2014 年 1 月第 2 版　　印　　次:2021 年 8 月第 11 次印刷
印　　数:30001～32000
定　　价:29.00 元

产品编号:044179-01

前　　言

　　软件项目管理是软件工程和项目管理的交叉学科,它在内容的基本框架结构上与项目管理具有领域相似性的特点。软件工程领域在 20 世纪 70 年代经历了一个结构化生产时期;20 世纪 80 年代经历了以面向对象技术为特征的发展时期;20 世纪 90 年代中期经历了以软件过程变革为中心的时期;现在经历的是软件工业化大生产集成的时期。软件项目管理作为软件工程的重要组成部分,其知识领域的相关过程、方法、工具随着软件工程学科的发展也经历了重大的变革。

　　本书系统讲述软件项目管理的基本概念、基本原理及基本方法,包含当前相关知识领域的最新发展情况。为将理论结合实践,本书采用大量分散案例来解释和验证软件项目管理领域的基本概念、基本原理及基本方法,同时采用综合案例将整个知识内容有机地结合在一起。

　　本书共分 12 章,围绕软件项目管理过程展开论述,内容涉及软件开发过程管理、软件项目质量管理、软件需求管理、软件团队管理、软件项目估算与进度管理、软件项目配置管理、软件项目风险管理等多方面。

　　第 1 章是“软件项目管理概述”,介绍软件项目的学科背景和相关概念;第 2 章是“软件项目合同管理”,论述如何采用“技术合同”的方式来进行合同管理;第 3 章是“软件开发过程管理”,介绍 ISO 9000、CMM 和 CMMI 三种常见的软件过程改进模型,以及多种软件开发生命周期模型和质量计划的定义和模板;第 4 章是“软件质量管理”,介绍软件质量管理的相关概念、方法和过程,包括软件质量和质量工作的含义,软件质量度量模型、指标及工具,软件质量保证的相关措施,以及软件测试过程管理模型及实践;第 5 章是“软件项目团队管理”,讲述软件项目团队管理的概念、特点、过程和方法;第 6 章是“软件项目需求管理”,从需求工程的角度阐述软件项目中的需求管理;第 7 章是“软件项目开发计划”,在详细分析几个成本模型的基础上对软件项目加以描述,并介绍进度安排的相关内容;第 8 章是“软件项目风险管理”,论述什么是风险及如何制定风险管理计划并有效地管理风险;第 9 章是“软件项目跟踪控制”,介绍分析项目进展性能的两种方法:图解控制法和挣值分析法;第 10 章是“软件项目配置管理”,介绍软件项目实施过程中的项目范围核实、项目的组织、项目配置管理策略的执行、变更的有效控制、测试过程、系统维护等;第 11 章是“软件项目收尾”,介绍如何对项目成果交付的过程或者取消项目的过程进行管理;第 12 章是“综合案例分析”。

　　本书可以作为高等学校软件项目管理课程的教科书,也可以作为从事软件项目管理、软件工程、软件系统分析与设计、软件开发及应用等工作的研究人员的参考书。对于希望了解软件开发项目管理的各类读者,本书也是一本较好的参考读物。

　　由于作者水平有限,加之软件项目管理知识领域的发展速度非常快,书中难免有疏漏和不妥之处,敬请读者批评斧正。

编　者

2013 年 6 月

目　　录

第1章 软件项目管理概述

现在，人们似乎对项目管理有了更大的兴趣。因为在当今社会中，一切事物都是项目，一切工作也都将成为项目，这种泛项目化的发展趋势正逐渐改变着组织的管理方式，使项目管理成为各行各业的热门话题，受到前所未有的关注。项目管理学科的发展，无论在国外还是国内，都达到了一个超乎寻常的发展速度。在20世纪80年代前，项目管理工作主要还是集中在向高级管理层提供进度和资源的数据信息。当然，直到现在，这种对项目关键参数的跟踪仍然是项目管理的一个重要因素。但当今的项目管理所包含的内容已远远超过了这一范畴，特别是IT类企业的飞速发展和技术上的急速变化，使IT企业（包括软件企业）在管理模式上出现了质的飞跃。实际上，如今人们已强烈地感受到，企业要想获得成功，就必须熟悉并能够运用现代项目管理方法。

1.1 项目与软件项目的概念

在本书中，凡涉及的概念、定义、过程等项目管理术语（除特别说明外）均参照《项目管理知识体系指南》(*Project Management Body of Knowledge*，PMBOK)，它是美国项目管理学会(Project Management Institution，PMI)对项目管理知识领域的系统总结，涉及项目管理过程的方方面面。

1.1.1 项目与项目属性

1. 项目定义

项目是为创造独特的产品、服务或其他成果而进行的一次性工作。工作通常有两类不同的方式：一类是持续不断和重复的，称为常规运作；另一类是独特的一次性任务，称为项目。无论是常规运作还是项目，均要由个人或组织机构来完成，并受制于有限的资源，遵循某种程序；要进行计划、执行、控制等。项目与日常运作的不同，体现在：项目是一次性的，而日常运作是重复进行的；项目是以目标为导向的，而日常运作是通过效率和有效性体现的；项目是通过项目经理及其团队工作完成的，而日常运作是职能式的线性管理；项目存在大量的变更管理，而日常运作则基本保持持续的连贯性。

2. 项目属性

根据项目的定义，项目类工作具有以下属性。

1) 一次性与独特性

一次性是项目与其他常规运作的最大区别。每个项目要么提供的成果有自身的特点，要么提供的成果与其他项目类似，然而其时间和地点、内部和外部的环境、自然条件和社会条件有别于其他项目。

2) 目标的确定性与过程的不确定性

项目有确定的时间目标、成果目标及其他需满足的要求。软件项目的实施过程有很大的不确定性。项目目标允许有一个变动的幅度,也就是说项目目标是可以修改的。

3) 活动的整体性与过程的渐进性

项目中的一切活动都是相互联系的,构成一个整体,不能有多余的活动,也不能缺少某些活动。项目的实施需要逐步地投入资源,持续地累积可交付成果,所有人员始终要精工细作,直至项目的完成。

4) 项目组织的临时性和开放性

项目团队在项目进展过程中,其成员、职责都在不断地变化。参与项目的组织往往有多个,他们通过协议或合同以及其他的社会关系结合在一起,在不同时段以不同的形式介入项目活动。项目组织没有严格的边界,是临时的、开放的。

5) 对资源的依赖性和冲突性

项目的实施依赖大量的资源,软件项目依赖的资源首先是开发和实施项目的人,实施项目的人进一步利用和消耗其他资源。项目实施的过程也就是资源转化的过程。同时,由于项目常与组织中的其他工作或项目同时进行,导致项目与部门工作间的冲突。例如项目内部冲突主要表现在资源分配与调度不均、时间进度安排与质量结果考核冲突等,由此也导致了项目经理的工作更加富有冲突性。

6) 结果的不可逆转性

不论结果如何,项目结束后,结果也就确定了,它是不可逆转的。

7) 项目实施的周期性

项目要在一个限定的期间内完成,它是一种临时性的任务,有明确的开始点和结束点,当项目的基本目标达到时,就意味着项目任务的完成。尽管不同项目的生命周期阶段划分有所区别,但总体来看,可分为四个阶段,即概念阶段、开发阶段、实施阶段和收尾阶段。

1.1.2　软件项目

软件是计算机系统中与硬件相互依存的部分,它是程序、数据及其相关文档的完整集合。其中,程序是按事先设计的功能和性能要求执行的指令序列;数据是使程序能正常操纵信息的数据结构;文档是与程序开发、维护和使用有关的图文材料。软件项目除了具备项目的基本特征之外,还有如下的特点。

- 软件是一种逻辑实体,不是具体的物理实体,它具有抽象性。这使得软件与硬件或者工程实体有很多不同。
- 软件的生产与硬件不同,在开发过程中没有明显的制造过程、也不存在重复生产过程。
- 软件没有硬件的机械磨损和老化问题。相反,软件具有多次完善性。任何一个软件系统或产品,都不可能一次开发完成并永久使用。随着信息技术的发展,软、硬件更新速度非常快,且使用软件的人员水平不断提高,对软件系统提出了更高要求,因此,软件系统是一个不断完善和改进的过程性产品。然而,软件也存在退化问题,在软件的生存期中,软件环境的变化将导致软件失效发生率的上升。当软件产品需要考虑对体系结构和内核程序进行改进时,也就意味着该产品将被淘汰。

- 软件的开发受到计算机系统的限制,对计算机系统有不同程度的依赖。
- 软件开发以客户为中心。客户满意度是衡量软件产品质量的一个重要方面,也是软件项目运作的宗旨,软件不仅要满足共性的功能和性能指标,还需要适应各类用户的个性化需求,这也是软件系统实现的难点。
- 软件本身是复杂的。它的复杂性源自应用领域实际问题的复杂性和应用软件技术的复杂性。
- 软件开发的成本相当昂贵。软件开发需要投入大量的、复杂的、高强度的脑力劳动,因此成本比较高。
- 软件开发至今没有摆脱手工的开发模式。软件产品基本上都是"定制的",做不到利用现有的软件组件组装成所需要的软件。由于客户需求的多变性和软件开发对脑力劳动的高依赖性,导致难以展开流水线式的机器化大生产,必须不断研究软件复用技术,如面向对象的开发方法等。
- 很多软件工作涉及社会的因素,要受到机构、体系和管理方式等问题的限制。

软件项目是一种特殊的项目,它创造的唯一产品或者服务是逻辑体,没有具体的形状和尺寸,只有逻辑的规模和运行的效果。软件项目不同于其他项目,不仅是一个新领域,而且涉及的因素比较多,对软件项目的管理也比较复杂。目前,软件项目的开发和运作远没有其他领域的项目规范。另外,变更在软件项目中也是常见的现象。项目的独特性和临时性决定了项目是渐进明细的。"渐进明细"表明项目的定义会随着项目团队成员对项目、产品等理解认识的逐步加深而得到渐进的描述。

1.1.3　项目的组成要素

项目的范畴或项目的组成要素是指与项目本身活动有关的方方面面的总和,或者说是对项目和项目管理可能产生影响的诸多方面的总和。一个软件项目的要素包括软件开发过程、软件开发结果、软件开发赖以生存的资源以及软件项目的客户。在认识、定义和管理一个项目时的对象就是这些项目要素,项目范畴包括项目的不同阶段和生命期、项目利益相关者、与项目有关的管理知识和方法、项目组织结构、项目外部环境等。

1. 项目的阶段和生命期

项目从开始到结束是渐进地发展和演变的,可划分为若干个阶段,这些便构成了它的整个生命期。不同的项目可以划分为内容和个数不同的若干阶段。

软件项目的生命期,按照软件工程的定义,一般分为计划、需求、设计、编码、测试和运行维护六个阶段。

在以线性形式开展的项目活动中,项目的每一个阶段都有某种明确的可交付成果,作为阶段完成标志。前一阶段的可交付成果通常经批准后才能作为输入,用于开始下一阶段的工作。认真完成各阶段的可交付成果很重要:一方面,为了确保前阶段成果的正确和完整,避免返工;另一方面,由于项目人员经常流动,在前阶段的参与者离去时,后阶段的参与者可顺利地衔接。当风险不大、较有把握时,前后阶段可以相互搭接以加快项目进展。这种经过精心安排的项目互相搭接的做法常常称为"快速跟进"。

软件项目的阶段之间的关系有瀑布模型、演化和迭代模型、螺旋模型等形式,阶段之间的衔接关系更为复杂,这个问题我们会在以后的章节中介绍。

尽管项目阶段的名称、内容和划分各不相同,为了便于说明,在 PMBOK 中,项目的生命期一般可以分为启动(概念)、计划(开发)、实施(执行)和收尾(结束)四个阶段。

2. 项目当事人和项目利益相关者

1) 项目当事人

项目当事人是指项目的参与各方。

2) 项目利益相关者

项目利益相关者包括项目当事人和其利益受该项目影响的个人及组织,也可以把他们称作项目的利害关系者。除了上述的项目当事人外,项目利益相关者还可能包括政府的有关部门、社区公众、项目用户、新闻媒体、市场中潜在的竞争对手、合作伙伴等。

项目不同的利益相关者对项目有不同的期望和需求,他们关注的问题常常相差甚远。弄清楚哪些是项目利益相关者,他们各自的需求和期望是什么,才能对利益相关者的需求和期望进行管理并施加影响,调动其积极因素,化解其消极影响,以确保项目获得成功。

3. 组织结构的影响

项目是在一定的组织机构内部(如企业、社会团体和政府机构)完成的。

1) 项目型组织和非项目型组织

项目在组织中的地位有两类不同的情况:

- 项目处于组织的最高层次,是组织的主要任务。
- 项目处于组织的内部,只是某个组织的部分任务,该组织承担着某些比项目范围更大的职责,这种情况最为普遍,也是我们项目管理讨论中的主体。

项目置于组织的哪个层次和地位,对项目能否顺利进行会有重大的影响。

2) 按项目型管理还是按非项目型管理

组织可以采取项目管理体制或非项目管理体制。

当一个组织的业务主要是通过项目来完成时,多数采取项目管理体制,包括自身为项目业主的组织和靠为他人执行项目获得收入的组织。有的组织虽然不是项目型的组织,但他们将自己的业务按项目方式来管理,而采取项目管理体制。

即使是按项目型管理的组织,项目所在的组织通常既要承担项目又需具备各类常规的业务职能,因此,其组织结构除项目组外,还有多种其他的职能部门。不同的组织结构形式会对项目产生重要的影响,包括积极的和消极的影响。

4. 外部环境的影响

项目的外部环境包括十分广泛的自然和社会方面的内容。在一定的条件下,外部环境的某些方面会对项目产生重大的甚至是决定性的影响,某些值得注意的方面主要包括政治和经济、文化和意识、标准和规章等。

1.2　项目管理的概念

1.2.1　项目管理的定义

项目管理是以项目为对象的系统管理方法,它通过一个临时性的、专门的柔性组织,运用相关的知识、技术、工具和手段,对项目进行高效率的计划、组织、指导和控制,以实现对项目全过程的动态管理和对项目目标的综合协调与优化。

项目管理是通过项目各方利益相关者的合作,把各种资源应用于项目,以实现项目的目标,使项目利益相关者的需求得到不同程度的满足。由于软件是一种特殊的产品,这种产品的特殊性之一就是它的生产活动是以项目的形式来进行的。因此,项目管理对软件生产具有决定性的意义。特别是在当今的软件项目中,项目管理的质量与软件产品的质量有着直接的对应关系,因此,提高项目管理的能力对于提高软件组织的软件生产力是很重要的。在SEI-CMM 中,对于不成熟的软件组织进行软件过程改进指导的第一个目标,就是建立起项目管理的基本实践,因为项目管理是软件过程改进的一个基本前提,在没有项目管理的前提下,其他一切的实践都是无法实现的。

项目管理活动类似导弹发射控制过程,需要在一开始就设定好目标,然后在飞行过程中锁定目标,同时不断调整导弹的方向,使之沿着正确轨道运行,最终击中目标。

1.2.2 项目管理的基本内容

根据项目管理的定义,从不同的分析、研究角度出发,项目管理可以得出不同的任务内容:

- 从管理职能角度划分,项目管理包括项目计划、组织、人事安排、控制、协调等方面的内容。
- 从项目活动的全过程划分,项目管理包括项目决策、项目规划与设计、项目的招投标、项目实施、项目终结、后续评价等方面的内容。
- 从项目投入资源要素角度划分,项目管理包括项目资金财务管理、项目人事劳动管理、项目材料设备管理、项目技术管理、项目信息管理、项目合同管理等方面的内容。
- 从项目目标和约束角度划分,项目管理包括项目进度管理、项目成本管理、项目质量管理等方面的内容。

虽然可以从不同的角度对项目管理活动进行划分,但管理的内容实质上是相同的。就是说,可以从不同的侧面阐述项目管理内容,它包括项目范围、进度、成本、质量、人力资源、沟通、风险、变更管理等多项管理实践。而在一个实际项目的进展过程中,这些管理实践又是相互融合和关联的,因此,要求有专职的项目经理或专门的项目管理机构来完成。

1.2.3 项目管理与软件项目管理的特点

1. 项目管理的特点

项目管理与传统的职能部门的管理相比,更注重于综合性的协调管理。项目管理有严格的时效限制、明确的阶段任务要求,在基本没有先例的情况下,在不确定的环境、团队和业务过程中,完成给定的任务,项目日程计划、成本控制、质量标准等都对项目经理形成了巨大的压力。项目管理的特点具体表现在以下方面:

- 项目管理的对象是项目或以项目方式运作的企业。
- 项目管理的全过程融入系统工程的思想。
- 项目管理组织的特殊性。
- 项目管理的体制是基于团队管理的个人负责制,项目经理是对项目负责的最高责任人。

- 项目管理的方式是目标管理,在项目组内部,各方面的专家在不同层次、领域内,在项目经理的授权下,负责各方面工作,并向项目经理汇报。
- 项目经理不但要提供项目正常运行所需的物质、人力、资金支持,而且还要创造出项目团队齐心协力克服困难、协作一致的团队氛围。
- 项目管理的方法、工具和手段具有先进性和开放性,更多地采用了计算机辅助管理的方法。

2. 项目管理与一般作业管理的区别

由于项目的特点,决定了项目管理具有以下特点:

- 充满了不确定因素。
- 跨越部门的界限。
- 有严格的时间期限要求。

项目管理一般通过不完全确定的过程,在确定的期限内生产出不完全确定的产品。日程安排和进度控制经常对项目管理产生很大的压力。

3. 软件项目管理的特征

由于软件项目的独特性,决定了软件项目管理与其他项目管理相比,有很大的独特性。软件开发不同于其他产品的制造:软件过程更多的是设计过程,而看不到加工制造过程;软件开发不需要使用大量的物质资源,而主要是使用人力资源;软件开发的产品只是程序代码和技术文件,并没有其他的物质结果。基于上述特点,软件项目管理与其他项目管理相比,有很大的独特性。

1.3　软件项目生命期与管理过程

项目的生命期描述了项目从开始到结束所经历的各个阶段,最普遍的划分方法是将项目划分为项目启动(识别需求)、项目计划(提出解决方案)、项目执行和项目结束四个阶段。在实际工作中根据不同领域或不同方法再进行具体的划分。

按照软件工程可将软件项目生命期划分为四个阶段,也有的人将其划分为六个阶段,即计划、需求分析、系统设计、系统开发、系统测试、运行维护。

1.3.1　软件项目生命期

我们一般认为软件的发展经历了三个大的时期:①以个体生产为特征,主要凭个人经验、技巧的程序设计时期;②以作坊生产为特征,几个人分工合作的程序系统时期;③以工程化和产业化为特征的软件工程时期,同时强调生产技术和管理方法。软件工程就是在 20世纪 60 年代开始提出的,并在软件开发活动中逐步被人们采用的一种工程化的软件开发和组织管理方法。

软件项目生命期包括以下六个阶段。

① 计划阶段。定义系统,确定用户的要求或总体研究目标,提出可行的方案,包括资源、成本、效益、进度等的实施计划。进行可行性分析并制定粗略计划。

② 需求分析阶段。确定软件的功能、性能、可靠性、接口标准等要求,根据功能要求进行数据流程分析,提出初步的系统逻辑模型,并据此修改项目实施计划。

③ 系统设计阶段。它包括系统概要设计和详细设计。在概要设计中,要建立系统的整体结构,进行模块划分,根据要求确定接口。在详细设计中,要创建算法、数据结构和流程图。

④ 系统开发阶段。把流程图翻译成程序,并对程序进行调试。

⑤ 系统测试阶段。通过单元测试,检验模块内部的结构和功能;通过集成测试,把模块连接成系统,重点寻找接口上可能存在的问题;通过确认测试,按照需求的内容逐项进行测试;通过系统测试,到实际的使用环境中进行测试。单元测试和集成测试是由开发者自己完成的,而确认测试和系统测试则是由用户参与完成的。这是软件质量保证的重要一环。

⑥ 运行维护阶段。它一般包括三类工作:为了修改错误而做的改正性维护;为了适应环境变化而做的适应性维护;为了适应用户新的需求而做的完善性维护,有时会成为二次开发,进入一个新的生命期,再从计划阶段开始。可见,维护的工作是软件生命期中重要的一环,通过良好的运行维护工作,可以延长软件的生命期,乃至为软件带来新的生命。

1.3.2　软件项目管理过程

为了实现项目目标,使软件项目获得成功,需要对软件项目的范围、可能的风险、需要的资源、实现的任务、成本、进度的安排等做到心中有数。而软件项目管理即可提供这些信息,它将贯穿于项目的始终。

软件项目管理的主要工作内容包括:编制项目计划和跟踪监控项目。在项目的前期,项目经理将完成项目的初始化和计划阶段的工作,这个阶段的重点是明确项目的范围和需求,并根据计划项目的活动,进行项目的估算和资源分配、进度表的排定等。在项目计划制定完成后,要由整个项目团队按照计划的安排来完成各项工作;在工作进展过程中,项目经理要通过多个途径来了解项目的实际进展情况,并检查与项目计划之间是否存在偏差。出现偏差就意味着工作没有按照计划的预期来进行,这就有可能对项目的最终结果产生重大影响,因此,需要及时调整项目计划。当然,计划的调整要具体问题具体分析,先要找到问题发生的原因,然后再做出相应的应对安排。在实际项目的进展过程中,计划工作与跟踪工作会交替进行,核心就是围绕最终的项目目标。

下面是软件项目管理过程中各阶段的主要任务。

1. 项目启动阶段

当用户有需求的时候,潜在的项目就产生了。软件开发商在这个阶段的主要任务是确认需求、分析投资收益比、研究项目的可行性、分析自己应具备的条件。商务上,这个阶段以用户提出(常常是厂商提出,由用户认可)明确的《需求建议书》或《招标书》为结束标志。

这个阶段应确定项目的目标范围,其中包括甲方和乙方间的合同(或者协议)、软件要完成的主要功能以及这些功能的量化范围、项目开发的阶段周期等;软件的限制条件、性能、稳定性等都必须明确地说明。项目范围应该进行明确的定义,它是项目实施和变更的依据,只有将项目的范围进行明确定义,才能进行很好的项目规划。项目目标必须是可实现、可度量的。

这个阶段是厂商与用户配合完成的,如果用户能积极地配合厂商,则对后期项目的成功非常有利：一方面，可以比较明确地了解项目范围和项目目标，还可以了解用户真正需要什么；另一方面，早期的交流可建立良好的用户关系，为后续的投标、合同签订，乃至项目实施奠定基础。

2. 项目计划阶段

如果厂商向用户提交了《项目建议书》，介绍了解决方案，进入了入围厂家名单，开始等待招标，这就是上一个阶段工作基本成功的标志，也是能赢得项目的关键。接下来的工作，从商务上来说就是竞标，公司既要展示实力又要合理报价。如果竞标成功，则签订合同，厂商开始承担项目成败的责任。

根据一般项目管理经验，在这个时候，公司可以开始成立项目组，确定项目经理。把项目前期的工作部门，从销售和市场部门，逐步转到专门为这个项目目标而成立的项目组身上。从公司角度来看，这才是项目的开始。

在这个阶段，新的项目经理要着手开展的工作，就是为项目制定项目计划、核算成本等。项目计划是建立项目行动指南的基准，包括对软件项目的估算、风险分析、进度规划、人员的选择与配备、产品质量规划等，它将指导项目的进程发展。项目计划为软件项目制定了预算，提供了一个控制项目成本的尺度，也为将来的评估提供参考，它是项目进度安排的依据。最后形成的项目计划书将作为跟踪控制的依据。

3. 项目执行阶段

合同签订后，进入了正式的项目执行阶段。一般地，该阶段具体还可划分为需求分析、系统设计(一般包括概要设计和详细设计)、系统实现与测试等阶段。其中，需求分析是系统设计的前提，也是系统设计内容的重要组成部分。实际上，在系统设计阶段就已经围绕关键技术点开始了一些重要的开发工作实验，从而确保逻辑系统最终可以实现。系统实现与测试阶段则包括编写代码、测试、试运行等多个连续迭代的开发工作。

在项目执行阶段，项目经理需要：细化目标、制定工作计划、协调人力和其他资源；定期监控进展，分析项目偏差，采取必要措施以实现目标。因为软件项目的不确定性，项目监控显得非常重要，特别是有众多项目同时运行的软件公司，必须建立公司一级的监控体系跟踪项目的运行状态。

4. 项目结束阶段

项目结束阶段包括项目验收、系统运行、系统维护，并一直到软件产品生命周期结束等一系列活动。在该阶段，项目组要负责：移交工作成果，帮助客户实现商务目标；将系统交接给维护人员；结清各种款项。完成这些工作后，一般还应进行项目总结、项目后评估和文件归档。

在上述项目生命期中存在两次责任转移：第一次是在签订合同时，标志着项目成败的责任已经由用户转移给承约方；第二次是在交付产品时，标志着承约方完成任务，开始由用户承担实现商务目标的责任。在第一次责任转移时，项目管理要求有清晰定义的工作范围。在第二次责任转移时，项目管理要求有按照合同规定的、明确的交付物转移和相关记录。

1.3.3　项目生命期中的几个重要概念

项目生命期中有三个与时间相关的重要概念：检查点(Check Point)、里程碑(Mile Stone)和基线(Base Line)。它们描述了在什么时候对项目如何进行控制。

1. 检查点

它指在规定的时间间隔内对项目进行检查,比较实际现状与计划之间的差异,并根据差异进行调整。可将检查点看作是一个固定"采样"时间点,而时间间隔根据项目周期长短不同而不同,频率过小会失去意义,频率过大会增加管理成本。常见的间隔是每周一次,项目经理需要召开例会并上交周报。

2. 里程碑

它是完成阶段性工作的标志,不同类型的项目里程碑不同。但一般来说在软件项目的生命周期中,重要的里程碑节点是相同的,项目立项、项目启动、需求分析、系统设计、软件编码、软件测试、系统试运行、项目验收这些阶段完成时均可作为里程碑。对里程碑的有效管理和控制是保证软件项目成功的关键活动之一,需要考虑各里程碑事件的计划、内容、方案和阶段性交付件,并对应执行相关考核和验收。对里程碑的管理,实质是对项目风险的控制过程。

3. 基线

它指一个(或一组)配置项在项目生命期的不同时间点上,通过正式评审而进入正式受控的一种状态。在软件项目中,需求基线、配置基线等基线,都是一些重要的项目阶段里程碑,但相关交付物要通过正式评审并作为后续工作的基准和出发点。基线一旦建立,其变化需要受到控制。

综上所述,项目生命期可以分为项目启动、项目计划、项目执行和项目结束四个阶段。项目存在两次责任转移,所以开始前要明确定义工作范围,清点和记录交付成果。项目应该在检查点进行检查,比较实际状态和计划的差异并进行调整,通过设定里程碑逐渐逼近目标、增强控制、降低风险,而基线是重要的里程碑,交付物应通过评审并开始受控。

在软件工程中,也涉及一些管理方面的问题,与项目管理有一些重叠的部分。这是很自然的,既然是一种工程化的方法,就一定要提到工程管理的问题。但是在软件工程中提到的管理要求,只涉及与工程方法紧密相关的、有针对性的方法。而项目管理知识体系是一个通用的知识框架,在内容上与软件工程中的管理内容不是重复的,而是互相补充的。

1.4　本书内容的组织

美国项目管理学会的项目管理知识体系中包括项目管理的九大知识领域,包括整体、范围、时间、成本、质量、人力资源、沟通、风险、采购。每个知识领域又包括数量不等的项目管理过程,核心过程共 17 个,辅助过程共 22 个。

本书所讲述的有关软件项目管理的内容与项目管理知识体系的九大领域是一致的,但更突出与软件相关的项目管理内容。每一章重点讲述一个主题,同时配合一定的典型案例进行说明,最后一章用一个综合案例来进行综合讲解,使读者能从软件项目全局的角度进一步提高对软件项目管理相关知识的认识。各章节的组织如下所示。

- 第 1 章:软件项目管理概述。结合美国项目管理学会的项目管理知识体系,介绍了软件项目管理的基本知识。
- 第 2 章:软件项目合同管理。配合一个教学管理信息系统项目介绍了软件项目技术合同管理的概念和过程。

- 第 3 章：软件开发过程管理。配合案例介绍了一个人力资源管理系统采用迭代增量式开发的模型。
- 第 4 章：软件质量管理。介绍了软件质量管理的相关概念、方法和过程。包括软件质量和质量工作的含义，软件质量度量模型、指标及工具，软件质量保证的相关措施，以及软件测试过程管理模型及实践。
- 第 5 章：软件项目团队管理。配合案例介绍了微软 MSF 团队组建模型和项目中的六种角色，以及微软项目团队在产品开发中的以"三驾马车"架构为核心的矩阵式组织结构。
- 第 6 章：软件项目需求管理。配合案例介绍了一个人力资源系统项目需求的开发和管理过程，包括需求获取、需求分析、需求变更管理等方面。
- 第 7 章：软件项目开发计划。配合案例说明了 EVA 如何用于软件项目，包括制定软件开发计划、计算计划工作量 BCWS、定期收集已获值、分析项目数据等。
- 第 8 章：软件项目风险管理。配合案例介绍了软件风险和风险管理的概念、风险管理计划、风险识别的主要工具与技术，以及风险管理验证活动。
- 第 9 章：软件项目跟踪控制。配合案例介绍了《校务通管理系统》项目计划的跟踪控制过程，并给出了相关文档的编写情况。
- 第 10 章：软件项目配置管理。以《某大学毕业设计管理系统》为例，介绍了系统制定配置管理计划的过程。
- 第 11 章：软件项目收尾。以《校务通管理系统》项目为例，总结了项目总体信息、项目评审记录、实际与计划的差异分析、项目管理的评估总结和建议等多方面。
- 第 12 章：综合案例分析。以 Infosys 公司为某金融机构开发的项目为例，全面介绍了软件项目管理的各个方面。

1.5　本章小结

本章讲述了项目与软件项目管理的概念、特点、过程及其重要性。项目是为实现一个独特目的而进行的临时性任务，项目具有独特性、临时性及需要相关资源等特性，每个项目都有一个项目发起人并含有不确定性。

项目管理的三项约束是指管理项目的范围、时间和成本。

项目管理是指在项目活动中运用相关的知识、技能、工具和技术，以满足项目要求的活动。

利益相关者是指参与项目或受项目活动影响的人。

项目管理框架包括利益相关者、项目管理知识领域和项目管理工具与技术。知识领域包括项目综合管理、项目范围、项目时间、项目成本、项目质量、人力资源、项目沟通、项目风险和项目采购管理。

过程管理在软件项目管理中有着重要的作用，通过不断地优化和规范过程，可以帮助企业提高软件生产能力。

软件项目管理的核心是项目规划和项目跟踪控制。

1.6　复习思考题

1. 什么是项目？它与多数人的日常工作有什么不同？
2. 分别列举三个项目活动的例子和三个不属于项目活动的例子。
3. 项目管理与一般管理有什么不同？
4. 简述软件项目管理的过程。
5. 用自己的话解释三项约束的含义是什么，并通过一个熟悉的实例解释三项约束。
6. 分别举出一个成功的和一个失败的软件项目的例子。

第2章 软件项目合同管理

合同定义了合同签署方的权利与义务,以及违背协议会造成的相应法律后果;合同监督项目执行的各方应履行的义务和享受的权利,它是具有法律效力的文件;围绕合同,存在合同签署之前和合同签署之后的一系列工作。

2.1 合同管理概述

2.1.1 合同的概念

合同是使卖方负有提供具体产品和服务的责任,买方负有为该产品和产品服务付款的责任的一种双方相互履行义务的协议。

对于采购软件产品,一般可以分为两大类。第一类软件产品采购的形式是对已经在市场上流通的软件产品进行采购。第二类软件产品采购的形式是外包采购。它是指在市场上没有出现现成的产品或者没有适合自己企业需求的产品情况下,需要以定制的方式把项目(功能模块)承包给其他企业。

一个软件项目一般是通过招投标的形式开始的,软件的客户(需求方)根据自己的需要,提出软件的基本需求,并编写招标书,同时将招标书以各种方式传递给竞标方,所有的竞标方都会认真地编写建议书。每一个竞标方都会思考如何以较低的费用和较高的质量来解决客户的问题,然后都会交付一份对问题理解的说明书以及相应的解决方案,同时也会附上一些资质证明和自己参与类似项目的经验介绍,以向客户强调各自的资历和能力。有时竞标方为了最后中标,会花大力气开发一个系统原型。

在众多能够较好满足客户需要的投标书中,客户会选择一个竞标方。其间,竞标方会与客户进行各种公开和私下的讨论以及各种公关活动。这是售前的任务,此时作为竞标方的项目经理已经参与其中的工作。经过几个回合的切磋,如果得到用户的认可,并获得中标后,那么就可以开始着手合同书的编写等相关事宜,这时将有质量保证人员和相关的法律人员介入。合同签订是一个重要的里程碑,也是竞标方要跨过的一个非常重要的沟壑。

2.1.2 合同生存期

软件项目合同主要是技术合同,技术合同是法人之间、法人和公民之间、公民之间以技术开发、技术转让、技术咨询和技术服务为内容,明确相互义务关系所达成的协议。此外,本书中所讨论的技术合同还包括企业内部部门之间项目开发的协议。

技术合同管理是围绕合同生存期进行的。合同生存期分为四个阶段,即合同准备、合同签署、合同管理和合同终止阶段。另外,技术合同管理过程也分别考虑了企业在不同合同环境中承担的不同角色,这些角色包括:需方(甲方或者买方)、供方(乙方或者卖方)及内部,

其中内部是指企业内不同的部门分别承担需方和供方的角色。技术合同管理过程如图 2-1
所示。

　　企业作为需方(甲方或者买方),是对所需要的产品或服务进行
"采购",这覆盖了两种情况:一种是为自身的产品或资源进行采购;
另一种是为顾客进行采购。"采购"这个术语是广义的,其中包括软
件开发委托、设备的采购、技术资源的获取等方面。

　　企业作为供方(乙方或者卖方),是为顾客提供产品或服务。"服
务"这个术语也是广义的,其中包括为客户开发系统、为客户提供技
术咨询、为客户提供专项技术开发服务以及为客户提供技术资源(人
力和设备)。

图 2-1　技术合同管理
过程的四个阶段

　　作为供方的软件企业可能会在项目开发过程中将项目的一部分
外包给另外一家软件公司,这时,它同样需要选择一个合适的供方(乙方)。这时,这个软件
企业就既是需方(甲方),又是供方(乙方)。

　　一般来说,在合同的管理过程中供需(甲、乙)双方可以各自确定一个合同管理者,负责
合同相关的所有管理工作。

　　以下各节将按企业在合同环境中的角色,分别讲述技术合同管理过程中的各个过程。

2.1.3　合同要素

　　协议、分包合同、采购单、谅解备忘录等都是合同的一种形式。作为合同,一般包括主合
同和合同附件。

　　1. 主合同

　　在主合同中,应至少包括(但不限于)以下要素:(1)有行为能力的各方;(2)出价与接
受;(3)定约要因;(4)目的的合法性。具体地,一个软件项目主合同至少应包括以下内容:
项目名称;项目的技术内容、范围、形式和要求;项目实施计划、进度、期限、地点和方式;项
目合同价款、报酬及其支付方式;项目验收标准和方法;各方当事人义务或协作责任;技术
成果归属和分享及后续改进的提供与分享规定;技术保密事项;风险责任的承担;违约金
或者损失赔偿额的计算方法、仲裁及其他事项。

　　2. 合同附件

　　为了使主合同条理清楚,一般把需要更详细说明和定义的内容,放在合同的附件中进行
描述,合同的附件是合同不可分割的组成部分。在软件项目中,常有以下合同附件:(1)系
统的商务报价表;(2)系统的需求规格说明书;(3)项目的工程进度计划书;(4)技术服务承
诺;(5)培训计划;(6)移交的用户文档和技术文档;(7)场地和环境准备要求;(8)测试与
验收标准;(9)初验与终验报告样式范本;(10)工程实施的分工界面定义。

2.2　需方合同环境

　　企业在需方合同环境下,关键要素是提供准确、清晰和完整的需求,选择合格的供方并
对采购对象(采购对象包括产品服务、人力资源等)进行必要的验收。这个需求可能来自于

企业内部的需要,也可能是在为客户开发的软件项目中的一部分,通过寻找合适的软件开发商,将部分软件外包给其他的开发商。

2.2.1　合同准备

合同准备是在合同签署之前,为了选择合适的供方而做的准备工作。企业作为需方的合同准备阶段包括三个过程:招标书定义,供方选择,合同文本准备。以下分别对这三个过程进行详细定义。

1. 招标书定义

启动一个项目主要是由于存在一种需求,招标书定义主要是需方的需求定义,也就是甲方(买方)定义采购的内容。软件项目采购的是软件产品,需要定义采购的软件需求,即提供完整清晰的软件需求和软件项目的验收标准。招标书定义过程如图 2-2 所示。

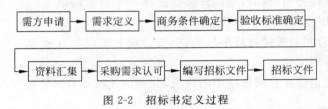

图 2-2　招标书定义过程

在招标书的定义过程中需要注意对要招标的项目从资金、技术、生产、市场等方面进行全方位综合分析,为确定最终需求、采购方案及清单提供依据。而在招标方案中应包括软件项目所涉及产品和服务的技术规格、标准及主要商务条款,以及项目采购清单等,对较大的软件项目在确定建设方案、采购方案和清单时还需要对项目进行分包。

2. 供方选择

招标文件确定后,就可以通过招标的方式选择供方(乙方或者卖方),招标文件应该对供方的要求做明确的说明。获得招标文件的供方根据招标文件的要求,编写项目建议书,并提交给需方。需方根据招标文件确定的标准对供方资格进行认定,并对其开发能力资格进行确认,最后选择出最合适的供方。供方选择过程如图 2-3 所示。

图 2-3　供方选择过程

3. 合同文本准备

如果需方选择了合适的供方(软件开发商),而且被选择的开发商也愿意为需方(甲方)开发满足需求的软件项目,那么为了更好地管理和约束双方的权利和义务,以便更好地完成软件项目,需方应该与供方(软件开发商)签订一个具有法律效力的合同。签署合同之前需要起草一份合同文本,合同文本准备过程便是起草合同文本的过程。合同文本准备过程如图 2-4 所示。

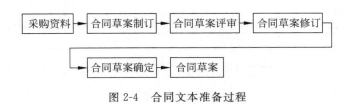

图 2-4 合同文本准备过程

2.2.2 合同签署

合同签署过程就是正式签署合同,使合同成为具有法律效力的文件。同时,根据签署的合同,分解出合同中需方(甲方)的任务,并下达任务书,指派相应的项目经理负责相应的过程。合同签署过程如图 2-5 所示。

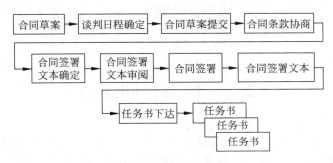

图 2-5 合同签署过程

2.2.3 合同管理

对于企业处于需方(甲方)的环境而言,合同管理是需方对供方(乙方)执行合同的情况进行监督的过程,主要包括对需求对象的验收过程和违约事件处理过程。这两个过程的具体定义如下所示。

1. 验收过程

验收过程是需方对供方交付的产品或服务进行验收检验,以保证它满足合同条款的要求。验收过程如图 2-6 所示。

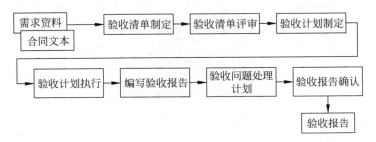

图 2-6 验收过程

2. 违约事件处理过程

如果在合同的执行过程中,供方发生与合同要求不一致的问题,导致违约事件,需要执行违约事件处理过程。违约事件处理过程如图 2-7 所示。

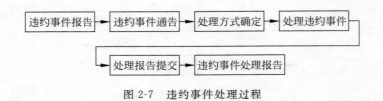

图 2-7　违约事件处理过程

2.2.4　合同终止

当项目满足结束的条件时,项目经理或者合同管理者应该及时宣布项目结束,终止合同的执行,通过合同终止过程告知各方合同终止。合同终止过程如图 2-8 所示。

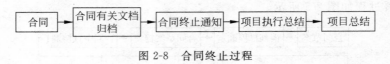

图 2-8　合同终止过程

2.3　供方合同环境

企业在供方(乙方)合同环境下,关键要素是了解清楚需方(甲方)的要求并判断企业是否有能力来满足这些需求。软件开发商大多担任的是供方的角色。

2.3.1　合同准备

企业作为供方,其合同准备阶段包括三个过程:项目分析、项目竞标和合同文本准备。以下分别定义这三个过程。

1. 项目分析

项目分析是供方分析用户的项目需求,并据此开发出初步的项目计划,作为下一步能力评估和可行性分析之用。项目分析过程如图 2-9 所示。

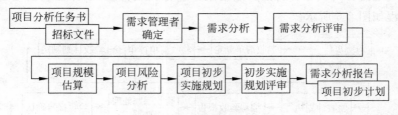

图 2-9　项目分析过程

2. 项目竞标

竞标过程是供方企业根据招标文件的要求进行评估,以便判断企业是否具有开发此项目的能力,并进行可行性分析。可行性分析即投标决策,用于判断企业是否应该承接此软件项目、项目是否可行。投标决策主要从竞争对手、风险、目标、声誉与经验、客户资金、项目所需资源以及客户本身的资信等方面加以分析。简单说就是要判断企业与竞争对手相比是否更有能力完成此项目,且企业通过此项目是否可以获得足够的回报。如果项目可行,企业将组织人员编写项目建议书,参加竞标。竞标过程如图 2-10 所示。

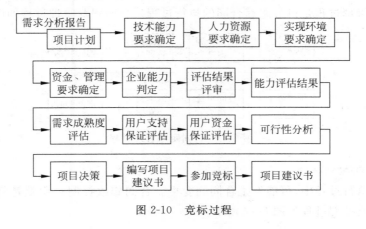

图 2-10　竞标过程

标书主要包括程序条款、技术条款和商务条款三大部分。一般包含如下内容：招标公告(邀请函)、投标人须知、招标项目的技术要求及附件、投标书格式、投标保证文件、合同条件(合同的一般条款及特殊条款)、设计规范与标准、投标企业资格文件、合同格式等。

3. 合同文本准备

供需双方可能都要准备合同文本。当然,一般是需方(甲方)提供合同的框架结构,并起草主要内容,供方(乙方)提供意见。有时,供方(乙方)可能根据需方(甲方)的要求起草合同文本,需方(甲方)审核。当然有时双方可以同时准备合同文本,供方(乙方)合同文本准备过程类似于需方(甲方)合同文本准备过程,在此不再赘述。

2.3.2　合同签署

供方的合同签署过程也类似于需方的合同签署过程,但是这个阶段对于供方的意义是重大的。它标志着一个软件项目的有效开始,这个时候,应该正式确定供方的项目经理。具体活动描述可以参见需方的合同签署过程。这里需要说明的是项目任务书,项目任务书用于明确项目的目标和必要的约束,同时将项目任务书所界定的目标任务授权给项目经理。这个任务书是项目正式开始的标志,同时也是对项目经理的有效授权的依据。项目经理需要对这个任务书进行确认。因此,供方在签订合同时应特别注意如下内容：规定项目实施的有效范围、合同的付款方式、合同变更索赔带来的风险、系统验收的方式、维护期问题。以维护期为例,即使软件产品在交付前经过了严格的测试,在其交付上线后的一段时间内也仍然无法避免大量用户的问题报告而使供方面临巨大压力,必须在合同中将维护期内供需双方的责任和义务划分清楚。否则供方将会焦头烂额。

2.3.3　合同管理

企业处于供方的环境,合同管理主要包括合同跟踪管理过程、合同修改控制过程、违约事件处理过程、产品交付过程和产品维护过程。这些过程的具体定义如下所示。

1. 合同跟踪管理过程

合同跟踪管理过程是供方跟踪合同的执行过程。合同跟踪管理过程如图 2-11 所示。

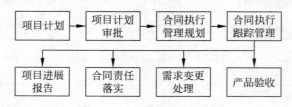

图 2-11　合同跟踪管理过程

2. 合同修改控制过程

在合同的执行过程中,可能发生合同的变更。合同修改控制过程就是管理合同变更的过程。合同修改控制过程如图 2-12 所示。

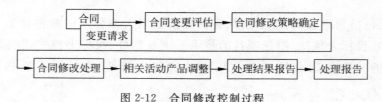

图 2-12　合同修改控制过程

3. 违约事件处理过程

类似需方的情况,在此不再赘述。

4. 产品交付过程

产品交付过程是供方向需方提交最终产品的过程。产品交付过程如图 2-13 所示。

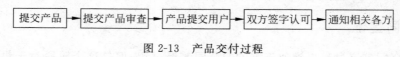

图 2-13　产品交付过程

5. 产品维护过程

产品维护过程是供方对提交后的软件产品进行后期维护的工作过程。产品维护过程如图 2-14 所示。

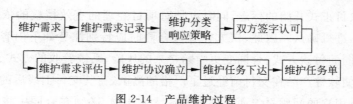

图 2-14　产品维护过程

2.3.4　合同终止

在合同终止过程中,供方应该配合需方的工作,包括:项目的验收、双方认可签字、总结项目的经验教训、获取合同的最后款项、开具相应的发票、获取需方的合同终止的通知、将合同相关文件归档。

2.4　软件项目合同条款分析

软件项目合同的一般性条款有六大类。

1. 与软件产品有关的合法性条款

主要包括软件的合法性条款和软件产品的合法性等内容。

2. 与软件系统有关的技术条款

主要包括：

- 与软件系统匹配的硬件环境，如服务器选型、客户端计算机硬件配置（包括 CPU、内存、硬盘等）、其他连接设备（如打印机、扫描仪等）等。
- 与软件系统相匹配的软件系统，如操作系统、数据库、其他专用软件（如文字处理系统、数学计算工具软件等）。
- 有关软件安全性、稳定性、容错性方面的相关保证。

3. 与软件适用标准体系有关的条款

主要包括：

- 产品分类与代码方面的标准。
- 通用语言文字方面的标准。
- 计量单位、通用技术术语、符号等方面的标准。
- 需方相关标准。
- 国家强制性质量认证标准等。

4. 与软件产品实施有关的条款

主要包括：

- 项目实施的定义与目标。
- 项目实施的计划。
- 甲乙双方的权利与义务。
- 项目实施的内容与步骤。
- 项目实施的修改与变更。
- 项目的验收。

5. 与软件产品技术培训有关的条款

主要包括：

- 需方（即甲方）要求供方（即乙方）根据需要制定培训计划的权利。
- 需方要求按约定实施培训计划并按期完成培训的权利。
- 需方向供方要求提供接受培训的权利。
- 需方要求达到培训目标或标准的权利。
- 需方要求供方派遣合格的培训授课人员的权利。
- 供方要求需方学员在计算机操作应用方面达到一定水平的权利。
- 供方要求需方保证学员认真接受培训的权利。
- 供需双方共同制定培训考核标准。

6. 与软件产品后续技术支持和服务有关的条款

主要包括：

- 软件产品的免费服务项目。
- 软件产品的免费维修条件与实现。
- 软件产品的相关约定收费服务项目。
- 软件提供方的售后技术支持与服务的方式和及时性条款。

2.5　案 例 分 析

2.5.1　合同文本样例

以一个教学管理信息系统项目合同为例。某学院(甲方)提出建立一个教学管理信息系统的需求,希望委托软件公司为其开发该软件项目。教学管理信息系统是对学院教务和教学活动进行综合管理的平台系统,其目的是共享学院各种资源,提高学院工作人员的工作效率和管理水平,规范学院的工作流程,使校内、外的交流与沟通更方便。经过努力,某软件开发公司(乙方)获得了这个项目的开发权。双方经过多次协商和讨论,最后签署了项目开发合同。技术开发合同文本如下所示。

合同登记编号：

项目名称：_____教学管理信息系统_____

委托人(甲方)：_____*** 大学_____

研究开发人(乙方)：_____*** 软件公司_____

签订地点：*** 市

签订日期：**** 年 ** 月 ** 日

有效期限：**** 年 ** 月 ** 日～**** 年 ** 月 ** 日

　　　　　　　　　　　　　　　　　　　　*** 市技术市场管理办公室

根据《中华人民共和国合同法》的规定,合同双方就"教学管理信息系统"项目的开发(该项目属于_____ *** _____计划),经协商一致,签订本合同。

1. 标的技术的内容、范围及要求

根据甲方的要求,乙方完成"教学管理信息系统"的研制开发。

(1) 根据甲方要求进行系统方案设计,要求建立 B/S 结构的、基于 SQL Server 数据库、Windows NT 服务器和 J2EE 技术的三层架构体系的综合服务软件系统。

(2) 配合甲方,在与整体系统相融合的基础上,建立系统运行的软硬件环境。

(3) 具体需求见工作任务说明(SOW)。

2. 应达到的技术指标和参数

(1) 系统应满足并行登录、并行查询的速度要求。其中主要内容包括：保证 1000 人以上可以同时登录系统；所有查询速度应在 10 秒以内；保证数据的每周备份；工作日期间不能宕机；出现问题应在 10 分钟内恢复系统。

(2) 系统的主要功能应满足双方认可的需求规格,不可以随意改动。

3．研究开发计划

（1）第一阶段：乙方在合同签订后 7 个工作日内，完成合同内容的系统设计方案。

（2）第二阶段：完成第一阶段的系统设计方案之后，乙方于 50 个工作日内完成系统基本功能的开发。

（3）第三阶段：完成第一阶段和第二阶段的任务之后，由甲方配合乙方于 3 个工作日内完成系统在 *** 信息中心的调试、集成。

4．研究开发经费、报酬及其支付或结算方式

（1）研究开发经费是指完成本项目研究开发工作所需的成本。报酬是指本项目开发成果的使用费和研究开发人员的科研补贴。

（2）本项目研究开发经费和报酬（人民币大写）： *** 万元整。

（3）支付方式：分期支付。

本合同自签订之日起生效，甲方在 5 个工作日内应付乙方合同总金额的 50％，计人民币 *** .00 元（人民币大写 *** 元整），验收后甲方在 5 个工作日内付清全部合同余款，计人民币 *** .00 元（人民币大写 *** 元整）。

5．利用研究开发经费购置的设备、器材、资料的财产权属

利用本研究开发经费购置的设备、器材、资料的财产权归乙方所有。

6．履行的期限、地点和方式

本合同自 **** 年 ** 月 ** 日至 **** 年 ** 月 ** 日在 *** 市履行。

本合同的履行方式如下所示。

甲方责任：

（1）甲方全力协助乙方完成合同内容。

（2）在合同期内，甲方为乙方提供专业性接口技术支持。

乙方责任：

（1）乙方按甲方要求完成合同内容。

（2）乙方愿意在系统实现功能的前提下，进一步对其予以完善。

（3）乙方在合同商定的时间内保证系统正常运行。

（4）乙方在项目验收后提供一年免费维护。

（5）未经甲方同意，乙方不得向第三方提供本系统中涉及专业的技术内容和所有的系统数据。

7．技术情报和资料的保密

本合同中的相关专业技术内容和所有的系统数据，归甲方所有，未经甲方同意，乙方不得提供给第三方。

8．技术协作的内容

见系统设计方案。

9．技术成果的归属和分享

专利申请权：双方商定。

技术秘密的使用权、转让权：双方商定。

10．验收的标准和方式

研究开发所完成的技术成果，达到了本合同第二条所列技术指标，按国家标准，采用一

定的方式验收,由甲方出具技术项目验收证明。

11. 风险的承担

在履行本合同的过程中,确因现有水平和条件难以克服的技术困难,导致研究开发部分或全部失败所造成的损失,风险责任由甲方承担50%,乙方承担50%。

本项目风险责任确认的方式:双方协商。

12. 违约金和损失赔偿额的计算

除因不可抗力因素(指发生战争、地震、洪水、飓风或其他人力不能控制的事件)外,甲乙双方须遵守合同承诺,否则视为违约并承担违约责任:

(1) 如果乙方不能按期完成软件开发工作并交给甲方使用,乙方应向甲方支付延期违约金。每延迟一周,乙方向甲方支付合同总额0.5%的违约金,不满一周按一周计算,但违约金总额不得超过合同总额的5%。

(2) 如果甲方不能按期向乙方支付合同款项,甲方应向乙方支付延期违约金。每延迟一周,甲方向乙方支付合同总额0.5%的违约金,不满一周按一周计算,但违约金总额不得超过合同总额的5%。

13. 解决合同纠纷的方式

在履行本合同的过程中发生争议,双方当事人和解或调解不成,可采取仲裁或按司法程序解决。

(1) 双方同意由 *** 市仲裁委员会仲裁。

(2) 双方约定向 *** 市人民法院起诉。

14. 名词和术语解释

如果存在,见合同附件。

15. 其他

(1) 本合同一式六份,具有同等法律效力。其中:正本两份,甲乙双方各执一份;四份副本,交由乙方。

(2) 本合同未尽事宜,经双方协商一致,可在合同中增加补充条款,补充条款是合同的组成部分。

2.5.2　合同附件样例

我们以"教学管理信息系统"工作任务说明(SOW)——系统业务需求为例,给出一个合同附件的工作任务说明书(系统的需求规格说明书)。

"教学管理信息系统"是对学院教务和教学活动进行综合管理的平台系统,它要完成学院管理层、教师、学生、家长等涉及的日常工作、学习、管理、咨询等任务。

1. 整体要求

(1) 系统要求提供教师工作平台和学生工作平台。

(2) 系统要求有严格的权限管理,权限要在数据方面和功能方面都有体现。

(3) 系统要求有可扩充性,可以在现有系统的基础上,通过前台就可加挂其他功能模块。

2. 学院的机构组成

(1) 每个学院机构不尽相同,但基本框架相似。

(2) 对于学院组织机构和人员的设置,应遵循以下原则。

- 组织机构设置:学院为一级,各办公室为二级,学生层次(本科、硕士、博士)为三级,年级为四级。
- 人员设置:人员均设置在相应处室、学院和年级,即人员的设置最低到年级。

(3) 机构的日常业务如下所示。

- 院办公室:各类通知的上传下达、工作安排、日程管理、教职工信息管理。
- 教务办公室:教学运行管理、学生学籍管理、教学工作评估信息、教学资源信息库等。
- 学工办公室:学生日常管理、学生素质评价、学生学期评定、师生互动平台等。

3. 系统功能描述

通用功能如下所示。

(1) 电子课表:系统根据学校总排课的情况和该教师的任课情况自动生成电子课表,以备该教师查阅。

(2) 会议通知和公告:系统根据该教师的权限,自动列出该教师需要查阅的会议通知和公告,同时若准备起草和发布通知和公告,则系统应提供相应功能。发送通知和公告应可自由设定相应的权限组。如全体学生、全体教师、一年级全体教师等。

(3) 日程安排:该日程安排应可分级设定,教师登录后可看到与自己有关的日程,同时能对自己的日程进行安排;日程安排同时需要能够提供自动提醒功能。

(4) 个人日记:系统可为每个用户设置一个用于个人记事的功能。

(5) 通信录:系统自动从教师基本信息和学生基本信息中抽取通信记录,形成公共通信录用于用户查询使用,同时应给用户提供一个个人通信录,该通信录应能够录入、修改、删除、检索。

(6) 教师答疑:系统自动抽取在学生平台提出的、需该教师回答的问题,由教师进行解答,并记录相应的状态。

(7) 作业:教师可利用此功能对学生进行作业布置和批改。

学院日常业务管理功能如下所示。

(1) 教务管理。教务管理主要完成以下功能:教师教学任务安排、课程安排、考试安排、学生学籍管理等。

(2) 资源库系统。应提供课程参考教案、课程教学大纲、实验教学大纲、教案制作工具等相关教学资源。

(3) 网上考试功能。应提供教师在线出题、组卷和学生在线考试功能。

(4) 学生日常管理。学生日常管理应包括:学生档案管理、学生考勤管理、学生奖惩管理等。

(5) 论坛。找一个比较有特色的成品即可。

以上是客户提出的系统业务需求,即项目工作任务说明(SOW)。从 SOW 可以看出,一般情况下用户提供的工作说明开始会很简单、很模糊,但随着项目的进展,通过不断沟通会逐渐清晰。而且客户还会随时提出一些新的要求,这其实是项目管理过程中比较棘手、但又经常发生和必须面对的问题。

2.6　本章小结

从 PMBOK 的架构可以看到,PMI 强调的采购或合同管理主要是针对买方而进行的管理过程。它是从买方(需方)的角度进行讨论,为了项目的需要进行采购时如何进行采购管理的过程。

但是,在软件企业中,企业常常是被采购的一方,即是卖方(供方);当然,软件企业有时也选择合适的卖方,将部分软件外包给其他的软件企业,所以,软件企业更需要采购或合同的管理。如果软件企业作为卖方,即软件企业接受委托开发软件项目的时候,合同管理常常是项目管理的开始。软件企业基本上是采用"技术合同"的方式进行管理的。

软件项目技术合同的执行过程可以划分为四个阶段:合同准备、合同签署、合同管理和合同终止。另外,针对企业在不同合同环境中承担的不同角色,又可将合同管理分为需方合同管理、供方合同管理及内部合同管理。作为软件企业,一般是处于供方(乙方)的角色,因此,软件企业的项目经理应该重点掌握供方(乙方)的合同管理过程。

合同标志一个项目的真正开始,通过项目任务单可明确项目经理。从此,项目经理可以真正行使相应的职责和权力。

2.7　复习思考题

1. 在你曾参与的软件项目中,你是作为需方还是供方?

2. 假设你是某软件企业的项目经理,企业在竞标一个软件项目,现在需要编写一份合同文本的草案,请尝试编写一份合同文本。

3. 假设你所在的单位准备加强内部信息化建设,试图找一家软件公司开发一个单位综合信息管理系统,请拟定一份系统业务需求。

第3章 软件开发过程管理

3.1 CMM 和 ISO 9000

软件过程是指人们用于开发和维护软件及其相关产品的一系列活动、方法、实践和革新。软件开发过程管理是指在软件开发过程中,除了先进技术和开发方法外,还有一整套的管理技术。这套管理技术用于研究如何有效地对软件开发项目进行管理,以便于按照进度和预算完成软件项目计划,实现预期的经济效益和社会效益。而软件过程改进则是针对软件生产过程中会对产品质量产生影响的问题而进行的,它的直接结果是软件过程能力的提高。现在常见的软件过程改进方法有:ISO 9000、SW-CMM 和由多种能力模型演变而来的CMMI。本节将分别介绍 ISO 9000、SW-CMM 和 CMMI,并给出三者之间的异同之处。

3.1.1 SW-CMM 和 CMMI

为了保证软件产品的质量,1991 年美国卡内基·梅隆大学软件工程研究所(CMU/SEI)将软件过程成熟度框架进化为软件能力成熟度模型(Capability Maturity Model For Software,SW-CMM),并发布了最早的 SW-CMM 1.0 版。SW-CMM 为软件企业的过程能力提供了一个阶梯式的进化框架,阶梯共有五级,如图 3-1 所示。

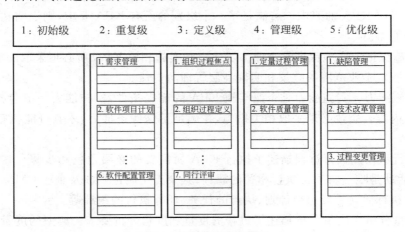

图 3-1 SW-CMM 示意图

(1) 初始级。初始级的软件过程是未加定义的随意过程,项目的执行是随意的甚至是混乱的。也许,有些企业制定了一些软件工程规范,但若这些规范未能覆盖基本的关键过程要求,且执行没有政策、资源等方面的保证时,那么软件企业的过程能力仍然被视为初始级。

(2) 重复级。根据多年的经验和教训,人们总结出软件开发的首要问题不是技术问题而是管理问题。因此,第二级的焦点集中在软件管理过程上。一个可管理的过程是一个可重复级的过程，一个可重复级的过程则能逐渐进化和成熟。第二级的管理过程包括了需求管理、项目管理、质量管理、配置管理和子合同管理五个方面。其中项目管理分为计划过程和跟踪监控过程两个过程。通过实施这些过程，从管理角度可以看到一个按计划执行的且阶段可控的软件开发过程。

（3）定义级。在第二级仅定义了管理的基本过程，而没有定义执行的步骤标准。在第三级则要求制定企业范围的工程化标准，而且无论是管理还是工程开发都需要一套文档化的标准，并将这些标准集成到企业软件开发标准过程中去。所有开发的项目需根据这个标准过程，剪裁出该项目的过程，并执行这些过程。过程的剪裁不是随意的，在使用前需经过企业有关人员的批准。

（4）管理级。第四级的管理是量化的管理。所有过程需建立相应的度量方式，所有产品的质量（包括工作产品和提交给用户的产品）需有明确的度量指标。这些度量应是详尽的，且可用于理解和控制软件过程和产品，量化控制将使软件开发真正变成为工业生产活动。

（5）优化级。第五级的目标是达到一个持续改善的境界。所谓持续改善是指可根据过程执行的反馈信息来改善下一步的执行过程，即优化执行步骤。如果一个企业达到了这一级，那么表明该企业能够根据实际的项目性质、技术等因素，不断调整软件生产过程以求达到最佳。

除第一级外，SW-CMM 的每一级都是按完全相同的结构组成的。每一级包含了实现这一级目标的若干关键过程域（KPA），每个 KPA 进一步包含若干关键实施活动（KP），无论哪个 KPA，它们的实施活动都统一按六个公共属性进行组织，即每一个 KPA 都包含六类 KP。

（1）目标。每一个 KPA 都确定了一组目标，若这组目标在每一个项目都能实现，则说明企业满足了该 KPA 的要求。若满足了一个级别的所有 KPA 要求，则表明达到了这个级别所要求的能力。

（2）实施保证。实施保证是企业为了建立和实施相应 KPA 所必须采取的活动，这些活动主要包括制定企业范围的政策和明确高层管理的责任。

（3）实施能力。实施能力是企业实施 KPA 的前提条件，实施能力一般包括资源保证、人员培训等内容。企业必须采取相关措施，在满足了这些条件后，才有可能执行 KPA 的执行活动。

（4）执行活动。执行过程描述了执行 KPA 所需要的必要角色和步骤。在六个公共属性中，执行活动是唯一与项目执行相关的属性，其余五个属性则涉及企业 CMM 能力基础设施的建立。执行活动一般包括计划、执行的任务、任务执行的跟踪等。

（5）度量分析。度量分析描述了过程的度量和度量分析要求。典型的度量和度量分析的要求是为了确定执行活动的状态和执行活动的有效性。

（6）实施验证。实施验证是验证执行活动是否与建立的过程一致。实施验证涉及管理的评审和审计以及质量保证活动。

在实施 CMM 时，可以根据企业软件过程存在问题的不同程度确定实现 KPA 的次序，然后按所确定次序逐步建立、实施相应过程。在执行某一个 KPA 时，对其目标组也可采用逐步满足的方式。过程进化和逐步走向成熟是 CMM 体系的宗旨。

由于不同领域能力成熟度模型存在不同的过程改进，这样就导致出现了重复的培训、评估和改进活动以及活动不协调等一些问题。于是由美国国防部出面,美国卡内基·梅隆大学软件工程研究所(CMU/SEI)于 2001 年 12 月发布的 CMMI 1.1 版本包括四个领域:软件工程(SW)、系统工程(SE)、集成的产品和过程开发(IPPD)、采购(SS)。

CMMI 有两种不同的实施方法,不同的实施方法,其级别表示不同的内容。CMMI 的一种实施方法为连续式,主要是衡量一个企业的项目能力。企业在接受评估时可以选择自己希望评估的项目来进行评估。而另一种实施方法为阶段性。它主要是衡量一个企业的成熟度,也是企业在项目实施上的综合实力。在这里我们简要介绍一下 CMMI 的五个台阶。

(1) 完成级。在完成级水平上,企业对项目的目标与要做的努力很清晰,项目的目标得以实现。但是由于任务的完成带有很大的偶然性,企业无法保证在实施同类项目的时候仍然能够完成任务,项目实施对实施人员有很大的依赖性。

(2) 管理级。在管理级水平上,企业在项目实施上能够遵守既定的计划与流程,有资源准备,权责到人,对相关的项目实施人员有相应的培训,对整个流程有监测与控制,并与上级单位一起对项目与流程进行审查。企业在管理级水平上体现了对项目的一系列的管理程序。这一系列的管理手段排除了企业在完成级时完成任务的随机性,保证了企业的所有项目实施都会得到成功。

(3) 定义级。在定义级水平上,企业不仅能够对项目的实施有一整套的管理措施,保障项目的完成;而且,企业能够根据自身的特殊情况以及自己的标准流程,将这套管理体系与流程予以制度化。这样,企业不仅能够在同类的项目上得到成功的实施,在不同类的项目上一样能够得到成功的实施。科学的管理成为企业的一种文化,成为企业的组织财富。

(4) 量化管理级。在量化管理级水平上,企业的项目管理不仅形成了一种制度,而且要实现数字化的管理,对管理流程要做到量化与数字化。通过量化技术来实现流程的稳定性,实现管理的精度,降低项目实施在质量上的波动。

(5) 优化级。在优化级水平上,企业的项目管理达到了最高的境界。企业不仅能够通过信息手段与数字化手段来实现对项目的管理,而且能够充分利用信息资料,对企业在项目实施的过程中可能出现的次品予以预防。能够主动地改善流程,运用新技术,实现流程的优化。

由上述的五个台阶我们可以看出,每一个台阶都是上面一阶台阶的基石。要上高层台阶必须首先踏上较低一层台阶。企业在实施 CMMI 的时候,路要一步一步地走。一般地讲,应该先从管理级入手。在管理上下工夫,争取最终实现 CMMI 的第五级。

3.1.2　ISO 9000 质量标准

所谓"ISO 9000"不是指一般意义上的一个质量保证标准,而是一族系列标准的统称。ISO 制定出来的国际标准除了有规范的名称之外,还有编号。编号的格式是:ISO+标准号+[杠+分标准号]+冒号+发布年号(方括号中的内容可有可无),例如:ISO 8402:1987、ISO 9000-1:1994 等。

ISO 9000 的作用如下:(1)强化品质管理,提高企业效益;增强客户信心,扩大市场份额;(2)获得国际贸易"通行证",消除国际贸易壁垒;(3)节省了第二方审核的精力和费用;(4)在产品品质竞争中永远立于不败之地;(5)有效地避免产品责任;(6)有利于国际间的经济合作和技术交流。

中国软件企业之所以要进行 ISO 9001 质量体系认证,主要是出于以下两点考虑:一是参与国际竞争的需要,如果在管理上(首先是质量管理)不能和国际接轨,那么就会连参与竞争的资格都没有;二是为了引进先进的管理理论和方法,提高企业的管理水平,最终提高企业的综合竞争实力,使客户受益、股东受益、员工受益、社会受益。其中的第二点应当是我们进行认证的基本出发点,因为如果不着眼于从根本上提高企业的管理水平,也就不可能真正和国际接轨,也就不可能真正参与国际竞争。

3.1.3 三者之间的比较

CMMI 被看作是把各种 CMM 集成为一个系列的模型。其与 SW-CMM 最大的不同点有以下两个。

(1) CMMISM-SE/SW/IPPD/SS 1.1 版本有四个集成成分。

(2) SW-CMM 二级共有六个关键过程区域(KPA),在 CMMI 中增加了一个:"度量和分析"。原来的六个关键过程区域的名称和内容在 CMMI 中做了部分改进,但是主体内容没有大幅调整。SW-CMM 四级共有两个关键过程区域,在 CMMI 中仍是两个,只是名称和内容有所改进。SW-CMM 五级共有三个 KPA,在 CMMI 中进行了合并,改为两个,但主要内容未变。变化最显著的在 SW-CMM 三级与 CMMI 三级之间,原有的七个 KPA 变成了十四个,CMMI 对工程活动要求的 KPA——原 SW-CMM3"软件产品工程"进行了详细的拆分,并结合常见的软件生命周期模型进行了映射。CMMI 中新增的关键过程区域中还涉及过去未曾提到的内容,比如"决策分析和解决方案"、"集成化群组"等。具体如表 3-1 所示。

表 3-1 SW-CMM 和 CMMI 的 KPA 比较

级别	SW-CMM 过程域	CMMI 过程域	说明与比较
二	需求管理 软件项目规划 软件项目追踪和监控 软件子合同管理 软件质量保证 软件配置管理	需求管理 项目计划 项目监督和控制 供应商合同管理 过程和产品质量管理 配置管理 度量和分析	项目过程管理的基本内容,实际是组织中某个或某几个团队的过程能力,可以说是 TSP 中的内容;这一级不同的是,在 CMMI 中增加了一个过程域"度量和分析"
三	软件过程要点 软件过程定义 培训计划 软件集成管理 软件产品工程 组间协作 同级评审	组织级过程焦点 组织级过程定义 组织级培训 集成化群组 集成化项目管理 组织级集成环境 集成供应商管理 需求开发 技术解决方案 产品集成 验证 确认 风险管理 决策分析和解决方案	开始从团队过程能力提升为组织过程能力,有关组织的过程域比较多,如"组织级过程定义和焦点"、"组织级培训"、"集成环境"、"产品集成"、"集成化项目管理"等;同时,也包含一些深层次的项目管理能力,如"需求开发"、"风险管理"、"决策分析和解决方案"等;SW-CMM 中的"软件集成管理",在 CMMI 中被分解为四个过程域——"集成化群组"、"集成化项目管理"、"集成供应商管理"和"组织级集成环境";SW-CMM 中的"软件产品工程",在 CMMI 中被分解为五个过程域——"需求开发"、"技术解决方案"、"产品集成"、"验证"和"确认";SW-CMM 的"组间协作",包含在 CMMI 的"集成化项目管理"中,而 SW-CMM 的"同级评审",包含在 CMMI 的"验证"中

续表

级别	SW-CMM 过程域	CMMI 过程域	说明与比较
四	过程量化管理 质量管理	项目定量管理 组织级过程性能	"组织级过程性能"是建立在"项目定量管理"的基础之上的,两者构成了一个完整的量化管理;SW-CMM 中的"质量管理",被移到 CMMI 的二级中,发生了较大变动
五	缺陷预防 技术更改管理 过程更改管理	因果分析和解决方案 组织级改革和实施	"因果分析和解决方案"是通过对过程中出现的方法技术问题等进行分析,找出根本原因以解决问题,是战术性的改进;而"组织级改革和实施"是战略性的改进,组织的变革首先上是管理文化的变革、质量方针和培训体系的变革等;而在 SW-CMM 中,主要强调在技术和过程两个方面进行持续改进;"缺陷预防"属于质量保证或管理中的基本内容,不应该放在第五级,所以 CMMI 做了修正

到底是选择 SW-CMM 还是 CMMI,主要基于以下几个方面进行考虑:(1)实施企业的业务特点;(2)实施企业对过程改进的熟悉程度;(3)实施企业对过程改进项目的预算;(4)实施企业是否可以使用阶段式的演进路线;(5)实施 CMM 与 CMMI 可以平滑的转换。

ISO 9001 与 CMM 的关系如下所示。(1)ISO 9001 和 CMM 既有区别又相互联系,两者不可简单地互相替代。两者的最大相似之处在于两者都强调"该说的要说到,说到的要做到"。CMM 强调持续改进,ISO 9001 的 1994 版标准主要说明的是"合格质量体系的最低可接受水平"(ISO 9001 的 2000 版标准也增加了持续改进的内容)。取得 ISO 9001 认证对于取得 CMM 的等级证书是有益的;反之,取得 CMM 等级证书,对于取得 ISO 9001 认证也是有帮助的。(2)取得 ISO 9001 认证并不意味着完全满足 CMM 某个等级的要求。取得 ISO 9001 认证所代表的质量管理和质量保证能力的高低与审核员对标准的理解及自身水平的高低有很大的关系,而这不是 ISO 9001 标准本身所决定的。ISO 9001 标准只是质量管理体系的最低可接受准则,不能说已满足 CMM 的大部分要求。(3)取得 CMM 第二级(或第三级)不能笼统地认为可以满足 ISO 9001 的要求。

3.2　传统软件开发生命周期模型

软件生命周期表明软件从需求确定、设计、开发、测试直至投入使用,并在使用中不断地修改、增补和完善,直至被新的系统所替代而停止该软件的使用的全过程。我们可将它划分为以下几个子阶段:(1)可行性研究;(2)需求分析和定义;(3)总体设计;(4)详细设计;(5)编码(实现);(6)软件测试、运行和维护。据此相继产生了瀑布模型(见图 3-2)、原型模型、增量模型、进化模型、螺旋模型等。本节分别对这几种传统的软件开发生命周期模型予以介绍。

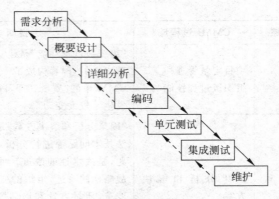

图 3-2　瀑布模型示意图

3.2.1　瀑布模型

　　瀑布模型(Waterfall Model),有时也称为传统生存周期模型或线性顺序过程模型,由 W·Royce 于 1970 年提出,该模型由于酷似瀑布而闻名。瀑布模型要求软件开发严格按照需求→分析→设计→编码→测试的阶段进行,如同瀑布流水,逐级下落。每一个阶段都可以定义明确的产出物和验证准则,瀑布模型在每一个阶段完成后都可以组织相关的评审和验证,只有在评审通过后才能够进入到下一个阶段。这个模型没有反馈,一个阶段完成后,一般就不返回了,尽管实际的项目中要经常返回上一阶段。通过图 3-2 读者可以形象地了解瀑布模型的结构。

　　这种模型的线性过程太理想化,要应用到实际的软件开发过程中并想取得较好的效果是很有难度的。瀑布模型的优点在于:(1)它提供了一个模板,这个模板使得分析、设计、编码、测试和支持的方法可以在该模板下有一个共同的指导标准;(2)虽然有不少缺陷但比在软件开发中随意的状态要好得多。瀑布模型的缺点在于:(1)在大部分情况下,实际的项目难以按照该模型给出的顺序进行,而且这种模型的迭代是间接的,这很容易由微小的变化而造成大的混乱;(2)在一般情况下,客户难以表达真正的需求,而这种模型却要求如此,这种模型是不欢迎具有二义性问题存在的;(3)客户要等到开发周期的晚期才能看到程序运行的测试版本,而在这时发现大的错误时,可能会引起客户的惊慌,而后果也可能是灾难性的;(4)采用这种线性模型,会经常在过程的开始和结束时碰到等待其他成员完成其所依赖的任务才能进行下去的情况,有可能花在等待的时间比开发的时间要长,我们称之为"堵塞状态"。

3.2.2　原型模型

　　通常原型是指模拟某种产品的原始模型。在软件开发中,原型是软件的一个早期可运行的版本,它将反映最终系统的部分重要特性。如果在获得一组基本需求说明后,通过快速分析构造出一个小型的软件系统,满足用户的基本要求,使得用户可在试用原型系统的过程中得到亲身感受和受到启发,做出反应和评价,然后开发者根据用户的意见对原型加以改进。随着不断试验、纠错、使用、评价和修改,获得新的原型版本。如此周而复始,逐步减少分析和通信中的误解,弥补不足之处,进一步确定各种需求细节,适应需求的变更,从而提高了最终产品的质量。

由于运用原型的目的和方式不同,原型可分为以下两种不同的类型。(1)废弃型。先构造一个功能简单而且质量要求不高的模型系统,针对这个模型系统反复进行分析修改,形成比较好的设计思想,据此设计出更加完整、准确、一致、可靠的最终系统。系统构造完成后,原来的模型系统就被废弃不用。(2)追加型或演化型。先构造一个功能简单而且质量要求不高的模型系统,作为最终系统的核心,然后通过不断地扩充修改,逐步追加新要求,最后发展成为最终系统。表 3-2 是对使用哪种原型方法的建议。

表 3-2　两种原型法的使用条件参考

问　　题	废弃型原型法	演化型原型法	其他预备工作
目标系统要解决的问题弄清楚了吗?	是	是	否
问题可以被建模吗?	是	是	否
客户能够确定基本需求吗?	是/否	是/否	否
需求已经被建立而且比较稳定了吗?	否	是	是
有模糊不清的需求吗?	是	否	是
需求中有矛盾吗?	是	否	是

原型的开发和使用过程叫做原型生存期。图 3-3(a)是原型生存期的模型,图 3-3(b)是模型的细化过程。

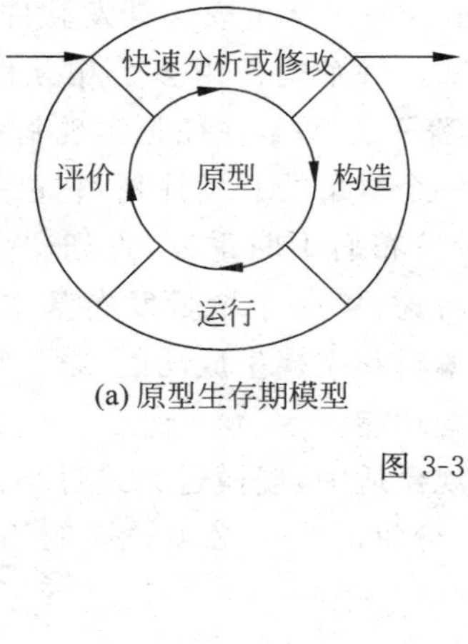

(a) 原型生存期模型 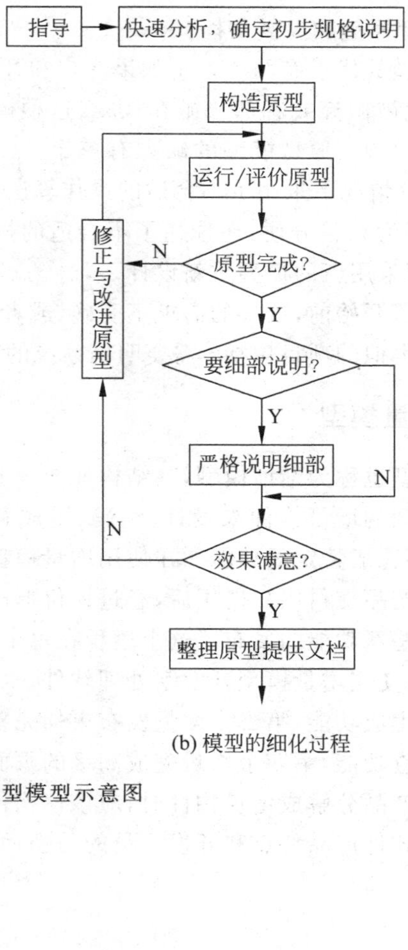　　　　　　　　(b) 模型的细化过程

图 3-3　原型模型示意图

对图 3-3 的解释如下所示。

(1) 快速分析。在分析者和用户的紧密配合下,快速确定软件系统的基本要求。

(2) 构造原型。在快速分析基础上,根据基本需求,尽快实现一个可运行的系统。

(3) 运行和评价原型。用户在开发者指导下试用原型,在试用的过程中考核评价原型的特性,分析其运行结果是否满足规格说明的要求,以及规格说明描述是否满足用户愿望。

(4) 修正和改进。根据修改意见进行修改。如果用修改原型的过程代替快速分析,就形成了原型开发的迭代过程。开发者和用户在一次次的迭代过程中不断将原型完善,以接近系统的最终要求。

(5) 判断原型完成。经过修改或改进的原型,若得到参与者的一致认可,则原型开发的迭代过程可以结束。为此,应判断是否已经掌握有关应用的实质,迭代周期是否可以结束等。判断的结果有两个不同的转向:一是继续迭代验证;一是进行详细说明。

(6) 判断原型是否需要细部说明。判断组成原型的细部是否需要严格地加以说明。原型化方法允许对系统必要成分或不能通过模型进行说明的成分进行严格的详细的说明。

(7) 原型细部的说明。对于那些不能通过原型说明的所有项目,仍需通过文档加以说明。严格说明的成分要作为原型化方法的模型编入词典。

(8) 判断原型效果。考察用户新加入的需求信息和细部说明信息,看其对模型效果有什么影响? 是否会影响模块的有效性? 如果模型效果受到影响,甚至导致模型失效,则要进行修正和改进。

(9) 整理原型和提供文档。

原型模型的优点有两个。①如果客户和开发者达成一致协议:原型被建造仅为了定义需求,之后就被抛弃或者部分抛弃,那么这种模型就很合适了;②吸引客户抢占市场,这是一个首选的模型。原型模型的缺点有三个。①没有考虑软件的整体质量和长期的可维护性;②大部分情况下采用了不合适的操作算法,目的是为了演示功能,采用了不合适的开发工具,仅仅因为它很方便,还选择了不合适的操作系统等;③由于达不到质量要求,产品可能被抛弃,而采用新的模型重新设计。

当在项目开始前,项目的需求不明确,或者需要减少项目的不确定性的时候,可以采用原型方法。类似的项目包括:需要明确系统的界面,验证一些技术的可行性等。

3.2.3　增量模型

增量模型也称为渐增模型,其结构如图 3-4 所示。使用增量模型开发软件时,把软件产品作为一系列的增量构件来设计、编码、集成和测试。每个构件由多个相互作用的模块构成,并且能够完成特定的功能。在使用增量模型时,第一个增量往往是实现基本需求的核心产品。核心产品交付用户使用后,经过评价形成下一个增量的开发计划,它包括对核心产品的修改和一些新功能的发布。这个过程在每个增量发布后不断重复,直到产生最终的完善产品。例如,使用增量模型开发字处理软件。可以考虑,第一个增量发布基本的文件管理、编辑和文档生成功能,第二个增量发布更加完善的编辑和文档生成功能,第三个增量实现拼写和语法检查功能,第四个增量完成高级的页面布局功能。

把软件产品分解成增量构件时,应该使构件的规模适中,规模过大或过小都不好。最佳分解方法因软件产品特点和开发人员的习惯而异。分解时唯一必须遵守的约束条件是,当

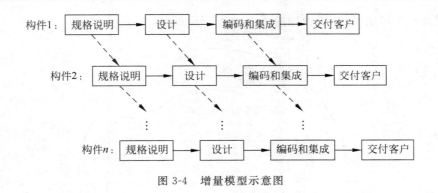

图 3-4　增量模型示意图

把新构件集成到现有软件中时,所形成的产品必须是可测试的。增量模型的优点有以下两个。(1)采用瀑布模型或快速原型模型开发软件时,目标都是一次就把一个满足所有需求的产品提交给用户。增量模型则与之相反,它分批地逐步向用户提交产品,整个软件产品被分解成许多个增量构件,开发人员一个构件接一个构件地向用户提交产品。从第一个构件交付之日起,用户就能做一些有用的工作。显然,能在较短时间内向用户提交可完成部分工作的产品,是增量模型的一个优点。(2)逐步增加产品功能可以使用户有较充裕的时间学习和适应新产品,从而减少一个全新的软件可能给客户组织带来的冲击。增量模型的缺点也有以下两个。(1)由于各个构件是逐渐集成到现有软件体系结构中的,所以加入构件必须不破坏已构造好的系统部分。此外,必须把软件的体系结构设计得便于按这种方式进行扩充,向现有产品中加入新构件的过程必须简单、方便,也就是说,软件体系结构必须是开放的。(2)在开发过程中,需求的变化是不可避免的。增量模型的灵活性可以使其适应这种变化的能力大大优于瀑布模型和快速原型模型,但也很容易退化为边做边改模型,从而使软件过程的控制失去整体性。

虽然我们将增量模型要求开放的软件体系结构作为其缺点,但是,从长远观点看,具有开放结构的软件拥有真正的优势,这样的软件的可维护性明显好于封闭结构的软件。因此,尽管采用增量模型比采用瀑布模型和快速原型模型需要更精心的设计,但在设计阶段多付出的劳动将在维护阶段获得回报。如果一个设计非常灵活而且足够开放,足以支持增量模型,那么,这样的设计将允许在不破坏产品的情况下进行维护。事实上,在使用增量模型时,开发软件和扩充软件功能(完善性维护)并没有本质区别,都是向现有产品中加入新构件的过程。

比较适合增量模型的项目类型包括:项目开始时明确了大部分的需求,但是需求可能会发生变化的项目;对于市场和用户的把握不是很准,需要逐步了解的项目;对于有庞大和复杂功能的系统进行功能改进时需要一步一步实施的项目。

3.2.4　进化模型

该模型主要针对事先不能完整定义需求的软件开发。用户可以给出待开发系统的核心需求,并且当看到核心需求实现后,能够有效地提出反馈,以支持系统的最终设计和实现。软件开发人员根据用户的需求,首先开发核心系统。当该核心系统投入运行后,用户开始试用,完成他们的工作,并提出精化系统、增强系统能力的需求。软件开发人员根据用户的反馈,实施开发的迭代过程。每一迭代过程均由需求、设计、编码、测试、集成等阶段组成,为整个系统增加一个可定义的、可管理的子集,如图 3-5 所示。

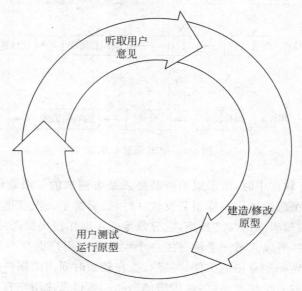

图 3-5　进化模型示意图

进化模型可看作是重复执行的多个瀑布模型。进化模型要求开发人员有能力把项目的产品需求分解为不同组,以便分批循环开发。这种分组并不是绝对随意性的,而是要根据功能的重要性及对总体设计的基础结构的影响而做出判断。有经验指出,每个开发循环以 6周～8 周为适当的长度。增量模型与进化模型的相同点是:基本思想都是非整体开发,以渐增方式开发系统。它们的目的基本相同:使用户尽早得到部分软件,这样能听取用户反馈。两者的不同点是:增量模型在需求设计阶段是整体进行的,在编码测试阶段是渐增进行的。演化模型全部系统是增量开发,增量提交。

进化模型的优点有以下九个。(1)任何功能一经开发就能进入测试以便验证是否符合产品需求。(2)帮助导引出高质量的产品要求。如果不可能在一开始就弄清楚所有的产品需求,则可以分批取得它们。而对于已提出的产品需求,则可根据对现阶段原型的试用而做出修改。(3)风险管理可以在早期就获得项目进程数据,可据此对后续的开发循环做出比较切实的估算。提供机会去采取早期预防措施,增加项目成功的几率。(4)很有助于早期建立产品开发的配置管理、产品构建(Build)、自动化测试、缺陷跟踪、文档管理,均衡整个开发过程的负荷。(5)开发中的经验教训能反馈应用于本产品的下一个循环过程,大大提高产品质量与工作效率。(6)如果风险管理发现资金或时间已超出可承受的程度,则可以决定调整后续的开发,或在一个适当的时刻结束开发,但仍然有一个具有部分功能的、可工作的产品。(7)在心理上,开发人员早日见到产品的雏形,是一种鼓舞。(8)使用户可以在新的一批功能开发测试后,立即参加验证,以便提供非常有价值的反馈。(9)可使销售工作有可能提前进行,因为可以在产品开发的中后期取得包含了主要功能的产品原型去向客户做展示和试用。进化模型的缺点有以下四个。(1)如果所有的产品需求在一开始并不完全弄清楚的话,会给总体设计带来困难并削弱产品设计的完整性,并因而影响产品性能的优化及产品的可维护性。(2)如果缺乏严格的过程管理的话,这个生命周期模型很可能退化为一种原始的、无计划的"试-错-改"模式。(3)可能导致心理上产生一种不求最大努力的想法,认为虽然不能完成全部功能,但还是创造出了一个有部分功能的产品。(4)如果不加控制地让用户接触开发中尚未测试稳定的功能,可能对开发人员及用户都产生负面的影响。

当需求和设计不能被准确地定义、良好地理解,或是项目引入了新的或未经证明的技术方法,或者系统功能需要向用户演示以便于演进,又或是有多种用户组,可能发生需求冲突时,则可以使用进化模型。

3.2.5　螺旋模型

螺旋模型,于 1998 年由美国 TRW 公司(B·W·Boehm)提出,是一个演化软件过程模型,它将原型模型的迭代特征与线性顺序模型中控制和系统化方面结合起来,使得软件增量版本的快速开发成为可能。它不仅体现了两个模型的优点,而且还强调了其他模型均忽略了的风险分析。在螺旋模型中,软件开发是一系列的增量发布。在早期的迭代中,发布的增量可能是一个纸上的模型或原型;在以后的迭代中,将逐步产生更加完善的被开发系统版本。

螺旋模型被划分为若干框架活动,也称为任务区域。一般情况下,有 3~6 个任务区域。图 3-6 形象地描述了包含 4 个任务区域的螺旋模型。

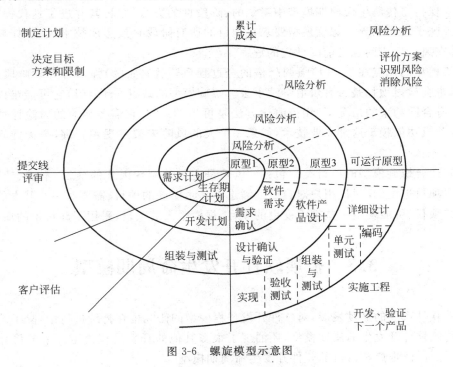

图 3-6　螺旋模型示意图

(1)目标、选择和限制。系统要达到目标,同时要受预算、时间等条件的限制,而且必须做出一定的选择和取舍。

(2)风险评估。基于上述目标,评估技术及管理的风险,以决定如何实施项目。

(3)开发和测试。包括系统需求分析、概要设计、详细设计、编程、单元测试、系统测试、验证测试等项目具体实施的各种任务。

（4）计划。定义资源、进度及其他相关项目信息所需要完成的任务,以调整项目的目标和改善系统实施的效率。

随着演化过程的开始,软件工程项目组按顺时针方向沿螺旋移动,从核心开始。螺旋的第一圈可能产生产品的规格说明;接续的螺旋可能用于开发一个原型;随后可能是更加完善的下一个版本软件。经过计划区域的每一圈都是基于从用户评估得到的反馈,来调整费用和进度。此外,项目管理者可以调整完成软件所需计划的迭代次数。

与传统的过程模型不同,在螺旋模型中,软件交付了并不意味着结束,其适用于计算机软件的整个生命周期。一个"概念开发项目"从螺旋的核心(水平轴)开始一直持续到概念开发结束。如果概念被开发成真正的产品,过程从水平轴一个新的起点开始,意味着一个新的开发项目启动了。

本质上,具有上述特征的螺旋是一直运转的,直到软件退役。有时这个过程处于睡眠状态,但任何时候出现了改变,过程都会从合适的入口点(如产品增强)开始。

对于大型系统及软件的开发来说,螺旋模型是一个很现实的方法。因为软件随着过程的进展演化,开发者和用户能够更好地理解和对待每一个演化级别上的风险。螺旋模型使用原型作为降低风险的机制,更重要的是,它使开发者在产品演化的任一阶段均可应用原型方法。它保持了传统生命周期模型中系统的、阶段性的方法,但将其并进了迭代框架,更加真实地反映了现实世界。螺旋模型要求在项目的所有阶段直接考虑技术风险,如果应用得当,能够在风险变成问题之前降低它的危害。

螺旋模型的优点在于:(1)强调严格的全过程风险管理;(2)强调各开发阶段的质量;(3)提供机会检讨项目是否有价值继续下去。螺旋模型的缺点在于:(1)它可能难以使用户(尤其在有合同约束的情况下)相信演化方法是可控的;(2)它需要相应的风险评估的专业技术,且其成功依赖于这种专业技术,如果一个大的风险未被发现和管理,毫无疑问就会出现问题。

比较适合螺旋模型的项目类型包括:风险是主要的制约因素的项目、不确定因素和风险限制了项目进度的项目、用户对自己的需求不是很明确的项目、需要对一些基本的概念进行验证的项目、可能发生一些重大变更的项目、规模很大的项目、采用了新技术的项目等。

3.3　扩展软件开发生命周期模型

随着软件产业的蓬勃发展,对软件开发过程模型的研究也在持续进行中,除了上文提及的几种传统软件开发生命周期模型,还涌现了很多其他的开发过程模型。本节将介绍几种在业界得到广泛推广和认可的软件开发生命周期模型。

3.3.1　极限模型

2001 年,为了避免许多公司的软件团队陷入不断增长的过程泥潭,一批业界专家一起概括出了一些敏捷开发过程的方法:SCRUM、Crystal、特征驱动软件开发(Feature Driven Development,FDD)、自适应软件开发(Adaptive Software Development,ASD),以及最重要的极限编程(Extreme Programming,XP)。极限编程是于 1998 年由 Smalltalk 社群中的大师级人物 Kent Beck 首先倡导的,它是一种轻量级的开发方法,强调适应性而非预测性、强调以人为中心而不以流程为中心,以及对变化的适应和对人性的关注,其特点是轻载、基于时间、Just Enough(不多不少)、并行并基于构件的软件过程。

极限编程规定了一组核心价值和方法,消除了大多数重量型过程的不必要产物,建立了一个渐进型开发过程。该方法将开发阶段的四个活动(分析、设计、编码和测试)混合在一起,在全过程中采用迭代增量开发、反馈修正和反复测试。它把软件开发生命周期划分为用户故事、体系结构、发布计划、交互、接受测试和小型发布六个阶段,"用户故事"代替传统模型中的需求分析,由用户用自己领域中的词汇并且不考虑任何技术细节,准确地表达自己的需求。采用这种开发模型的软件过程如图 3-7 所示。

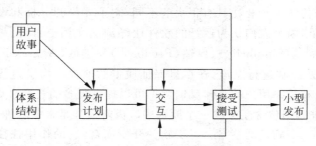

图 3-7　XP 软件开发模型示意图

XP 模型通过对传统软件开发的标准方法进行重新审视,提出了由一组规则组成的一些简便易行的过程。由于这些规则是通过在实践中观察使软件开发高效或缓慢的因素而得出的,因此它既考虑了保持开发人员的活力和创造性,又考虑了开发过程的组织性、重点性和持续性。这些实践规则列举如下。

(1)完整团队。XP 项目的所有参与者(开发人员、客户、测试人员等)一起工作在一个开放的场所中,他们是同一个团队的成员。

(2)计划游戏。计划是持续的、循序渐进的。每两周,开发人员就为下两周估算候选特性的成本,而客户则根据成本和商务价值来选择要实现的特性。

(3)客户测试。作为选择每个所期望的特性的一部分,客户可以根据脚本语言以定义出自动验收测试来表明该特性可以工作。

(4)简单设计。团队设计工作目标保持与当前的系统功能相匹配。它通过了所有的测试,不包含任何重复,表达出了编写者想表达的所有东西,并且包含尽可能少的代码。

(5)结对编程。所有的产品软件都是由两个程序员、并排坐在一起在同一台计算机上构建的。

(6)测试驱动开发。在程序员被分配任务后,首先要制定出该任务的测试用例,实现该任务的标志是能确保全部测试用例正确工作。各任务所使用的 TDD(Test-Driven Development)测试用例将被保留下来并应用到所有进一步的集成测试中。

(7)改进设计。随时利用重构方法改进已经"腐化"的代码,保持代码尽可能的干净(Clean)、具有表达力。

(8)持续集成。团队总是使系统完整地被集成。一个人签入(Check in)后,其他人员负责代码集成。

(9) 集体代码所有权。任何结对的程序员都可以在任何时候改进任何代码。没有程序员对任何一个特定的模块或技术单独负责,每个人都可以参与任何其他方面的开发。

(10) 编码标准。系统中所有的代码看起来就好像是由单独一人编写的。

(11) 隐喻。将整个系统联系在一起的全局视图,它是系统的未来影像,是它使得所有单独模块的位置和外观变得明显直观。如果模块的外观与整个隐喻不符,那么你就会知道该模块是错误的。

(12) 可持续的速度。团队只有持久才有获胜的希望。他们以能够长期维持的速度努力工作,他们保存精力,没有一个人能够连续两周超时工作,他们把项目看作是马拉松长跑,而不是全速短跑。

XP 开发模型与传统模型相比具有很大的不同,它不太强调分析和设计,在生命周期中编码活动开始得较早,因为人们认为运行的软件比详细的文档更重要。其核心思想是交流(Communication)、简单(Simplicity)、反馈(Feedback)和进取(Aggressiveness)。该模型强调小组内成员之间要经常进行交流,在尽量保证质量的前提下力求过程和代码的简单化;来自客户、开发人员和最终用户的具体反馈意见可以提供更多的机会来调整设计,保证把握正确的开发方向;进取则包含于上述三个原则中。极限编程是否是软件工程中的一个主要突破,我们很难给出一个确定的答案。对于软件开发而言,它的作用往往具有两面性,现将极限模型的优缺点总结如下。极限模型的优点在于:(1)采用简单计划策略,不需要长期计划和复杂模型,开发周期短;(2)在全过程采用迭代增量开发、反馈修正和反复测试的方法,能够适应用户经常变化的需求。极限模型的缺点在于:(1)XP 目前主要是在小规模项目上应用并取得成功,但是否适用于中等规模或大规模软件产品,是需要慎重考虑的;(2)由于这个模型较新,仅在开发方面有使用该模型的少量试验数据,维护方面的数据则不多,就是说不能确定产品交付后维护成本是否降低;(3)对编码人员的经验要求高,若是在编码人员经验较少的情况下建议不要采用。

因此,与其将它作为一种软件开发生命周期模型,不如将极限编程看作是方法论,其目的是减少繁重和不必要的工件的输出、提高效率,而不是让我们过分关注阶段或过程。因此对于瀑布、增量迭代或原型,我们都可以借鉴 XP 方法论中的一些好的实践,这些实践都是对传统的生命周期模型的很好的补充。所以若是在项目开发过程中希望在短期内获得较高质量的代码,带来较高的工作满意度,可以考虑使用极限模型,具体情况具体分析;又或是在客户需求模糊的情况下,构建小规模软件产品,也可使用极限模型。

3.3.2　Rational 统一过程

RUP(Rational Unified Process,统一软件开发过程,或统一软件过程)是一个面向对象且基于网络的程序开发方法论。根据 Rational(Rational Rose 和统一建模语言的开发者)的说法,RUP 好像一个在线的指导者,它可以为所有方面和层次的程序开发提供指导方针、模板以及事例支持。RUP 和类似的产品——例如面向对象的软件过程(OOSP),以及 OPEN Process——都是理解性的软件工程工具,将把开发中面向过程的方面(例如定义的阶段、技术和实践)和其他开发的组件(例如文档、模型、手册以及代码等)整合在一个统一的框架内。

可将 RUP 软件开发生命周期看作一个二维的软件开发模型。横轴通过时间组织,是过程展开的生命周期特征,体现开发过程的动态结构。用来描述它的术语主要包括周期(Cycle)、阶段(Phase)、迭代(Iteration)和里程碑(Milestone)。纵轴以内容来组织,是自然的逻辑活动,体现开发过程的静态结构。用来描述它的术语主要包括活动(Activity)、要素(Artifact)、工作者(Worker)和工作流(Workflow),如图 3-8 所示。

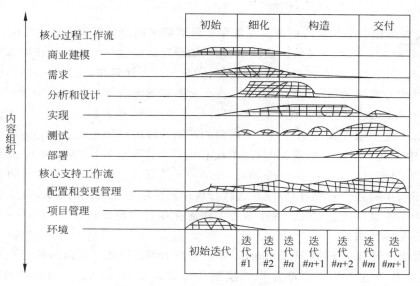

图 3-8　Rational 统一过程示意图

RUP 中的软件生命周期在时间上被分解为四个顺序的阶段,分别是:初始阶段(Inception)、细化阶段(Elaboration)、构造阶段(Construction)和交付阶段(Transition)。每个阶段结束于一个主要的里程碑(Major Milestones);每个阶段本质上是两个里程碑之间的时间跨度。在每个阶段的结尾执行一次评估以确定这个阶段的目标是否已经满足。如果评估结果令人满意的话,可以允许项目进入下一个阶段。

(1)初始阶段。初始阶段的目标是为系统建立商业案例并确定项目的边界。为了达到该目的必须识别所有与系统交互的外部实体,在较高层次上定义交互的特性。本阶段具有非常重要的意义,在这个阶段中所关注的是整个项目进行中的业务和需求方面的主要风险。对于建立在原有系统基础上的开发项目来讲,初始阶段可能很短。初始阶段结束时将出现第一个重要的里程碑:生命周期目标(Lifecycle Objective)里程碑。生命周期目标里程碑可评价项目基本的生存能力。

(2)细化阶段。细化阶段的目标是分析问题领域,建立健全的体系结构基础,编制项目计划,淘汰项目中拥有最高风险的元素。为了达到该目的,必须在理解整个系统的基础上,对体系结构做出决策,包括其范围、主要功能和诸如性能等非功能需求。同时为项目建立支持环境,包括创建开发案例、模板、准则并准备工具。细化阶段结束时将出现第二个重要的里程碑:生命周期结构(Lifecycle Architecture)里程碑。生命周期结构里程碑为系统的结构建立了管理基准并使项目小组能够在构建阶段中进行衡量。此刻,要检验详细的系统目标和范围、结构的选择以及主要风险的解决方案。

(3) 构造阶段。在构造阶段,所有剩余的构件和应用程序功能被开发并集成为产品,所有的功能将被详细测试。从某种意义上说,构造阶段是一个制造过程,其重点放在管理资源及控制运作,以优化成本、进度和质量。构造阶段结束时将出现第三个重要的里程碑:初始功能(Initial Operational)里程碑。初始功能里程碑决定了产品是否可以在测试环境中进行部署。此刻,要确定软件、环境、用户是否可以开始系统的运作。此时的产品版本也常被称为 beta 版。

(4) 交付阶段。交付阶段的重点是确保软件对最终用户是可用的。交付阶段可以跨越几次迭代,包括为发布做准备的产品测试、基于用户反馈的少量的调整。在生命周期的这一点上,用户反馈应主要集中在产品调整,设置、安装和可用性问题,所有主要的结构问题应该已经在项目生命周期的早期阶段解决了。在交付阶段的终点将出现第四个里程碑:产品发布(Product Release)里程碑。此时,要确定目标是否实现,是否应该开始另一个开发周期。在一些情况下这个里程碑可能与下一个周期的初始阶段的结束重合。

RUP 中有九个核心工作流,分为六个核心过程工作流(Core Process Workflows)和三个核心支持工作流(Core Supporting Workflows)。尽管六个核心过程工作流可能使人想起传统瀑布模型中的几个阶段,但应注意迭代过程中的阶段是完全不同的,这些工作流在整个生命周期中一次又一次被访问。九个核心工作流在项目中轮流被使用,在每一次迭代中以不同的重点和强度重复。

(1) 商业建模(Business Modeling)。商业建模工作流描述了如何为新的目标组织开发一个构想,并基于这个构想在商业用例模型和商业对象模型中定义组织的过程、角色和责任。

(2) 需求(Requirements)。需求工作流的目标是描述系统应该做什么,并使开发人员和用户就这一描述达成共识。为了达到该目标,要对需要的功能和约束进行提取、组织、文档化;最重要的是理解系统所解决问题的定义和范围。

(3) 分析和设计(Analysis & Design)。分析和设计工作流将需求转化成未来系统的设计,为系统开发一个健壮的结构并调整设计使其与实现环境相匹配,优化其性能。分析设计的结果是产生一个设计模型和一个可选的分析模型。设计模型是源代码的抽象,由设计类和一些描述组成。设计类被组织成具有良好接口的设计包(Package)和设计子系统(Subsystem),而描述则体现了类的对象如何协同工作,以实现用例的功能。设计活动以体系结构设计为中心,体系结构由若干结构视图来表达,结构视图是整个设计的抽象和简化,该视图中省略了一些细节,使重要的特点体现得更加清晰。体系结构不仅仅是良好设计模型的承载媒介,而且在系统的开发中能提高被创建模型的质量。

(4) 实现(Implementation)。实现工作流的目的包括以层次化的子系统形式定义代码的组织结构;以组件的形式(源文件、二进制文件、可执行文件)实现类和对象;将开发出的组件作为单元进行测试,以及集成由单个开发者(或小组)所产生的结果,使其成为可执行的系统。

(5) 测试(Test)。测试工作流要验证对象间的交互作用,验证软件中所有组件的正确集成,检验所有的需求已被正确的实现,识别并确认缺陷在软件部署之前被提出并得到处理。RUP 提出了迭代的方法,意味着在整个项目中进行测试,从而尽可能早地发现缺陷,从根本上降低了修改缺陷的成本。测试类似于三维模型,分别从可靠性、功能性和系统性能来进行。

（6）部署（Deployment）。部署工作流的目的是成功地生成版本并将软件发布给最终用户。部署工作流描述了那些与确保软件产品对最终用户具有可用性的相关的活动，包括：软件打包、生成软件本身以外的产品、安装软件、为用户提供帮助。在有些情况下，还可能包括计划和进行 beta 版测试、移植现有的软件和数据以及正式验收。

（7）配置和变更管理（Configuration & Change Management）。配置和变更管理工作流描绘了如何在多个成员组成的项目中控制大量的产物。配置和变更管理工作流提供了准则来管理演化系统中的多个变体，跟踪软件创建过程中的版本。工作流描述了如何管理并行开发、分布式开发、如何自动化创建工程。同时也阐述了对产品修改原因、时间、人员，保持审计记录。

（8）项目管理（Project Management）。软件项目管理用于平衡各种可能产生冲突的目标，管理风险、克服各种约束并成功交付使用户满意的产品。其目标包括：为项目的管理提供框架，为计划、人员配备、执行和监控项目提供实用的准则，为管理风险提供框架等。

（9）环境（Environment）。环境工作流的目的是向软件开发组织提供软件开发环境，包括过程和工具。环境工作流集中于配置项目过程中所需要的活动，同样也支持开发项目规范的活动，提供了逐步的指导手册并介绍了如何在组织中实现过程。

与传统的瀑布模型相比较，迭代过程具有的优点之一是：降低了在一个增量上的开支风险。如果开发人员重复某个迭代，那么损失的只是这一个开发有误的迭代的花费；迭代过程降低了产品无法按照既定进度进入市场的风险。通过在开发早期就确定风险，可以尽早来排除风险而不至于在开发后期匆忙排除风险；迭代过程加快了整个开发工作的进度。因为开发人员清楚问题的焦点所在，他们的工作会更有效率；由于用户的需求并不能在一开始就做出完全的界定，它们通常是在后续阶段中不断细化的。因此，迭代过程这种模式使适应需求的变化会更容易些。

但 RUP 是一个通用的过程模板，包含了很多开发指南、工件、开发过程所涉及的角色说明。由于它非常庞大所以对于具体的开发机构和项目，当使用 RUP 时还要做裁剪，也就是要对 RUP 进行配置。RUP 就像一个元过程，通过对 RUP 进行裁剪可以得到很多不同的开发过程，这些软件开发过程可以看作 RUP 的具体实例。RUP 裁剪可以分为以下几步：（1）确定本项目需要哪些工作流，RUP 的九个核心工作流并不总是需要的，可以取舍；（2）确定每个工作流需要哪些要素；（3）确定四个阶段之间如何演进；（4）确定每个阶段内的迭代计划，规划 RUP 的四个阶段中每次迭代开发的内容；（5）规划工作流内部结构。

RUP 具有很多长处：提高了团队生产力，在迭代的开发过程、需求管理、基于组件的体系结构、可视化软件建模、验证软件质量及控制软件变更等方面，针对所有关键的开发活动为每个开发成员提供了必要的准则、模板和工具指导，并确保全体成员共享相同的知识库。它建立了简洁和清晰的过程结构，为开发过程提供较大的通用性。但同时它也存在一些不足：RUP 只是一个开发过程，并没有涵盖软件过程的全部内容；此外，它不支持多项目的开发结构，这在一定程度上降低了在开发组织内大范围实现重用的可能性。可以说 RUP 是一个非常好的开端，但并不完美，在实际的应用中可以根据需要对其进行改进并可以用 OPEN process 和 OOSP 等其他软件过程的相关内容对 RUP 进行补充和完善。

3.3.3 微软产品开发周期模型

微软是世界上最大的软件公司,但微软并没有通过 CMM 认证,不使用 RUP,也不使用 XP。该公司有自己独特的软件开发过程——微软产品开发周期模型 PCM(Product Cycle Model)。微软产品开发周期模型是微软三十多年实际开发经验的精髓,微软的所有产品,从最初的产品策划到编程、beta 版发行、正式版本的发布、下一个版本的开发,都遵循该周期模型。微软产品开发周期模型是整个微软开发流程的核心和基础。合理的人员配置、合理的团队架构保证了微软能够开发出符合用户需求的高质量产品。

微软公司每一个产品的发布,往往需要多个开发团队的共同努力。每个团队都有自己的想法,实施什么样的开发流程也是灵活的,但总体上是一样的,就是采用成熟的 PCM 流程,该软件开发周期通常分为以下四个阶段,如图 3-9 所示。

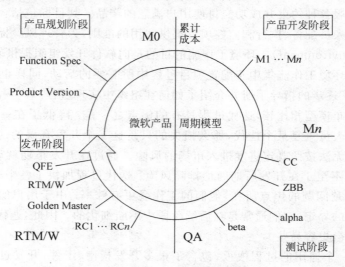

图 3-9 微软产品开发模型示意图

(1) 产品规划阶段。先做市场分析和产品调查,看市场有无此软件产品的需求,以及竞争对手有哪些,这就是 Product Vision 的工作内容。接着就是 Function Spec,主要是设计软件要实现哪些功能,解决用户什么样的问题。细致的方面包括选择什么语言来编写代码,所支持的平台以及开发所用的模型。

(2) 产品开发阶段。就是依据设计编写代码,并同时让测试人员找 bug。M1…Mn 表示第 1 个~第 n 个里程碑,每达到一个里程碑,就可以让测试人员同时进行工作,如进行单元测试。

(3) 测试阶段。达到所有里程碑,进入 CC(Code Completion)状态,刚编写的代码肯定存在诸多问题,测试就是找出这些问题中的大部分,然后进行修正,得到一个相对稳定的软件版本。这里的 ZBB 是指 Zero Bug Bounce,即软件运行 48 小时内不出现 bug,然后就是 alpha 直至 beta 版本的软件面世,在较大规模地推向市场前,应检查软件的使用性能并予以修正。

(4) 发布阶段。从 Release 1.0 版的发布到 Release N.0 版,黄金版本(Golden

Masters)印制光碟提交给制造商作样本,至正式版本 RTM/W(Release To Manufacturing/Web)的发布,做好 QFE(Quick-Fix Engineering),厂商为了及时升级功能或者修改缺陷而做的改动(支持)叫做 QFE,简单说就是提供补丁的工作。

第一个阶段是产品规划阶段,首先要有一个远景规划,而且要有很清晰的长远计划。这个产品到底要达到什么样的目的,在市场上与竞争对手进行竞争的过程中要完成什么样的战略性目的。接下来在功能点规格说明部分有很多设计工作要做:设计规范书的总体功能设计、具体的功能设计、详细的使用界面的设计、开发执行和构架设计、软件的组件构架和整合的设计等。详细的功能设计,以使用方案和需求总结为基础,每个功能设计对照使用方法可证实其合理性。前面的设计做得越多,对后来工作的开展越是有利。在设计工作中很重要的是,先要了解客户的使用方案,他们怎么样使用软件,使用软件的步骤到底是怎样的;然后由此决定要怎样的功能;最后所有的功能需求决定了最终的设计。用户的使用流程要清楚,微软是非常重视这一点的,所有的开发都要经历上述三个步骤。从使用方案到功能需求,然后到功能设计。第二个阶段是产品开发阶段,前面的工作都做完了,就进行具体开发,即编写程序,不仅是编写功能的组件本身,此外还包括审核设计文档、安装并配置开发环境、代码签入工作、每日产品生成以及管理 bug 数据库等。第三个阶段就是测试阶段,程序写完了(Code Completion,CC),就会发现很多 bug,发现很多需要进行修改的缺陷,这就要展开所谓的质量保证工作。对微软而言,这个工作很简洁,用所谓的战争三国会议来决定修改工作:任何决定,都不是由一方做出,而是由三方代表(项目经理、开发者和 QA)做出。最后进入第四个阶段——发布阶段,从 Release 1.0 版本开始,直至 Release N.0 版本的发布,软件才能稳定,纠错、测试后发布最终产品,把发行版本刻录到 CD(DVD)上等。

总体来说,在微软产品的开发中使用了完善的团体结构,还使用了完整的流程。利用这个项目流程管理的方法可帮助流程管理,并提高软件开发的质量。管理好四个流程的执行,事先要制定出完整的衡量标准。此外要进行重复循环的运作,利用重复的四个周期来进行不断的调整,每个周期都要进行管理,依据事先定好的规划、衡量标准,一个周期接一个周期地管理。如果前面的周期已经被延迟,你知道后面的工作一定不能准时完成,那么你应该告诉你的其他团队,让他们帮你的计划做即时的调整。这些工作对于一个项目管理人员,或一个领导而言是很重要的。如果能顺利完成这些工作,团队将使用良好的流程,对软化开发的成功是一个很重要的部分。软件开发是很困难的一件事,要符合市场、客户的要求,运用这些理论和实践对于帮助我们进行管理是非常重要的。

3.4　案例分析

HRMS 系统(人力资源管理系统,是为某跨国企业的 ISS 部门而开发的)的生存期模型选择过程:针对本项目的开发特点,参考企业的生存期模型说明和软件过程体系,决定采用迭代增量式模型(见图 3-10),理由如下所示。

(1)人力资源管理系统的全部功能分成通用功能和分类业务处理功能两大类,因此可以先基于通用功能做出一个模块的最小使用版本,再逐步添加其余的功能。这样一来,用户可以在先试用最小版本的同时,提出更多明确的需求,这有助于下一阶段的开发,大大减小

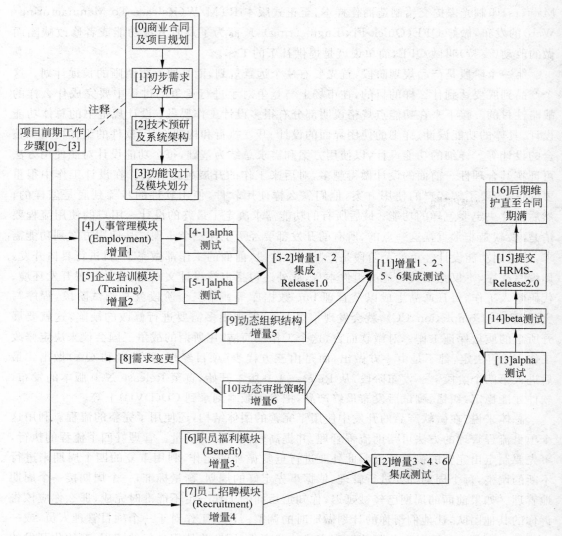

图 3-10　HRMS 项目生存期模型

了开发的风险。

(2) 在人力资源管理系统需求中,要求系统有可扩充性。若使用增量式模型,可以保证系统的可扩充性。用户明确了需求的大部分,但也存在不太详尽的地方。如其中的通用查询自定义控件,就其要实现的功能只是提出了大概的意向,并没有完整确定的要求;系统参数模块只提到"应提供一个标准的、可维护的系统参数解决方案"。这样,只有等到一个可用的产品出来,才能通过客户使用这个可用产品,然后进行评估,将评估结果作为下一个增量的开发计划,下一个增量发布一些新增的功能和特性,直至产生最终完善的产品。

(3) "系统要求有可扩充性,可以在现有系统的基础上,方便迅捷地加挂其他功能模块"——也说明用户可能会增加新的需求,事实上也确实如此,在 Employment、Training 模块的开发中途,客户提出了动态组织结构和动态审批策略的新需求。

(4) 对一个管理方式已经非常成熟的公司,要其短时间内完全舍弃原有的管理方式,用人力资源管理系统替代全部管理，这是不实际的。所以，可以从最基础的做起，逐步扩充其应用，所以可选用增量式模型来开发 HRMS 系统。

（5）本项目具备迭代增量式模型的其他特点：

- 项目复杂程度为中等。
- 大部分需求是稳定的，拥有良好理解的，但存在某些不明确的概念。
- 产品和文档的再使用率会很高。
- 有经过证明的、成熟的设计和技术。

项目的持续期达一年半，客户需要间歇性发布。

该项目生存周期中的各阶段定义如下所示：

（1）商业合同及项目规划。阶段目标：根据合同和前期的需求分析，确定项目的规模、时间计划和资源需求，同时确立项目的组织机构，以及组成人员需承担的相应任务，此外还有相应的规章制度要予以确定。从此阶段开始做好配置管理工作，对于所有的文档，各版本的源程序都要纳入配置库，以供追踪。

输入：合同文本和 SOW。

过程：项目规划、计划确认、团队组成、职责分配和制度审核。

输出：项目计划、配置管理计划、标准和规章制度。

（2）初步需求分析。阶段目标：确定客户的需求。

输入：项目计划和 SOW。

过程：需求获取、需求分析、需求控制和软件需求评审。

输出：原型系统和需求规格。

（3）技术预研及架构设计。阶段目标：根据系统需求，确定技术手段与前期的培训计划，完成 B/S 结构系统的架构设计。

输入：原型系统和需求规格。

过程：总体设计、概要设计评审和同行评审。

输出：系统设计说明书和技术培训计划。

（4）功能设计及模块划分。阶段目标：完成详细的功能设计，归并后组织成不同的模块开发任务，以实现分时段增量开发的目的，同时进一步完善项目计划。

输入：系统设计说明书和项目计划。

过程：功能设计、详细设计评审和同行评审。

输出：功能设计说明书、数据库结构定义和产品审计要素。

（5）Employment 增量实现。阶段目标：实现系统的人事管理（Employment）功能，而后与 Training 模块合并。

输入：功能设计说明书、数据库结构定义和产品审计要素。

过程：编码、数据库设计、代码走查、代码评审、单元测试、管理评审和 alpha 测试。

输出：源代码、与 Training 模块集成 HRMS-Release 1.0 版和产品审计报告。

（6）Training 增量实现。阶段目标：实现系统的培训考核（Training）功能，而后与 Employment 模块合并。

输入：功能设计说明书、数据库结构定义和产品审计要素。

过程：编码、数据库设计、代码走查、代码评审、单元测试、管理评审和 alpha 测试。

输出：源代码、与 Employment 模块集成 HRMS-Release 1.0 版和产品审计报告。

(7) 需求变更。阶段目标：根据客户新需求，完成动态组织结构、动态审批策略模块的前期工作，以便在下一阶段开展编码工作。

输入：需求变更报告书。

过程：需求分析、软件需求评审、总体设计、功能设计和同行评审。

输出：需求规格、概要设计说明书、功能设计说明书、数据库结构定义和产品审计要素。

(8) 动态组织结构增量实现。段目标：实现系统的企业动态组织结构搭建(Dynamic-Organization)功能，而后分别与各模块集成。

输入：功能设计说明书、数据库结构定义和产品审计要素。

过程：编码、数据库设计、代码走查、代码评审、单元测试、管理评审和 alpha 测试。

输出：源代码，与 Dynamic-Policy 模块、HRMS-Release 1.0 版本集成测试，与 Dynamic-Policy 模块、Benefit 模块、Recruitment 模块集成测试，产品审计报告。

(9) 动态审批策略增量实现。阶段目标：实现系统的企业动态审批策略构建(Dynamic-Policy)功能，而后分别与各模块集成。

输入：功能设计说明书、数据库结构定义和产品审计要素。

过程：编码、数据库设计、代码走查、代码评审、单元测试、管理评审和 alpha 测试。

输出：源代码，与 Dynamic-Policy 模块、HRMS-Release 1.0 版本集成测试，与 Dynamic-Policy 模块、Benefit 模块、Recruitment 模块集成测试，产品审计报告。

(10) Benefit 增量实现。阶段目标：实现系统的福利配给管理(Benefit)功能，而后与 Recruitment 模块、Dynamic-Organization 模块、Dynamic-Policy 模块合并。

输入：功能设计说明书、数据库结构定义和产品审计要素。

过程：编码、数据库设计、代码走查、代码评审、单元测试、管理评审和 alpha 测试。

输出：源代码，与 Dynamic-Organization 模块、Dynamic-Policy 模块、Recruitment 模块集成测试，产品审计报告。

(11) Recruitment 增量实现。阶段目标：实现系统的招聘管理(Recruitment)功能，而后与 Benefit 模块、Dynamic-Organization 模块、Dynamic-Policy 模块合并。

输入：功能设计说明书、数据库结构定义和产品审计要素。

过程：编码、数据库设计、代码走查、代码评审、单元测试、管理评审和 alpha 测试。

输出：源代码，与 Dynamic-Organization 模块、Dynamic-Policy 模块、Benefit 模块集成测试，产品审计报告。

(12) 系统集成阶段。阶段目标：集成所有模块的最新版本，通过产品提交前的最后测试。

输入：各模块最新版本、测试计划和测试用例。

过程：集成测试、系统测试、压力测试、功能检查、管理评审、alpha 测试和 beta 测试。

输出：系统软件包 Release 2.0、测试报告和产品说明书。

(13) 产品提交。阶段目标：产品可投入使用。

输入：系统软件包 Release 2.0。

过程：验收测试和产品提交。

输出：验收报告。

注：生存周期模型中的过程定义可以参照企业的质量保证体系并结合项目的具体特点来决定，因为公司的流程已覆盖到项目开发、管理的所有方面，包括从最开始的合同到最后软件的产品提交，都有相应的过程规定，基本上已形成一种工业化的软件开发，所以为形成一个良好的软件开发环境奠定了基础。

例如，系统设计过程及产品标准的定义如下所示。

参与角色

R1：项目经理

R2：开发经理

R3：设计人员

进入条件

E1：到达项目计划规定的系统设计时间

输入

I1：需求规格

活动

A1：设计人员了解业务需求并仔细阅读需求规格

A2：设计人员收集了解同类项目的技术框架

A3：开发经理领导设计人员通过具体的业务分析和企业成熟的技术框架进行系统设计

A4：设计人员在进行系统设计时，应按照系统设计的标准模板进行，要求如下：

- 完整、正确、如实地说明每个模块的流程和数据库表
- 用中文进行描述，并用小四号文字

A5：开发经理负责监督设计人员设计文档的同行评审

A6：开发经理主持设计正式评审，同时要求项目经理和质量经理参加

A7：设计人员根据评审结果进行修订和补充，并形成最终系统设计文档

A8：开发经理负责将系统设计过程中无法解决的问题以事件报告形式提交给项目经理，由项目经理进行跟踪解决

输出

O1：系统设计文档（格式标准见企业质量体系）

完成标志

F1：系统设计评审通过，纳入配置库

3.5　本章小结

本章讲述了软件开发过程管理需要掌握的部分知识，介绍了 ISO 9000、CMM 和 CMMI 三种常见的软件过程改进方法，并且比较了它们之间的异同，对于选取哪种方法给予了建议。

本章详细介绍了多种软件开发生命周期模型的特点和优缺点，对于软件开发中的相当重要的项目选型工作提供了参照。

此外还介绍了质量计划的定义和详细的模板。质量计划的制定对于软件质量控制的重要性非同小可,它涉及的范围很广,需要制定的内容相当多,部分内容读者可以在其他章节详细了解。

3.6　复习思考题

1. CMM 和 CMMI 的五个级别分别是什么？CMM 和 CMMI 的关系是什么？
2. 在软件企业中推行 ISO 9000 的意义是什么？
3. 传统的软件开发生命周期可以分为哪几个子阶段？
4. 原型模型可以细分为哪两种？它们的内容是什么？
5. 你觉得进化模型和螺旋模型有哪些相似之处？它们的核心思想是什么？
6. 质量体系、质量手册和质量计划的联系是什么？
7. 在需求分析阶段需要监控的关键元素是什么？

第4章 软件质量管理

4.1 软件质量与质量保证概述

4.1.1 软件质量

1. 质量的定义

关于质量有不少定义,举例如下。

- 《辞海》中认为质量是产品或工作的优劣程度。
- 1986 年 ISO 8492 中对质量进行定义:质量是产品或服务满足明示或者暗示需求能力的特性和特征的集合。
- Crosby 指出:质量就是满足需求,即与客户需求的一致性。

由此,我们可以这样理解产品开发过程:首先由客户提出需求;接着,开发者设计和开发产品,使之符合客户需求;最后,由开发者提供良好服务,达到总体客户满意度的要求。

因此,一般来说,质量定义可以包括以下三方面含义。

(1) 内在质量,即产品本身的缺陷率和可靠性。

(2) 客户满意度,即产品与用户需求的一致性。

(3) 过程质量,即为了确保产品的内在质量和客户满意度,而对产品的设计与开发过程中所进行的监管和改进措施的效果。

2. 软件质量的定义

在计算机科学发展的早期并没有软件质量的概念,直到 20 世纪 70 年代以后,随着软件工程的引入,以及软件开发的工程化、标准化得到不断的重视,软件质量的概念才被提了出来。质量专家们围绕软件质量提出了自己的见解,但关于软件质量的定义,迄今,国际上仍然没有一个统一的认识,举例如下。

- Donald Reifer 认为:软件质量就是软件产品满足明示需求程度的一组属性的集合。
- Norman E. Fenton 认为:软件质量是软件产品满足明示或暗示需求能力的特性和特征的集合,该定义不仅关注明示需求,还要求关注暗示需求。
- IEEE Std 729-1983 中指出:软件质量是与软件产品满足规定的和隐含的需求的能力有关的特征或特征的集合。

综合来看,我们可以这样定义软件质量:软件质量等于软件内在质量、过程质量与客户满意度的总和。软件质量反映了以下三方面问题:

(1) 软件需求是度量软件质量的基础,不符合需求的软件就不具备质量。

(2) 应在各种标准中定义开发准则,用于指导软件人员采用工程化的方法来开发软件产品。

(3) 往往会有一些隐含的需求没有明确地提出来,若忽略了这些隐含需求将无法保证软件的质量。

从中可以看出,软件质量的核心是需求和标准。

3. 软件质量的复杂度

我们总是为了获得用户的最终满意而不断追求质量,然而,与普通的项目相比,软件项目除了具有一般项目的独特性、临时性等特征,并受到时间、成本和资源多方面约束,软件项目还受到软件行业特点的影响而使得软件质量及相关控制和管理工作变得更加复杂,主要体现在如下两个方面。

1) 理解用户的需求难度很大

要想准确、透彻地理解用户的需求是非常困难的,原因在于:

- 用户往往并未发现自己真正的需求。
- 60%以上的用户需求都是隐性需求,客户所提供的原始需求中几个简短的文字往往可能扩展为一个具有相当规模的模块,并导致巨大的工作量。
- 用户需求并非普遍一致,而是具有多样化的特点,即不同用户可能需要在不同的运行环境下使用软件产品,并要求产品提供不同的功能,甚至达到不同的性能水平。
- 用户需求并非稳定不变,而是在明示之后还处于不断变化中。用户需求和满意度基准常常在短时间内(例如在产品尚未交付之时)就已经发生了变化。
- 软件产品的业务逻辑集中体现了产品使用者(即用户)所从事工作的最佳实践,软件研发人员需跨行业学习和理解软件产品使用领域的相关行业知识。

2) 制定和遵循标准的难度很大

- 软件行业属于知识密集型行业,难以采用传统制造业的流水线方式对软件进行规范和生产。
- 软件开发人员对文档的重视程度不够,只愿意编写代码,不愿意编写文档,缺乏规范和足够的文档,导致难以统一项目组成员对最终软件产品的认识。
- 软件开发人员对单元测试的重视程度不够,经常随便测试几个关键数据之后就将代码提交上去,从而大大增加了后期测试的工作量和难度,同时也大大提高了软件产品存在内在质量的风险。

4.1.2　软件质量工作

基于软件质量的定义,与软件质量相关的工作内容应紧紧围绕需求和标准这两大核心问题而展开,具体来说主要包括如下几方面的工作:

(1) 建立软件质量模型,并使用工具对软件质量进行有效的度量,形成标准和规范。

(2) 基于质量模型中的度量指标,不断检查和识别软件产品本身以及产品开发过程中那些不符合软件质量要求的项,并记录下来。

(3) 就不符合项及时与当事人进行沟通,对软件产品的内在质量和过程加以改进,努力提高总体客户满意度。

在整个软件质量体系中,以上三方面软件质量工作都是围绕质量方针来展开的,企业最高管理者正式发布的质量宗旨、目标和质量方向构成的形式化文档就是质量方针,所有质量工作必须在质量方针指导下,由软件质量管理来指挥和控制各种质量活动。这些质量活动可按从下到上的次序分为三个层次,即软件质量控制(Software Quality Control,SQC)、软件质量保证(Software Quality Assurance,SQA)和软件质量管理(Software Quality

Management,SQM)。表 4-1 分别从工作核心、工作内容、作用及局限性、涉及的相关文档等方面对质量工作进行比较。

表 4-1　不同层次的软件质量工作

层次	类型	参与人员	工作核心	工作内容	侧重点	作用及局限性	相关文档
下 ↓ 上	SQC	软件测试人员	检查	对工作产品进行检查,判断其质量,但并不对流程、设计和服务进行检查	偏重技术	提供质量测量工具,发现工作产品中的问题,但无法防止问题的产生,不能提高产品质量	表格、模板、检查单、指导书和标准
	SQA	软件质量保证人员	保证和预防	检查工作产品,管理和监控开发过程;面向缺陷预防,在软件开发全生命周期中加以过程管理	偏重管理	预先提供指导,防止出现影响质量的问题,以提高软件质量;但早期往往仅定义软件质量目标和计划,不注重软件的度量,对软件质量提高成效不明显	规程(即展开各开发活动应遵循的规章制度)
	SQM	全体成员	客户	以客户为中心,提倡所有人员参与,即全面质量管理,目的是通过顾客满意、企业所有成员及社会受益而达到长期成功	技术与管理并重	质量概念与全部管理目标的实现有关;要求控制软件产品质量的各个环节和阶段,要求企业建立质量文化和管理的思想,其宣传、培训和管理成本是相当高的	质量手册和组织手册
质量方针							

4.1.3　软件质量保证

1. 软件质量保证的定义

为了提高软件质量,必须进行软件质量保证工作。关于软件质量保证的定义,不少质量专家也从不同角度分别提出了各自的观点,举例如下。

- IEEE:软件质量保证是一种有计划的、系统化的行动模式,是设计用来评价开发或制造产品过程的一组活动。
- Faidey:软件质量保证包括过程和产品的保证,其基本任务是保证项目履行其对产品和过程的承诺。

总之,软件质量保证是为了提供信用,从而证明项目将会达到有关质量标准,而在质量体系中开发的有计划、有组织的工作活动。

软件质量保证的组织和人员不负责生产高质量的软件产品和制定质量计划,这些都是软件开发人员的工作内容。软件质量保证组织的责任是负责审查软件项目组的质量活动,并鉴别活动中出现的偏差和可预见的缺陷,并引起管理层的注意。因此,为了确保软件质量保证人员可以顺利开展第三方审计工作,更加客观地对软件研发体系进行评价,应要求软件质量保证人员独立于项目组,直接接受高层领导的管理。

2．软件质量保证的目标

(1) 合理监控软件和软件开发过程，来保证产品质量。

(2) 保证软件和软件开发过程完全遵循建立的相关标准和规范。

(3) 保证软件产品、开发过程和标准中的不足能引起管理部门的充分注意，并得到及时处理。

(4) 保证项目组制定的计划、相关标准和规范符合项目组的需要。

(5) 收集项目开发中的经验和教训，为企业内部软件开发的整体标准和规范提供依据，并为其他项目组的开发过程提供先进方法和范例。

由此可见，软件质量保证人员的工作应与软件开发人员的工作紧密结合，若两者是对立的或互相挑剔的，则软件质量保证的目标将难以达成。

4.2　软件质量度量

软件质量工作的重要内容之一是要建立软件质量模型，对软件质量进行有效的度量，从而形成标准和规范。随着时间的推移，软件质量度量的一般过程如下所示。

(1) 获取数据。按照一定周期、根据指定格式和量纲、收集与度量值相关的基础数据，作为软件质量度量的基础。常用工具包括各种报表、数据库等。

(2) 值转换。对原始数据进行数值转换，得到相关度量值，以便于后续的解释分析。

(3) 解释。根据度量目标和度量模型对度量值进行解释和分析，得到度量结果。常用工具包括检查表、Pareto 图等。

(4) 决策分析。根据用户问题目标和问题解决模型对度量结果展开进一步分析，就当前产品和过程质量是否符合要求得出结论，并识别不符合质量要求的项，引出新的度量目标，实施新的度量活动。

下面我们就软件质量度量活动中的关键问题——常见的软件质量模型、软件质量度量的内容，以及度量过程中常用的质量工具依次展开讨论。

4.2.1　软件质量模型

软件质量本身是一个复杂且难以琢磨的概念。对于不同的用户，或者不同类型的软件系统，软件质量的含义和要求不尽相同。因此，为了更好地理解、预测和评价软件的质量，人们建立了各种软件质量模型来描述影响软件质量的特性，在软件整个生命周期的各个阶段对软件质量进行评估。

目前，主要有如下两大类软件质量模型。

(1) 基于经验的模型。这类模型主要是根据人们的经验，总结出一些典型的质量因素，按照分解法的思想构建分层的软件质量模型来描述软件产品，以对软件质量进行度量、评估和预测。这类模型又可分为层次模型和关系模型两类，典型的层次质量模型有 McCall 质量模型、Boehm 质量模型、ISO 9126 质量模型等，典型的关系质量模型则有 Perry 质量模型等。然而，由于软件开发方法、软件应用领域、软件所依托的运行环境，以及软件项目组织和人员的差异等因素而造成了软件质量的复杂性，希望使用一个通用的软件质量模型来指导所有软件项目的开发,是不切实际的。

(2) 基于构建的模型。这类模型主要是提供构建质量模型的方法,包括建立质量属性之间的联系、对质量属性进行分析等内容,以便于人们根据实际需要来构建合适的质量模型。典型的、基于构建的模型有 Dromey 质量模型。

1. McCall 质量模型

McCall 质量模型是 1977 年由 McCall 等人建立的,最初是为美国空军的需要而建立的,美国国防部促进了该模型在评价软件产品质量方面的应用。

McCall 质量模型的目标是基于分解法,通过分层的方式对要评估的软件性能进行定义,同时提供相关的方法来用于提取这些反映软件性能的质量特征。该模型自上而下分为如下三层:

- 质量因素(Factor):描述了软件系统可见的行为化特征,它是针对不同类型用户群的需求而提炼出来的、对软件的要求,即面向管理观点的产品质量。
- 质量准则(Criteria):是与软件产品和设计开发相关的质量特性,它是面向开发方的,开发者对软件产品使用准则对其质量加以判断。
- 质量度量(Metric):是用于描述准则的量化指标,即通过在软件开发过程中使用度量来实现软件质量的测量、评估和预测。

因此,通过测量各个质量度量来获取相应的质量准则,然后根据质量准则来衡量质量因素,最终的软件质量就被看做是由质量因素构成的函数。该三层模型框架如图 4-1 所示。图 4-1 中的一个质量因素由多个质量准则构成,作为衡量标准,而质量准则也可由一系列具体的质量度量来量化描述。McCall 模型所定义的许多质量度量只能进行主观测度,以检查表的方式对软件特定属性进行评分,而评分方案为 0(低)～10(高)。另外,质量准则和质量度量的设计对评价的结果将产生很大影响,若质量准则之间存在较大的交叉(即耦合度高),易导致评估工作量大、结果不准确。

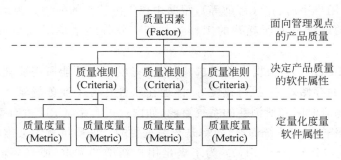

图 4-1　McCall 三层模型框架

具体来说,McCall 质量模型把软件质量分为三个方面的因素:

- 产品运行(Product Operation):反映软件产品在操作方面的能力。这是对软件产品最基本的质量要求,是产品交付给用户之前应具备的质量。
- 产品修正(Product Revision):反映软件产品承受改变的能力,在软件产品交付给用户后,随着用户的大量使用,新的软件缺陷和使用中的问题将不断从用户方反馈给开发方,该质量因素决定了软件后期维护所需的工作量。
- 产品移植(Product Transition):反映软件产品对新环境的适应能力。当需要根据其他相关用户的要求对原有软件产品的功能进行修改或对使用环境进行修改时,该质量因素决定了所需的相关工作量。

McCall 模型围绕每个质量因素分别总结了若干质量特性,共形成 11 个质量特性用于描述软件质量。该质量模型如图 4-2 所示。

McCall 质量模型中的 11 个外部质量特性的定义如下所示。

(1) 正确性(Correctness):软件产品提供给用户的功能是否满足用户对该功能的精确度要求。在开发过程中,正确性也可以看做是在规定的使用环境下,软件产品与需求规格说明书的符合程度。正确性要求软件产品没有缺陷。

(2) 完整性(Integrity):出于某个目的而对数据进行保护,使之避免受到偶然的,甚至是有意的破坏、改动或遗失的能力,完整性主要通过访问控制和访问审计来达到,其目的往往是为了保证软件的安全和可靠。

图 4-2　McCall 质量模型

(3) 可靠性(Reliability):根据设计要求,软件在规定的时间和条件下不出故障、持续运行的程度。体现在软件的成熟性、容错性和恢复性能力,即软件能否有效防止内部缺陷扩散而导致失效,软件能否有效防止外部接口的缺陷扩散而导致系统失效,软件一旦发生失效能否在最短时间内、最大程度重新恢复原有的功能和性能。

(4) 可用性(Usability):软件方便使用的程度,体现在软件是否容易理解、容易学习、容易操作,即软件使用是否符合用户业务流程和习惯,软件在使用过程中交给用户的信息是否准确、清晰、可帮助用户准确理解系统当前的真实状态,指导用户的操作。软件是否提供相关的辅助手段(如用户手册、在线帮助等),帮助用户学习软件的使用。为运行该程序在输入的准备和对输出的解释方面所耗费的工作量如何。软件的菜单层次是否合适,界面是否美观。

(5) 效率(Efficiency):根据设计要求,软件为完成指定功能所需要耗费的计算机资源的情况,包括软件的存储效率、执行速度等,体现在软件在各个业务场景下完成用户指定的业务请求所需的响应时间和所消耗的系统资源(如内存占有率、CPU 占有率等)。对于基于 Web 的应用系统和嵌入式系统而言,效率是至关重要的。该质量特性又称功效。

(6) 可维护性(Maintainability):为了满足用户新增的需求,或当环境发生变化,或在软件运行中发现了新的缺陷时,对一个已投入运行的软件进行相应缺陷定位和修复所需的工作量。体现在软件是否容易分析、容易修改和保持稳定,即软件是否提供一些辅助手段(如系统日志等)来帮助开发人员分析和识别缺陷的触发条件,找出待修复部分,从而降低缺陷定位的成本。同时,软件是否容易修改(如模块间耦合度低,则方便局部修改代码),从而降低缺陷修复成本。另外,若代码中包含一些具有物理含义或特殊含义的数字,应使用宏来代替,不要将数字直接写入代码逻辑中去。

(7) 灵活性(Flexibility):对一个已经投入运行的软件进行改进或修改所需的工作量。例如,随着处理数据量的增大,可能需要对软件体系结构、处理逻辑、流程、代码等进行相关修改和改进。事实上,灵活性与可维护性是十分相似的。

(8) 可测试性(Testability):为了确保软件能够完成用户所规定的预期功能,对软件进行相关测试所需的工作量。体现在软件可控制、可观察,即软件应提供一些辅助的手段(例如系统日志、程序插桩、测试版本、自动化测试等)帮助测试人员控制软件的运行,并获得软件运行的真实信息,从而正确判断软件运行状态和测试执行结果。

(9) 可移植性(Portability):将软件从一个计算机系统(如硬件平台、操作系统、数据库等)或环境移植到另一个计算机系统或环境中运行时所需的工作量。主要体现在软件的适应性、易安装性、共存性和易替换性,即软件不需要做任何改动就可以在不同的硬件配置下、基于不同的操作系统和数据库、针对不同的网络环境正常运行,针对主流和非主流的运行环境平台均可以方便地安装软件,且在使用过程中与其他软件系统共享相同的资源,而不影响其他软件的正常使用。更重要的是,可以方便地对软件进行在线升级或通过打补丁的方式进行升级。

(10) 可重用性(Reusability):软件(或软件的一部分)可以再次用于其他应用的程度。其中,新应用的功能与本软件(或软件的一部分)所完成的功能具有不同程度的联系(如一个软件应用于相同应用领域的不同应用对象)。

(11) 可互操作性(Interoperability):软件与其他系统进行信息交互所需的工作量。例如,软件需要联网,或与其他系统通信,则应提供系统之间的接口,才能确保软件能够从其他系统获取数据,或者向其他系统传递数据。该质量特性又称互联性。

McCall 模型认为,软件质量的分析分为两个层次。上层是外部观察的特性,共 11 个(见图 4-2),下层是软件的内在质量特性,共 23 个。内部质量属性通过外部质量要素来反映。

McCall 模型首先将人们对软件质量的主观认识转化为一定程度的量化指标,支持软件开发过程中的质量标准和质量保证。但其建议的度量指标多依据主观判断,主观性仍然较强,且质量准则间存在较大交叉,评估结果会受到较大影响。

2. Boehm 质量模型

Boehm 质量模型是 1978 年由 Boehm 等人提出的,其基本思想与 McCall 模型十分相似。不过,该模型的先进之处在于它补充了有关硬件特性方面的内容。Boehm 质量模型如图 4-3 所示。

Boehm 模型从软件相关的所有使用者的角度来描述软件的质量要求,主要分为如下三类用户:

- 初始用户。当软件产品交付给用户时,产品应按照开发早期所分析出的用户需求提供相关质量。初始功能相关的质量要求是在软件产品开发过程中需要严格控制和保证的。
- 其他用户。相同行业或应用领域的不同客户往往具有相同的业务需求,为满足这些不同用户的需求,需将原始软件产品加以改造,从而适应不同用户在功能、环境等方面的新需求。可移植性反映了软件产品在这方面的适应能力。
- 系统维护员。软件产品一旦交付给用户使用,在相当长一段时间内将承受巨大的维护的压力,用户关于软件使用的咨询、关于软件缺陷的抱怨将不断返回到开发方,可维护性反映了软件产品在这方面的适应能力。

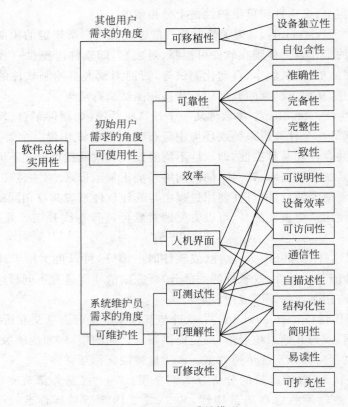

图 4-3　Boehm 质量模型

Boehm 质量模型没有解决 McCall 质量模型的根本问题,因此,与 McCall 模型类似的问题依然存在。

3. ISO 9126 质量模型

20 世纪 90 年代早期,用户一直在试图找到一个一致的质量模型,能将诸多质量模型统一起来。1991 年,国际标准化组织(ISO/IEC JTC1)颁布了 McCall 模型的派生模型:ISO/IEC 9126:1991(GB/T 16260—1996)标准,即《软件产品评价-质量特性及其使用指南》。ISO 9126 标准几经修正,最新版本为 ISO/IEC 9126:2001,包括四个部分:质量模型、外部度量、内部度量和使用质量的度量。

ISO 9126 质量模型规定了软件产品质量的三个质量模型,即外部质量模型、内部质量模型和使用中质量模型。

(1) 外部和内部质量模型。外部和内部质量模型由三层组成(见图 4-4)。

• 第一层:即高层(Top Level),为质量特性,也是软件质量需求评价准则(SQRC),共 6 个。

• 第二层:即中层(Mid Level),为质量子特性,也是软件质量设计评价准则(SQDC),共推荐了 27 个。

• 第三层:即低层(Low Level),为质量度量,也是软件质量度量评价准则(SQMC)。关于质量度量,并未给出推荐内容,而是由使用单位自行制定。

(2) 使用中质量模型。使用中质量模型用于规定基于用户观点的软件产品质量。该模型仅规定了四个质量特性,没有规定质量子特性,如图 4-5 所示。

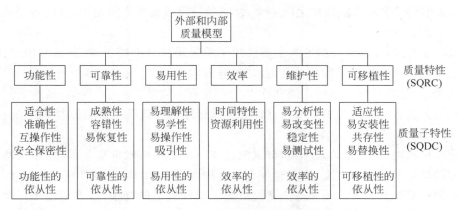

图 4-4　ISO 9126 外部和内部质量模型

ISO 9126 质量模型的基本出发点是保证软件最大限度地满足用户明确和隐含的需求。为此,该模型分别从用户、开发人员和管理人员三个不同角度全方面出发来定义质量特性和质量子特性,且选择最能代表软件质量固有的、可区分的特征来描述软件产品质量的各个方面,保证

图 4-5　ISO 9126 使用中质量模型

质量特性不仅能最大程度涵盖其他早期质量模型中所有的质量因素,而且各质量因素之间彼此交叉最小。因此,该模型可称为当时最先进和最严格的软件质量模型。

4. Perry 质量模型

无论是 McCall 质量模型、Boehm 质量模型,还是 ISO 9126 质量模型,均属于层次模型,其基本思想是利用质量因素、准则和度量由上而下构成一个三层结构,然后根据经验总结出能反映软件质量的属性、准则和度量。这类模型的优势在于能为软件产品质量提供一致的术语、为制定软件质量需求和确定软件性能的平衡点指定一个可行的框架。然而,这类模型只能描述质量属性之间的有利影响关系(即正面关系),对于更加复杂的关系(如质量属性间的负面或中立影响)是无法表述的。相比之下,关系模型则能同时对质量属性之间的正面、负面及中立影响进行有效的表达。

Perry 模型是一个典型的关系模型。它使用一张二维表格来表达各个质量属性以及这些质量属性之间的关系,如表 4-2 所示。

表 4-2　软件质量属性之间的关系

质量属性	效率	灵活性	完备性	互操作性	可维护性	可移植性	可靠性
效率							
灵活性	×						
完备性	×						
互操作性	×	○	×				
可维护性	×	○					
可移植性	×			○			
可靠性	×			○			

表 4-2 中"×"表示质量属性之间冲突,"○"表示质量属性之间相容,空白表示质量属性之间没有关系。

从表 4-2 可以看出,该模型虽然全面描述了质量属性之间的正面、负面和中立关系,但这种关系仅限于两个质量属性的关系,且均为静态制约关系。然而,多个质量属性之间可能存在制约关系,且软件质量属性之间往往存在一些更加复杂的关系,例如,属性之间动态变化的相互制约关系等。二维表格面对这样的关系描述要求就显得无能为力了。

5. Dromey 质量模型

无论是层次模型,还是关系模型,都试图建立一个通用的软件质量模型,希望能适用于所有类型的软件开发。事实上,由于软件开发方法、软件应用领域、软件所依托的运行环境、以及软件项目组织和人员的差异等因素而造成了软件质量的复杂性,希望使用一个通用的软件质量模型来指导所有软件项目的开发,是不切实际的。为此,人们开始考虑寻找一种建立质量模型的通用方法,以便于根据各类软件的特殊需求来建立最适合该软件度量的质量模型,同时希望该模型能够同时对软件质量管理和软件开发中的其他活动提供相应支持。

1995 年,由 Dromey 提出了一种通用软件质量模型,该模型的基本思想仍然是通过质量属性来描述软件质量,但并未简单地根据经验给出一组固定的质量特性或质量子特性,而是基于构建的思想,详细描述如何根据不同的需求来定义质量特性和建立对应的软件质量模型。该模型的重点在于自适应构建质量模型,核心是采用结构化概念(Structural Forms)来定义某种编程语言中的语句和语句成分(Statement Component),并通过将一组影响质量的产品特性与每个结构化概念联系起来,而这些产品特性反过来与 ISO 9126 质量模型中的高层质量属性相联系,从而建立软件的质量模型。

Dromey 质量模型所建立的通用质量模型如图 4-6 所示。

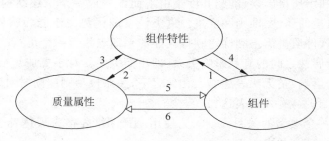

图 4-6　Dromey 的通用质量模型

图 4-6 表明,Dromey 模型主要包括如下三部分:

- 一组组件(Components)
- 一组与组件对应的质量影响特性(Quality-Carrying Properties)
- 一组高层次质量属性(High-level Quality Attributes)

图 4-6 中每个椭圆表示一个实体(Entity),实体之间的连线表示实体之间的关系。虽然共有六个实体关系,但为了建立软件产品或过程的质量,实际仅需考虑其中的四个实体关系(即图 4-6 中实心箭头表示的四条线,编号为 1~4)。

Dromey 提出,根据该模型可以通过自底向上或者自顶向下这两种截然不同的方式来建立产品的质量模型。一方面,首先针对每个产品组件提取必须满足的质量影响特性(即图 4-6 中的组件特性),即找到一组质量影响特性以满足指定组件的质量,然后对这些质量影响特性进行分析,判断它们将对哪些高层次质量属性(即图 4-6 中的质量属性)产生影响。在这个自下而上的过程中,质量影响特性作为一个中间媒介将组件连接到对应的高层次质量属性。另一方面,也可以自顶向下地建立产品质量,即首先对每个高层质量属性进行分析,判断可以根据哪些质量影响特性来评价该质量属性,然后进一步分析出有哪个产品实体拥有对应的质量影响特性。

为了将该通用模型应用于建立软件质量模型,Dromey 用结构化概念来替换图 4-6 中的组件。同样地,可采用自底向上或者自顶向下两种方式建立软件质量模型。

(1) 自底向上建立软件质量模型。通过分析两个面向构建的基本关系来建立软件质量模型,它们是:

- 结构化概念与质量影响特性的关系(如图 4-6 中箭头 1 所示)
- 质量影响特性与质量属性的关系(如图 4-6 中箭头 2 所示)

通过这两个关系来建立质量的过程是:通过保证满足特殊产品特性而实现自底向上地建立软件的高层质量属性。一般地,程序员通过该过程来评价软件质量,即程序员负责执行和检查程序,程序员通过分析语句类型、语句成分等这些结构化概念,建立相关编程标准,从而将代码质量与高层的软件质量相联系。

(2) 自顶向下建立软件质量模型。通过分析另外两个面向构建的基本关系来以相反的方向建立软件质量模型,它们是:

- 质量属性与质量影响特性的关系(如图 4-6 中箭头 3 所示)
- 质量影响特性与结构化概念的关系(如图 4-6 中箭头 4 所示)

通过这两个关系来建立质量的过程是:通过识别那些与结构化概念相关的、且必须满足的质量属性,即可自上而下建立软件的高层质量属性。该过程主要是针对设计者而言的,即设计者在软件设计时应指定高层质量属性,并充分考虑高层质量属性对设计所产生的影响,形成相关设计属性,建立相关设计标准。例如将封装性、模块性等设计属性与重用性、复杂性等高层质量属性相关联,还可根据两者关联关系的紧密程度(即设计属性对高层质量属性的影响力、重要性等)划分等级。

总之,基于该思想建立软件质量模型的过程如下:

- 确定软件产品的一组高层次质量属性。
- 确定软件产品的一组组件,其中组件可以是代码级别的,也可以是设计级别的。
- 针对每个产品组件分析其质量影响特性。
- 构造相关规则来将产品高层次质量属性与组件质量影响特性联系起来。
- 对质量模型进行评价,找出弱点,加以改进,使之更加适合当前的软件产品。

基于以上思想,Dromey 质量模型还针对软件的需求定义、设计,实现这些软件开发中关键的产品对方法的应用加以论证。

Dromey 质量模型引入了软件产品组件的概念,认识到不同软件产品的质量可通过建立高层次产品质量属性与软件产品组件的质量影响特性之间的关系来评估。但该模型建立的仍然是统一的质量模型,并未真正将应用领域的特殊性、软件设计和实现的特殊性等考虑进来,因此,离实用还有相当长的距离。

6. 几种质量模型的比较

McCall 模型的最大贡献在于，它建立起软件质量、软件特征、质量度量三层关系，将存在于人们头脑中对软件质量的主观的、模糊的、不精确的认识转化为可用量化指标来衡量的度量项，使软件质量标准的建立和软件质量保证措施变得可行。但是该模型中设计的很多质量度量主要依据主观判断，并非客观指标，受到评价人的主观因素影响大，且模型未从软件生存周期不同阶段的存在形态来考虑，仅考虑一种产品形态，所以不利于软件产品早期的缺陷发现和维护成本的降低。

Boehm 模型与 McCall 模型非常相似，只不过特征的分类有所变化，并增加了硬件特性方面的考虑，但本质局限性并未得到改善。

ISO 9126 模型的突出特点在于从软件生存周期不同阶段的存在形态出发进行构建模型，将软件质量分为外部质量、内部质量和使用中质量三部分，分别提取相关质量特征加以评价，且设计质量特征时尽量做到最大覆盖和最小重叠，试图保证软件产品最大限度地满足用户明确的和隐含的需求。然而，该模型仍然没有清晰地指出如何度量软件质量特征，在使用时仍然存在很多问题。

以上质量模型都是基于因素-准则-度量(FCM)三层框架建立质量模型，虽然为软件产品质量提供了一致的术语、为制定软件质量需求和确定软件性能的平衡点指定了可行的框架，但这类模型只能描述质量属性之间的正面影响关系，无法描述更加复杂的属性间关系。Perry 模型是一个关系模型，利用二维表格来描述质量属性之间的正面、负面及中立影响关系，但对于更加复杂的多属性间关系，或动态变化关系，该模型仍然无法处理。

Dromey 模型与上面的层次模型和关系模型不同。它并不试图建立一个适用于所有类型软件开发的通用软件质量模型，而是基于动态构建的思想，利用高层次质量属性、质量影响特性、产品组件三者间的双向四对连接关系，建立软件产品高层次质量属性与底层产品组件之间的关联。并通过模型评价和改进来提取精确影响软件质量特征的产品属性，最终获得最适合当前软件的质量模型。但该模型并未详细给出一组建议的产品组件及其相关质量子特征和高层质量属性，且建立的仍然是统一的质量模型，并未真正将应用领域及软件开发的特殊性考虑进来。

4.2.2　软件质量度量的内容

软件度量是对软件开发项目、过程及其产品进行数据定义、收集以及分析的持续性定量化过程。如前所述，软件质量等于软件内在质量、过程质量与客户满意度的总和。相对应的，软件质量度量就是软件内在质量度量、过程质量度量和维护质量度量的总和，目的在于对软件质量进行理解、预测、评估、控制和改善。

1. 软件内在质量度量

软件内在质量的度量主要侧重于对软件产品本身进行评价，可从如下两个角度来评判：

- 就开发方而言，软件产品中包含的缺陷数越多、产品复杂性越高、可靠性越低，质量就越差。因此可从软件缺陷密度、平均失效时间、复杂性等方面进行度量。
- 就用户角度而言，使用过程中碰到的问题越多，使用难度越大，感觉越不满意，则认为产品质量越差。因此，可从用户发现的问题、满意度等方面进行度量。

1）缺陷密度

缺陷密度是指软件缺陷在一定软件规模下的分布。其中，软件规模可采用不同方式来衡量，如代码行、功能点、对象点、数据点等。缺陷密度越低，产品质量越高。以代码行为例，若以 N 表示已经发现的有效缺陷数，以 L 表示千行代码数（KLOC），则缺陷密度的计算公式如下：

$$缺陷密度 = N/L \times 100\%$$

因不同严重等级的缺陷对软件产品造成的损失程度不同，有效缺陷数的计算可基于缺陷严重性进行加权。如将严重性按从严重到轻微依次分为 $1\sim3$ 个级别，严重性权值为 W_1、W_2、W_3，对应缺陷数为 N_1、N_2、N_3，则缺陷密度的计算如下：

$$缺陷密度 = \sum_{i=1}^{3} W_i \times N_i/L \times 100\%$$

另一方面，软件规模的衡量也是一个容易导致争议的主题。若以代码行衡量软件规模，则在高级语言中，一行语句往往并非简单地对应一行指令。因此，计算代码行时是否考虑数据定义行、注释行、不可执行行等，都会导致计算得到的缺陷密度差别很大。

一般地，通过计算和比较不同时间的缺陷密度，可判断开发过程的质量。若当前版本的缺陷密度低于前一版本，则在确保当前测试效率不变的前提下可以判断，软件质量确实得到了提高，否则还需补充更多测试以确保测试效率不变的同时提高软件质量。同理，当当前版本的缺陷密度增大时，若当前测试效率不变，则表明软件质量变差，需投入更多人力来加强开发过程监管，否则表明软件质量可以得到有效保证。

2）平均失效时间

一般地，用户关心的是程序的失效，而非总缺陷数。系统中的部分缺陷常常是在投入使用几年后才被发现的，因此总缺陷数并不能很好的体现系统可靠性。为了精确衡量系统可靠性，引入了平均失效时间（MTTF）度量，即两次失效之间的时间间隔。

缺陷与失效是两个关于软件 bug 的重要术语，两者关系密切。如果在开发过程中发生错误，则将有一个缺陷植入软件系统，并最终导致软件失效。基于这两个概念的度量（即缺陷密度与 MTTF）之间也具有密切的关系，但两者是从不同角度进行度量，具有不同的适用性。

缺陷密度是从规模上衡量缺陷，容易计算。对于软件开发商而言，通过研究缺陷密度有利于提高测试过程的质量。MTTF 则是从时间上对失效进行计算，但 MTTF 的测量比较困难，往往难以记录在测试和运行过程中出现的所有失效，该度量在商业开发中使用不多，主要应用于对安全性要求较高的软件开发中。

3）复杂性

软件复杂性的度量可以用于评估软件系统的可测试性、可靠性和可维护性，可以提高工作量估计的有效性和精度。在测试和维护过程中，可帮助用户选择更有效的方法来提高软件系统质量和可靠性以及今后系统设计、程序设计的改进。复杂性度量包括文本复杂度、环复杂度、基本复杂度等。受篇幅所限，在此仅介绍文本复杂度和环复杂度度量。

（1）文本复杂度。文本复杂度（即 Halstead 复杂度）是另一种程序复杂度度量方法。该法不仅度量程序长度，还可描述程序的最小实现和实际实现之间的关系，并由此来划分程序语言的等级高低。文本复杂度以程序中出现的操作符和操作数为基本计数对象，以它们的种类和数量作为计数目标,对程序容量和涉及的代码编写工作量进行测算。

对于任意程序 P,总是由操作符和操作数通过有限次的组合连接而成。P 的符号表词汇量 n 可表示为:

$$n = n_1 + n_2$$

其中,n_1 是唯一操作数的数量,n_2 是唯一操作符的数量。

设 N_1 是 P 中出现的所有操作数的种类,N_2 是程序中出现的所有操作符的种类,则可得到两个重要的度量指标:

- 程序长度 $N = N_1 + N_2$
- 程序容量 $V = N \times \log_2 n$

文本复杂度度量认为,在软件开发中,把系统划分为单独的模块所带来的实质性利益,在于短代码的难度低于长代码。然而,文本复杂度仅仅从源代码中包含的操作符和操作数来对代码复杂性加以度量,这与实际情况是不吻合的。实际上,当一段程序在无分支的情况下顺序执行时,一般不容易导致出现内存未及时释放、逻辑判断错误等缺陷,因为它只有一条执行路径。但当程序中引入 if/else、switch、for、while 等条件判断和循环时,由于程序执行出现了分支,那么分支节点的判断表达式是否与程序编写的逻辑含义相吻合、执行到不同分支后是否在每个分支中对相关变量进行正确的初始化、赋值、空间释放等、多次循环甚至递归是否导致程序内存空间到达率占用,诸如此类的软件缺陷,都将由于分支的引入而出现,程序由此变得复杂而难以理解。与此同时,由于分支的引入,也会造成执行路径的激增,也进一步增加了测试的难度和工作量。能否测试到每一个重要的路径,能否执行到每一个对应的测试用例,这些都变得未知。因此,源代码的复杂性不仅由变量类型和数量决定,更重要的是,条件判断和循环导致了程序结构复杂性的增加。在程序复杂度的度量中,必须考虑这些因素,文本复杂度对此无能为力。

(2) 环复杂度。针对条件判断和循环导致的源代码复杂性升高的问题,我们引入了环复杂度度量指标。环复杂度(即 McCabe 复杂性)度量是对程序结构复杂情况的一种度量模型,能反映判断节点和循环的引入对程序结构以及执行路径数目带来的不利影响。该模型在路径测试中用于对测试用例规模进行粗略度量。

环复杂度的确定方式有三种:观察法、公式法和判断节点法。

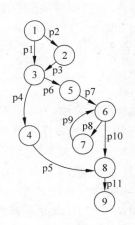

图 4-7　某函数的程序图

方法一:观察法。环复杂度等于 1 加上程序图中封闭区域的个数。如图 4-7 所示,图中有 3 个明显的封闭区域,其中区域 1～区域 3 分别由节点(1,2,3)、节点(3,5,6,8,4)、节点(6,7)所围成,且区域 2 包含区域 3。环复杂度为 4。

方法二:公式法。可根据源代码中语句和执行边的数量计算,公式如下:

$$V(G) = e - n + 2 \tag{4-1}$$

其中,e 表示图中边的数目,n 表示图中节点的总数。

如图 4-7 所示,图中 $e = 11$,$n = 9$,则环复杂度为 4。

方法三:判定节点法。利用代码中独立判定节点的数目计算,公式如下:

$$V(G) = P + 1 \tag{4-2}$$

其中，P 表示图中独立判定节点的数目。

　　注意：以上计算方法仅适用于程序具有单入口、单出口的情况。受程序员编程习惯所限，代码具有多个出口的情况屡见不鲜（例如存在多个 return 语句的情况），此时，需要对程序图加以修改才能计算出正确的环复杂度。由经验可知，即使是在多出口的情况下，一般也能通过修改代码，将多出口改为单出口。因此可在程序图中添加一个虚拟的出口节点，并将其他原始出口与该虚拟出口节点连接。对修改后的程序图进行结构分析可算出正确的环复杂度。以图 4-8 所示的程序图为例，该程序有四个出口。经修改后程序图形成三个明显的封闭区域。计算所得环复杂度为：$V(G) = 11 - 9 + 2 = 4$。

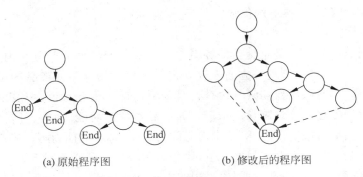

(a) 原始程序图　　　　　　(b) 修改后的程序图

图 4-8　多出口情况下的程序图

　　环复杂度是代码质量度量的重要手段之一，它与程序结构的复杂性密切相关，进而与代码中的缺陷数量及发现和修复这些缺陷所花费的时间具有很强的关联性。随着条件判定节点和循环节点的加入，环复杂度将变大，且成正比变化。

　　4）文档缺陷密度

　　缺陷密度主要针对源代码中的缺陷进行控制。然而随着软件开发的逐渐成熟，文档起着越来越重要的作用，无论是指导开发的文档（如需求规格说明书、概要设计说明书等），还是指导测试的文档（如测试计划、测试用例说明书等），甚至是与用户相关的文档（如安装手册、使用手册等），这些文档中的缺陷都会影响到整个软件的质量，必须通过文档评审来加以识别。文档缺陷密度是对在文档评审中发现的各种文档中的缺陷进行计算，它包括与文档规范相关的缺陷和文档内容方面的缺陷，若两者对应的权重分别为 w_1 和 w_2，对应缺陷数为n_1 和 n_2，文档总页数为 P，则文档缺陷密度的计算方法如下：

$$文档缺陷密度 = \sum_{i=1}^{a} w_i \times n_i / P \times 100\%$$

　　5）用户问题度量

　　开发方主要关心的是缺陷和失效，而对于用户来说，在软件使用过程中困扰他们的往往不仅包括那些缺陷，还包括与软件相关的所有问题。例如安装手册内容不清晰等，这些问题一般不会直接造成软件无法使用，但会严重影响用户体验度，故在产品质量度量中也应考虑在内。用户问题度量是指一段时间内的用户上报的平均问题数，可称其为用户问题率，计算公式如下：

　　用户问题度量＝一段时间内用户上报的问题总数（包括有效缺陷和非缺陷问题）/

　　　　　　　　　（已销售软件套数×时间间隔）

该度量主要在产品发布之后使用,通过改进开发过程以降低产品缺陷,加强用户培训及完善产品文档以提高售后服务质量,或增加产品销售量均可降低该度量值。

6) 用户满意度度量

软件开发的最终目的是使用户满意,对软件质量进行度量时,用户满意度是不可忽略的。为此,必须建立客户满意度指标,目的在于了解如下几个方面的问题:

- 哪类用户的满意度最为重要?
- 用户需要什么?
- 公司能为用户提供什么?
- 提供的产品有哪些典型的优势?
- 公司提供的服务在哪些方面存在差距?

不同的公司给出的客户满意度指标各不相同。对于产品型的服务来说,一般可从产品本身、技术支持、市场营销、管理等方面来建立客户满意度指标。如产品的可靠性、有效性、易用性、购买流程复杂性、质保期限等内容。对于项目型的服务来说,一般可从用户与开发方之间的合作过程来建立客户满意度指标。如产品本身的功能、性能、可安装性、相关文档的准确性、清晰性、项目进度及时性、技术沟通能力、运行维护的能力等内容。

用户满意度是一种主观性较强的度量,评分为 70 和 75 可能差别不大。因此,主要采用五分制标准,由各类用户代表进行评分,采用的方式有问卷调查、用户采访等。

2. 软件过程质量度量

软件过程质量度量就是对软件开发过程进行监控和管理,以提高软件过程质量,侧重点在于对当前情况和状态加以理解和控制,并包含对过程的改善和未来过程的能力预测。软件过程质量度量具有战略性的意义,需在整个组织范围内进行。其具体内容主要包括软件成熟度度量、管理度量和生命周期度量。

有关软件成熟度度量可参见软件能力成熟度模型(CMM),在此不做详细描述。我们将介绍与软件开发全生命周期的过程度量相关的内容,包括需求分析过程、开发过程、测试过程和维护过程度量。

1) 需求分析过程质量度量

需求分析过程的质量度量主要体现在需求文档(即需求规格说明书)质量和需求稳定性(即需求变更)的度量。需求文档质量的度量一般采用评审需求规格说明书的形式来展开,针对需求的完整性、正确性、可理解性、可测试性、一致性、可追踪性、可修改性、精确性、可复用性等特性进行评审。针对需求稳定性的度量则可通过需求稳定指数(Requirements Stability Index,RSI)来表示:

$$RSI = 1 - \frac{累计需求变化请求数}{初始需求请求列表数 + 累计需求变化请求数 - 待定需求变化请求数}$$

需求越稳定,该值越大,越接近于 1。一般在开发后期,RSI 将逐渐趋于 1。

2) 开发过程质量度量

开发的过程是程序员编写代码、修改代码,以正确实现软件产品功能的过程。该过程质量主要从过程效率、过程工作量及质量角度来度量,典型度量指标包括:过程生产率、累计缺陷总数等。

过程生产率度量:即基于现有人员能力和历史分析所得到的人员生产力水平评价。包括成本核算模型、软件编程效率、软件测试效率等,可用每人月产生代码行数或功能点数、每人年类总数、每人日产生测试用例数等指标来表示。其核心就是围绕提高质量的要求,应确保时间(即进度)、资源(即成本)、任务(即成果)三方面的平衡。

3)测试过程质量度量

测试的过程就是设计并使用测试用例来发现软件缺陷的过程。该过程质量主要从测试工作和测试结果两方面来度量,根据测试用例的设计和执行质量、及缺陷模式和相关报告质量均可反映测试工作的充分性。典型度量指标如下。

(1)测试用例深度:即一定软件规模下的测试用例数。软件规模可用代码行或功能点来表示,该值必须保持在一定合理范围内,否则该值太大,将导致测试工作量增大,用例质量和执行效率不一定会很高。

(2)测试用例效率:即一定规模测试用例下所发现缺陷的数目,用例规模可用每 100 个或每 1000 个测试用例表示。该值越大,则用例效率越高。

(3)测试用例质量:即通过测试用例所发现的缺陷占所有缺陷的比例。该值越大,说明测试用例质量越高。

(4)测试用例执行质量:即软件发布后遗留的缺陷占所有缺陷的比例。该值越低,说明执行质量越高。

(5)测试用例执行效率:可通过每日人均执行测试用例数、每日人均发现缺陷数、每修改千行代码所执行的测试用例数等进行综合评价。

(6)缺陷报告有效性:即所有修复和关闭的高等级缺陷与测试人员上报的高等级缺陷的比例。该值越大,说明报告有效性越高。

(7)缺陷报告质量:即审核中被判定为"不是缺陷"或"信息不全"的缺陷数占总缺陷数的比例,该值应保持在 3%～5%。

(8)缺陷清除率:即清除(即正确修复)的缺陷数占产品中潜在缺陷总数的比例。一般情况下不正确修复的可能性不大,计算时可近似将清除的缺陷数用发现的缺陷数来代替。另外,我们也无法了解产品中究竟潜在多少缺陷,所以潜在缺陷近似等于已发现的缺陷与以后发现的缺陷数之和。缺陷清除率可分为整体缺陷清除率和阶段缺陷清除率。若发布前发现的缺陷为 D_1,发布后发现的缺陷为 D_2,则整体缺陷清除率为 $D_1/(D_1+D_2)$。类似地,若某阶段入口存在的缺陷数为 d_1,该阶段注入的缺陷数为 d_2,本阶段发现的缺陷数为 d_3,则阶段性缺陷清除率为 $d_3/(d_1+d_2)$。计算阶段缺陷清除率有助于估计在每个开发阶段出口的缺陷数。

3. 软件维护质量度量

当软件开发完成,产品交付给用户时,即进入产品维护阶段。该阶段中基本不对软件产品做修改,而是通过用户使用来收集用户报告的缺陷和问题,该阶段的主要工作是需求变化和缺陷修复,质量目标是保证在无拖欠的情况下对缺陷进行正确的修复。该阶段中的度量主要侧重于提高用户满意度,衡量需求变化的度量仍使用需求稳定指数,而缺陷修复相关度量主要包括:平均失效时间、基于时间的缺陷(或用户问题数)到达率等,具体指标如下。

(1)缺陷积压处理度量:即一段时间内修复的缺陷(问题)总数与该段时间内发现的缺陷(问题)数,该度量反映了开发团队对缺陷的处理能力。当该值大于 1 时,表明开发人员对缺陷的修复处理能力增强,积压缺陷在减少。通过设定适当的控制限度,有利于在超过控制限度时采取相应的措施。

（2）缺陷修复响应时间度量：即所有问题从发现到解决的平均时间。一般地，修复响应时间越短则用户满意度越高。

（3）缺陷修复响应度量：即用户期望的修复响应。该度量与响应时间度量是不一样的。本度量主要取决于用户期望，即协商同意的修复时间和能力。当在用户协商同意的响应范围内进行响应时，即使响应时间偏长，用户满意度仍然不会受到影响。

（4）缺陷修复质量度量：即针对软件缺陷能够正确的修复，确保修复后不植入新的缺陷。该质量主要通过缺陷修复百分比来衡量，即一段时间内所有针对缺陷的修复中不正确的修复占所有修复的比例。

4.2.3　软件质量工具

为了对软件质量进行度量，从而对软件质量管理相关活动进行跟踪记录，实现质量的控制，往往需要利用多种类型的质量工具，如下所示。

- 数据库、图形和报告工具：支持对度量数据进行存储和管理，产生基于图形和文本的报告，这是最基本的度量工具。
- 数据收集工具：自动从工程过程元素中获取度量数据，作为进一步进行质量评价的基础。
- 统计分析工具：支持增强的分析，即通过收集、整理和分析数据的变异，提供进一步的推理。
- 估计模型：支持软件质量的预测，即利用相关指标对高层次软件质量属性进行预测，如可靠性模型、成本估计模型等。

总体来说，我们需要综合使用各种质量工具，通过收集数据、抽样检验，从而对软件质量的某一方面进行分析，发现软件开发过程中的质量问题，并寻求对策。度量的核心主要是基于统计和比较技术，对于一段时期内的某类数据，将其期望值（如历史数据、项目计划值、相关阈值等）与实际值（即多次测试中得到的实际测量值）进行比较后，以图形、表格等形式进行展现，并根据数据变化趋势，支持后续的决策。

1989 年 Ishikawa 提出了质量控制的基本统计工具，并在生产制造业得到广泛使用。这些工具实际上已广泛应用于多种行业，称为 Ishikawa 的七种基本工具，也称七种旧质量工具，主要强调用数据说话，重视对过程的质量控制。近年来已出现七种新质量工具，主要是围绕质量计划和管理，对非数据（即语言和文字资料）进行整理和分析的定性方法，更适于管理人员整理问题，展开方针目标和安排时间进度。下面我们就针对这些质量工具分别展开讨论。

1. 表格类工具

表格类工具主要是指检查表（Checklist），又称调查表、统计分析表，是一种列表形式，列表中列出了需要进行检查的所有项目。检查表被广泛用于软件开发各个阶段的同行评审过程中，主要用于问题识别，在软件开发中起到非常重要的作用。

检查表主要分为如下两种类型：

- 面向项目组的检查表。列表项主要与过程控制有关，阅读对象仅为项目组人员。开发人员或测试人员通过阅读检查表来发现被检查文档中的缺陷，并系统收集资料和积累数据，方便确认事实及后续针对这些数据的粗略性整体分析。在开发过程中大量使用这类检查表可有助于对每个开发阶段对应提交物和开发过程进行质量监控。典型实例包括设计评审检查表、缺陷检查表等。

- 面向用户的检查表。这类检查表更像指导手册,列表中列出的项目与用户日常使用软件紧密相关(如针对软件中所有已知常见缺陷的对应修复方案等),其阅读对象主要是用户。用户通过查阅检查表来快速解决问题而无需寻求客户服务人员的帮助,从而在一定程度上提高了软件产品的用户满意度。典型实例包括程序临时修复检查表(Program Temporary Fix)等。

表 4-3 以缺陷检查表为例给出了检查表的一般形式,受篇幅所限,在此针对每个检查大项仅最多列出五项。

表 4-3 检查表的一般形式(以缺陷检查表为例)

项目名			对应版本	
检查人			检查时间	
检查项	共计: 项 有效检查项: 项 通过项: 项		通过率:	
序号	检查内容		通过情况	备注
比较错误				
1	是否存在不同数据类型的变量之间的比较?		是[] 否[] 免[]	
2	是否存在混合模式的比较运算,或不同长度变量之间的比较? 如果有,应确保程序能正确理解转换规则。		是[] 否[] 免[]	
3	比较运算符是否正确(特别是在边界上)?		是[] 否[] 免[]	
4	布尔表达式和"与"、"或"、"非"表达式是否正确?		是[] 否[] 免[]	
5	比较运算是否与布尔表达式相混合?		是[] 否[] 免[]	
程序语言的使用				
6	是否使用一个或一组最佳动词?		是[] 否[] 免[]	
7	模块中是否使用了完整定义的语言的有限子集?		是[] 否[] 免[]	
8	使用跳转语句是否适当?		是[] 否[] 免[]	
存储器的使用				
9	每个域在第一次使用之前是否被正确地初始化?		是[] 否[] 免[]	
10	规定的域是否正确?		是[] 否[] 免[]	
11	每个域是否有正确的变量类型声明?		是[] 否[] 免[]	
格式				
12	嵌套的 if 是否正确地缩进?		是[] 否[] 免[]	
13	注释是否准确且有意义?		是[] 否[] 免[]	
14	是否使用了有意义的标号?		是[] 否[] 免[]	
15	代码是否基本上与开始时的模块模式一致?		是[] 否[] 免[]	
16	是否遵循全套的编程标准?		是[] 否[] 免[]	
计算错误				
17	是否存在不一致的数据类型的变量之间的运算?		是[] 否[] 免[]	
18	是否存在混合模式的运算? 应确保程序语言转换规则被正确理解。		是[] 否[] 免[]	
19	是否存在相同数据类型但不同字长变量间的计算?		是[] 否[] 免[]	
20	赋值语句中是否存在目标变量的数据类型小于赋值表达式的数据类型或结果的情况?		是[] 否[] 免[]	
21	数值计算的中间结果是否有表达式上溢或下溢的情况?		是[] 否[] 免[]	

控制流程错误		
22	是否超出了多条分支路径？	是☐ 否☐ 免☐
23	当程序中包含 switch-case 语句这样的多个分支时，索引变量是否会大于可能的分支数量？	是☐ 否☐ 免☐
24	是否每个循环都能够终止？若存在死循环，是否可以接受？	是☐ 否☐ 免☐
25	是否每个程序、模块或子程序都能够终止？若不能终止，是否可以接受？	是☐ 否☐ 免☐
26	是否存在循环体从未执行的情况？当不满足入口条件时，程序会跳过循环体，该情况是否可以接受？	是☐ 否☐ 免☐
逻辑与性能		
27	是否已实现所有设计？	是☐ 否☐ 免☐
28	代码所执行的是否是设计规定的内容？不存在超出设计的代码吗？	是☐ 否☐ 免☐
29	逻辑是否被最佳编码？	是☐ 否☐ 免☐
30	是否提供正式的错误或例外子程序？	是☐ 否☐ 免☐
入口和出口的连接		
31	初始入口和最终出口是否正确？	是☐ 否☐ 免☐
32	模块调用是否恰当？包括是否将所需的所有参数传递给每个被调用的模块？	是☐ 否☐ 免☐
33	是否正确设置了所有被传递的参数值？	是☐ 否☐ 免☐
34	是否处理了对关键的被调用模块的意外情况（如丢失）？	是☐ 否☐ 免☐
输入输出(I/O)错误		
35	文件属性是否正确？	是☐ 否☐ 免☐
36	文件打开语句是否正确？	是☐ 否☐ 免☐
37	I/O 语句是否严格遵守外部设备读写数据的格式规范？	是☐ 否☐ 免☐
38	缓冲大小与记录大小是否匹配？	是☐ 否☐ 免☐
39	文件在使用之前是否打开？	是☐ 否☐ 免☐
数据声明错误		
40	所有变量是否都已明确声明？若某变量在内部过程或程序块中未明确声明，是否可以理解为该变量与更高级别的模块共享？	是☐ 否☐ 免☐
41	变量是否在声明的同时进行初始化？	是☐ 否☐ 免☐
42	默认属性是否被正确理解？	是☐ 否☐ 免☐
43	数组和字符串的初始化是否正确？	是☐ 否☐ 免☐
44	变量是否被赋予了正确的长度和类型？	是☐ 否☐ 免☐
数据引用错误		
45	是否存在已声明但从未引用的变量？	是☐ 否☐ 免☐
46	是否引用了未初始化的变量？	是☐ 否☐ 免☐
47	数组和字符串的下标是否是整数值？	是☐ 否☐ 免☐
48	数组和字符串的下标是否在范围之内？	是☐ 否☐ 免☐
49	是否存在虚调用？对于通过指针或引用变量的引用，当前引用的内存单元是否已经被分配？	是☐ 否☐ 免☐

可维护性		
50	清单格式是否适于提高代码可读性？	是□ 否□ 免□
51	标号和子程序是否符合代码的逻辑意义？	是□ 否□ 免□
可靠性		
52	对从外部接口采集的数据是否有确认？	是□ 否□ 免□
53	是否遵循可靠性编程要求？	是□ 否□ 免□
接口错误		
54	传递给被调用模块的实参个数是否等于形参个数？顺序是否一致？	是□ 否□ 免□
55	传递给被调用模块的实参属性是否与形参属性匹配？	是□ 否□ 免□
56	传递给被调用模块的实参量纲是否与形参量纲匹配？	是□ 否□ 免□
57	调用内部函数（即标准函数）的实参的数量、属性和顺序是否正确？	是□ 否□ 免□
58	若子程序有多个入口点，是否引用了与当前入口点无关的形参？	是□ 否□ 免□
判断和转移		
59	是否判断了正确的条件？	是□ 否□ 免□
60	用于判断的是否是正确的变量？	是□ 否□ 免□
61	每个转移目标是否都是正确的？且至少执行一次？	是□ 否□ 免□
其他		
62	若编译器建立了交叉引用列表，该表中是否存在未引用过的变量？	是□ 否□ 免□
63	编译器建立的属性列表是否与预期的一致？是否存在赋予了不期望采用默认属性的变量？	是□ 否□ 免□
64	编译中是否存在警告或提示信息？	是□ 否□ 免□
65	是否对输入合法性进行了检查？	是□ 否□ 免□
66	是否遗漏了某个功能？	是□ 否□ 免□

　　检查表只是一种基于表格的文字形式的质量工具，旨在简单地收集和积累数据，且并未充分利用统计分析技术，一方面无法直观反映软件质量特性，另一方面不利于基于统计的软件质量分析，更不支持预测，是一种最基本的质量工具。

　　2. 柱状图类工具

　　柱状图类工具是将统计后的数据绘制成矩形或者长方体形状的图形，这类软件质量工具主要包括直方图和帕累托图。

　　1）直方图

　　直方图（Histogram）又称柱状图、质量分布图，是对一个群体或一个样本集出现频率的图形表示，由一系列等宽不等高的矩形表示数据分布的情况。其中，横轴表示参数的单位间隔（即数据类型），纵轴表示参数在单位间隔内的出现频率（即分布情况），且出现频率以矩形（二维直方图）或长方体（三维直方图）表示。图 4-9 所示的缺陷分布直方图就是以缺陷为参数，以缺陷严重程度级别（共分为五级）为横轴，以相同严重程度下的缺陷数目为纵轴，绘制得到的图形。

　　直方图用于直观地表示某个参数的分布特性，包括整体形态、中心趋势、扩散和倾斜等，

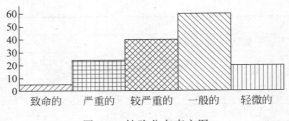

图 4-9　缺陷分布直方图

可以帮助我们加强对参数的理解。但分析的效果将受到参数单位间隔的直接影响。直方图中矩形的宽度表示数据范围的间隔,高度表示在给定间隔内数据出现的频数,矩形的面积表示各组频数的多少,矩形变化的高度形态表示数据的分布情况。因此,矩形宽度决定了对原始数据进行统计时的粒度,在样本集不变的情况下,选取的粒度越小,则矩形宽度越窄,得到的矩形的数量越多,直方图越能充分反映数据分布的规律。对于图 4-9 所示的直方图,若将缺陷严重程度级别分为十级,则得到的直方图细节更加丰富,但各级别之间的差异会变得不明显,对人的依赖性会更高,也会影响结果的准确性。参数分类或多或少都会受到一定主观因素的影响。因此,构建直方图时应从两方面加以权衡。

直方图主要用于问题分析,且基于直方图的质量分析从形状和与标准值的比较两方面展开。

当横轴与时间特性相关时,理想的直方图应具有"中间高、两边低、左右近似对称"的形状特征,像一个"山"字(见图 4-10),否则说明被测参数存在异常,如孤岛型、双峰型、绝壁型等,造成这种状态的原因一般是由于原始数据测量时可能存在不当、或者软件开发过程中存在异常。例如,若按开发阶段表示的缺陷数直方图出现双峰型,则很有可能是在开发后期用户增加了大量新需求或者由于用户需求的改变而导致大量接口变化,使得新增大量代码或对大量代码进行修改,导致缺陷数激增。

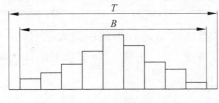

图 4-10　理想情况的直方图

对于正常型的直方图,可将其实际分布范围 B 与标准分布范围 T 加以比较,以了解过程能力的好坏。若实际分布范围完全位于标准分布范围内,且有余量,则表明质量特性符合要求。而若实际分布范围过窄或超限,或者实际分布中心偏离标准中心太多,均表明过程控制异常。例如,若按开发阶段表示的缺陷数直方图范围过窄,则需要判断是需求验证时的质量标准过低,还是由于早期缺少测试专家而导致发现缺陷数偏少等。

在一个直方图中还可以同时针对多个参数的变化情况进行绘制,形成一些特殊的直方图,如对比直方图、比例直方图等。对比直方图表示多个参数在相同的单位间隔内出现的频率,其主要目的是产生对比,便于比较。图 4-11 表示的是已修复与未修复缺陷分布情况的对比直方图。比例直方图与对比直方图类似,也是用于表示多个参数在相同单位间隔内出现的频率,只不过纵轴给出的出现频率并未以绝对值的形式表示,而是表示为该参数占总出现频率的百分比。图 4-12 给出了已修复缺陷与未修复缺陷分布情况的比例直方图。

直方图能够在一定程度上表示数据的分布特性。但所选参数多数不含时间变化信息,

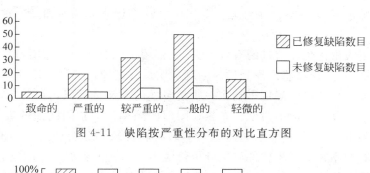

图 4-11　缺陷按严重性分布的对比直方图

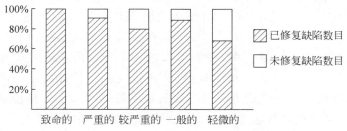

图 4-12　缺陷按严重性分布的比例直方图

也未充分利用数据的统计特性。直方图中所包含的信息并不充分,难以从直方图深入分析导致某现象的本质原因,对过程改进的推动作用不大,也无任何预测能力。

2) 帕累托图

帕累托图(Pareto Diagram)以意大利经济学家 V. Pareto 的名字而命名的,又称排列图或主次图。帕累托图主要是根据 Pareto 理论得来,即著名的 80-20 原则:20%的原因造成80%的缺陷。尽管因果关系并未总是按照 80-20 的分布,但该理论所反映的核心是数据的绝大部分存在于很少类别中,极少剩下的数据分散在大部分类别中,也就是所谓"至关重要的极少数"和"微不足道的大多数"。

帕累托图可以看做是一种特殊的直方图,所不同的是,帕累托图必须按照发生频率的大小进行降序排列。帕累托图的横轴表示参数的单位间隔,一般是有关某质量特性的度量,纵轴通常以百分比来表示,且帕累托图中除了绘制频率柱状图之外,还需绘制累计百分比线(即累计频率)。例如,将缺陷按照严重性统计,得到的帕累托图如图 4-13 所示(注意图 4-13中的虚线并不表示分布趋势)。

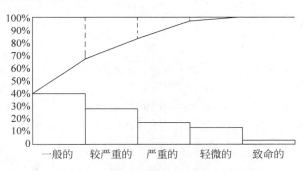

图 4-13　缺陷按严重性分布的帕累托图

　　帕累托图中也可以绘制两条纵轴,其中左边纵坐标表示实际频数,右边纵坐标表示频率。

　　帕累托图是质量优化和改进的有效工具,主要用于问题识别。但其作用并非简单地呈现数据分布特性,而是通过将出现的质量问题和质量改进项目按照重要程度依次排序,并观察累计百分比线。目的在于确定影响相关质量属性的关键性因素,并以之作为对软件产品和过程质量改进应首先采取的措施。帕累托图中的频率柱通常与问题的类型相关,便于快速推理出影响某事件或事物发生的原因。例如,在软件缺陷分析中,图 4-12 所示的缺陷按照严重性分布的帕累托图对于软件质量分析价值不大。我们更加关心的问题包括在某个开发阶段中哪些类型的软件缺陷数量最多,哪个功能模块中发现的严重级别较高的软件缺陷数目最多等。因为它们对软件质量造成了最严重的影响,也是我们改进软件质量的努力方向。通过观察对应的帕累托图,我们可以进一步分析出造成对应现象的本质原因,并在后续开发过程中有针对性地加以改进,从而最终提高软件质量。例如,若某个包含复杂算法的功能模块中发现的严重级别的缺陷数目最多,那么,根据帕累托理论,在后续开发过程中,我们可通过采取改进算法、优化代码、严格遵循编码规范等措施来提高软件产品的质量。

　　3. 折线图类工具

　　1)游程图

　　游程图(Run Chart),又称趋势图或统计图,是表示某个参数随时间变化而变化的图形。其中横轴表示时间,纵轴表示参数随着时间变化而测量得到的值。

　　游程图主要用于问题识别和问题分析,它将显示一定时间间隔内得到的测量结果,不仅具有数据统计功能,还可用来确定各种类型的问题是否存在重要的时间模式,以支持进一步的原因调查。例如,在正式测试阶段统计每周发现缺陷数、每周修复缺陷率或每周拖欠修复缺陷率等,观察游程图变化趋势,并与目标相比较,一旦发现游程图指示的图形与目标偏差太大,则需立即调查分析原因并采取对应措施,对不合理过程加以控制或改进,确保导致不良的问题能快速得到解决。图 4-14 给出了 IBM Rochester 的每周产品拖欠领域缺陷率(即达到响应时间标准后仍未解决的缺陷报告)游程图,图中水平线表示目标拖欠率。

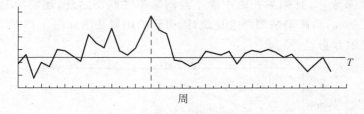

图 4-14　每周产品拖欠领域缺陷率游程图

　　游程图还适用于对参数进行趋势分析,因此具有一定的预测功能。图 4-15 给出了某项目从需求分析开始到开发测试完成这一段时间内的实际累积成本的游程图。从该表可以看出,该项目完工时的项目总成本应该可以控制在 20 万元以内。

　　游程图并不总是折线方式的图形,横柱形图、曲线图、饼图、雷达图等,都可以被看做是趋势图,它们都可以呈现事物或某信息的数据发展趋势。

2）控制图

控制图（Control Chart）又称管制图，于 1924 年由美国贝尔实验室的休哈特（W. A. Shewhart）首次提出。控制图可看做是游程图的一个高级形式，它是通过测量、记录和评估过程质量特性值来判断过程是否处于控制状态的一种图，包括对某参数的测量值折线图、中心线（Central Line，CL）、上控制限（Upper Control Limit，UCL）和下控制限（Lower Control Limit，LCL）。

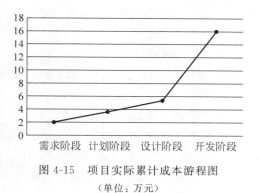

图 4-15　项目实际累计成本游程图

（单位：万元）

控制图主要用于问题分析，是一种基于统计方法所设计的图。其横轴表示真实的时间，纵轴所表示的参数值却并非每个实际测量得到的参数值，而是对原始测量参数值经过某种统计方法计算后得到的参数值。上、下限和中心线则基于 3sigma 原理（即若变量服从正态分布，则在 ±3sigma 范围内包含了 99.73% 的数值）得到。

控制图通过随机抽取样本，对总体参数进行统计推断，一般利用平均值和极差。因此，其结论是基于大量观测结果所遵循的统计规律，按照样本统计量的概率分布来描述总体的概率分布过程。据此可得到多种类型的控制图：

- 适用于正态分布的计量特征的平均数量控制图和极差 R 控制图，取最大、最小值的差作为值域图绘制点的值。
- 适用于二项式分布的计件特征的不良率 p 控制图（p chart for proportion nonconforming）和不良数 np 控制图（np chart for number nonconforming）。
- 适用于泊松分布（Poisson Distribution）的计点特征的缺陷数 c 控制图（c chart for number of nonconforming）和单位缺陷数 u 控制图（u chart for nonconformities per unit）。

在软件质量控制中最常用的是 p 控制图（包括了百分比）和 u 控制图（使用了缺陷率）。对数据进行分组时，往往利用分组平均值体现过程特定区域的特点，并配合分组值域（R）来理解过程的离中趋势，它们的控制限较窄，对应敏感度较单体数据更高。常选择的参数包括每千行代码（KLOC）、每个功能点的审查缺陷或测试缺陷、缺陷积压管理指标等。

控制图在对软件开发过程中的参数进行采样后，通过与上下限进行比较，来科学分析参数是随机波动或异常波动，从而对开发过程中的异常趋势提出预警，提醒管理人员及时采取措施，消除异常。判断的依据是：若控制图中的点均落在上下控制限之间，且排列无特别趋势，则认为过程结果可以接受。但若控制图中的点超过界限，或界限内的点出现连续多点分布在中心线一侧、出现同向发展趋势等排列不随机的情况，则认为过程失控，必须进行原因分析，并采取正确措施，控制图的一般形式如图 4-16 所示。

总之，控制图主要通过不断监控过程，每隔一段时间抽取大小固定的样本来计算质量特性，基于度量和诊断软件开发过程状态来完成对过程状态的监控，并支持对软件过程的改进，是软件过程控制的一个重要工具。控制图的最大优点体现在两方面：

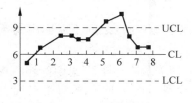

图 4-16　控制图的一般形式

- 第一,图中的点是具有统计意义的点,即按照某种统计方法处理后的点,而非测量得到的原始数据。
- 第二,图中基于3sigma原理绘制了相关控制界限,通过将绘制的折线图与控制界限相比较,可以直观地评价软件产品的相关质量特性。

4. 枝状图类工具

枝状图类工具是以树枝一样的形状来展示的,其典型代表为因果图。

因果图(Cause-and-Effect Diagram)也称鱼骨图(Fishbone),用来表示一个质量属性(即结果)与影响该属性的因素(即原因)之间的关系,其分布像鱼的骨架。其中,鱼头部分表示相关的质量属性,代表目标;鱼尾部分表示问题或现状,头尾间的粗线形成脊椎骨,表示目标达成过程所涉及的所有步骤与影响因素;脊椎上的刺代表所有影响目标达成的各个因素,不同级别的鱼刺代表因素之间的细化程度。例如,影响软件产品质量的因素之一是人员,而人员数量、人员技术水平等构成了有关人员的影响因素,而更进一步地,开发人员的数量、测试人员的数量、用户数量等是人员数量这个因素的细化分支,由此不断细化下去。因果图的一般形式如图4-17所示。

因果图中的箭头可能具有更加现实的意义。例如,同级鱼刺之间的主次关系可以通过沿箭头方向的排列次序来体现,箭头方向也可以反映各个影响因素之间按照时间次序对结果产生的作用。

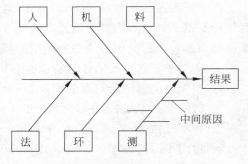

图4-17　因果图的一般形式

因果图可分为如下三种类型。

- 整理问题型:鱼头与鱼骨之间不存在因果关系,而是结构构成关系。
- 原因型:鱼头在右,表示结果,鱼骨表示导致结果的各方面原因。
- 对策型:鱼头在左,表示期望的目标,鱼骨则表示为了达到目标而应采取的多方面措施。

因果图不仅用于问题识别,同时还用于问题分析。它是一种发现问题根本原因的方法,通过罗列问题原因,形成分层图形,使项目小组可以集中于问题的实质内容,并对各个影响因素进行分类,有助于快速找出关键质量问题以及对应的有效解决方案。因果图表明了影响某个质量属性的所有影响因素,是对质量属性的全面的定性分析,若需对影响因素的具体影响结果进行定量分析并支持相关预测,则需要进一步使用散点图。散点图仅描述两个变量之间的具体的影响关系,可以看做是基于推测的实验验证,即为了具体了解某影响因素对质量属性的作用关系,可通过测量和收集对应度量数据并绘制散点图来实现。

5. 离散点图类工具

离散点图类工具是直接将数据以点的序列的方式进行绘制,点与点之间不需要用线条加以连接,其典型代表就是散点图。

散点图(Scatter Diagram)是以点的序列来表示两个变量之间关系的一种图(见图4-18),其中横轴表示独立变量(即自变量),纵轴表示相关变量(即因变量),图4-18中的每个点代表对独立和相关变量的一次测量值。

散点图主要用于展示和发现两组相关数据之间的关系类型和程度，并对未来的发展趋势进行预测，如不同类型缺陷之间的关系、测试缺陷率和领域缺陷率的关系等。散点图的自变量与因变量之间不一定具有时间上的关联，且对应数据量（即数据点总数）必须达到一定程度，数据量越大，则散点图对于两者关系的展示和预测越准确。散点图中的各点之间不需要通过连线来连接。但是，一般需要根据散点图中呈现的大致规

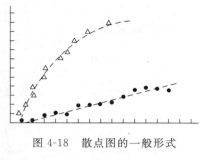

图 4-18　散点图的一般形式

律而选择合适的函数来对数据点进行拟合，即满足该函数生成的曲线在对应区间段上满足到给定数据点的距离误差最小。常见的拟合函数包括直线函数、二次曲线函数、指数函数、对数函数等（如图 4-18 中的虚线所示），根据拟合函数即可对未来的发展趋势进行良好的预测。

在同一张散点图中可以同时绘制多个二元变量组的关系图，不同二元组使用不同形状和不同填充状态的点来表示即可，如空心圆点、三角形点、矩形点等（见图 4-18）。

散点图的使用具有一定难度，它通常需要基于大量精确测量得到的数据和相关分析、统计等技术才能达到良好的效果。

4.3　软件质量保证的措施

软件质量保证主要是对软件工作产品及其开发过程进行监控。为了达到这一目的，需要在软件开发的各个阶段制定软件质量保证计划，并通过软件评审来对工作产品及开发过程进行管理，同时还需要对工作产品及开发过程中的变更进行严格的监控（即软件配置管理）。下面我们就从这几个方面分别谈谈软件质量保证的相关措施。

4.3.1　质量保证计划

1. 质量保证计划的概念和重要性

质量保证计划是质量管理（质量计划编制、质量保证和质量控制）的第一过程域。在参照以往统计数据的前提下，它主要参考各个公司的质量手册、产品描述以及质量体系，通过收益、成本分析和流程设计等工具制定出实施方针。其内容全面反应客户的需求，为质量小组成员有效工作提供了指南，为项目小组成员以及项目相关人员了解在项目进行中如何实施质量保证和控制提供依据，为确保项目质量得到保障提供坚实的基础。

质量保证计划是非常重要的。软件质量并非在软件开发的最后阶段附加上去的，而是在整个软件项目生命周期过程中通过测量、评估和改进而得以保证的。因此，必须随着软件开发过程的向前推进而不断对软件质量进行评估并确保其符合项目组和用户的要求，这样的评估活动应在软件项目开发早期记录在软件质量保证计划中，并整合到整个软件项目开发计划中去，且以文档形式保存，以供所有软件项目开发人员交流。

图 4-19 给出了项目质量保证计划的产生过程，从该图可以看出，若将软件质量体系看做一个国家的法制机构，质量手册就如同宪法，是质量体系的文档化的体现。而为每个项目

制定的质量计划则类似地方法规,它在符合质量手册的前提下,根据自身的要求与特殊性,通过适当的裁剪修正而来。

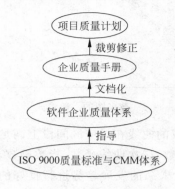

图 4-19　项目质量计划的产生

2. 质量保证计划的内容

每个项目的实施总是拥有同样的总体目标:质量、时间和成本。三者是一个相互制约、相互影响的统一体,其中任意一项目标变化,都会引起另两个目标变化,并受其制约。如何合理地保证项目质量,正确处理质量与时间、成本之间的矛盾是制定项目质量计划的一个难点,这需要整合项目所有方面的内容,保证按时、低成本地实现预定的质量目标。

根据侧重点不同,项目可分为质量倾斜型、工期倾斜型及成本倾斜型体系。我们在编制项目计划时,一般而言是时间、成本、质量标准均已确定,在项目实施过程中就需从客观因素、具体情况出发,根据将要采取的行动和可能导致的后果进行综合分析研究。按切合实际的原则,使项目进展平衡有节奏地进行,以求达到预期目标。避免出现因工期紧张或成本减少,导致质量降低,而质量下降又往往造成返工等后果而导致延长工期和增加成本的现象。

编写软件质量计划涉及的范围相当广,不论是项目选型、软件开发各阶段,还是配置管理、岗位职责与团队组织,又或是其他如项目制度的制定等方面,都应该是包含在项目质量计划中的内容。编制项目的质量计划,主要是确定项目的范围、中间产品和最终产品;然后明确关于中间产品和最终产品的有关规定和标准,确定可能影响产品质量的技术要点,并找出能够确保高效满足相关规定和标准的过程方法,描述生成中间产品和最终产品前应进行的软件质量保证活动。编制质量计划要确定需要监控的关键元素,设置合理的见证点(W点)和停工待检点(H 点),并制定质量目标。

3. 质量保证计划的编写

质量保证计划应说明项目管理小组如何具体执行它的质量策略。质量计划的目的是规划出哪些是需要被跟踪的质量工作,并建立文档。此文档可以作为软件质量工作指南,帮助项目经理确保所有工作按计划完成。

软件项目的质量计划要根据项目的具体情况决定采取的计划形式,没有统一的定律。有的质量计划只是针对质量保证的计划,有的质量计划既包括质量保证计划也包括质量控制计划。质量保证计划包括质量保证(审计、评审软件过程、活动、软件产品等)的方法、职责和时间安排等;质量控制计划可以包含在开发活动的计划中,例如代码走查、单元测试、集成测试、系统测试等。

项目承办单位(或软件开发单位)中负责软件质量保证的机构或个人,必须制订一个包括以上内容的软件质量保证计划。各部分内容应该按照所给出的顺序排列;如果某一部分中没有相应的内容,则在该部分的标题之后必须注明"本部分无内容"的字样,并附上相应的理由;如果需要,也可在后面增加相关内容;如果某些材料已经出现在其他文档中,则在该质量计划中可以引用那些文档,给出相应说明和引用文档的序号和名称。质量计划的封面必须标明计划名和该计划所属的项目名,并必须由项目委托单位和项目承办单位(或软件开发单位)的代表共同签字和批准。典型的例子可参考质量计划模板(见第 4.5 节)。

4.3.2　软件评审

1. 软件评审和同行评审

软件评审是一组人员对特定软件项目某项活动的状态和产品进行检查和评价的过程，目的是要找出活动状态和产品中存在的缺陷并对质量进行评估。一般是按照项目计划中的规定，在预定的里程碑处进行定期检查。在评审时，评审会议参与人员应就下述事项达成共识：会议日程、需要评审的软件产品(活动的结果)和问题、范围和规程、评审的入口和出口准则，以及评审所需的各种资源。评审可分为教育评审、管理评审、同行评审、项目后的评审、状态评审等多种类型，本文仅介绍同行评审。

同行评审(Peer Review)的重要性不言而喻，它是一种有效的软件质量保证活动之一，它基于缺陷预防的思想，主要以评审会议为形式、通过多人对软件交付物进行检查，从而发现缺陷或获得改进优化的机会。虽然同行评审需要大量投入时间和人力资源，但同时也将带来丰厚的额外回报，同行评审将大大降低返工(Rework)的成本。从业界的数据表明，通过同行评审发现缺陷的返工成本是在测试阶段的 14.5 倍，产品发布后发现缺陷的返工成本是在设计阶段的 45 倍。

2. 同行评审方法分类

同行评审方法主要包括：审查(Inspection)、团队评审(Team Review)、走查(Walk Through)、结对编程(Pair Programming)、同行桌查(Peer Desk Check)、轮查(Passaround)、特别检查(Ad hoc Review)。表 4-4 从评审目的、评审形式、评审过程等方面对这些评审方法进行了比较。而审查、团队评审、走查是使用最广泛的同行评审方法。

表 4-4　不同同行评审方法的比较

评审方法	评审目的	参与人员	评审形式	适用对象	评审过程					正式程度
					计划	准备	会议	修复	确认	
审查	发现缺陷，找到违反既定标准的问题	不含作者，3～8 人	专门的会议	软件生命周期中重要阶段的产品	是	是	是	是	是	最正式
团队评审	发现缺陷，达成共识，教育参加者	作者可为组长，3～5 人	专门的会议	阶段性产品	是	是	是	是	是	
走查	发现缺陷，达成共识，教育参加者	作者为主导，2～3 人	专门的会议	架构、蓝图、源代码	是	否	是	是	否	
结对编程	发现缺陷并立即修复	结对编程人员(两人)	两个程序员在同一个工作站上进行	产品模块开发(包括设计、算法、代码)	是	否	持续	是	是	
同行桌查	发现缺陷	不含作者，单人	独立评审	阶段性产品	否	是	否	是	否	
轮查	发现缺陷	不含作者，多人并行同行桌查	每人分别独立评审，最后汇总	阶段性产品	否	是	可能	是	否	不正式
特别检查	解决当前问题	单人(程序员)	与作者讨论	需要解决的问题	否	否	是	是		

在表 4-4 中：

- "持续"是指评审过程不限于一次会议过程(通常在两小时以内)，而是从产品模块开发开始一直持续到开发完成为止。
- "可能"是指不确定是否需要举行会议，可在会议中由参与人员同时进行单独评审并汇总，也可由参与人员分别抽时间单独评审后由组织者汇总意见。
- "修复"是指评审会议结束后作者是否需对发现的缺陷进行修复。
- "确认"是指对缺陷修复的结果是否需要指派专人进行确认修复。

3. 同行评审过程

虽然同行评审存在多种不同方法，但其一般流程都基本相似，一个完整的同行评审的流程如图 4-20 所示。

该评审过程所涉及的角色包括：作者(即被评审工作产品的提供者)、评审主持人(或称组织者)、评审员(即对工作产品进行评审的人员)、讲解员和记录员。下面对该过程的各个环节分别予以简要说明。

1) 计划评审会议

一般地，设计部门应在评审前三天向项目管理部提交《设计和开发评审申请表》，经批准后才能进入计划评审会议阶段。该阶段主要涉及的角色和工作如下所示。

(1) 项目经理：根据申请表来指定合适的会议主持人。

(2) 作者：提供工作产品(Work Product)作为被评审的对象，并在提交前检查工作产品是否符合相关标准和规范。

(3) 评审主持人：对本次评审会议进行规划，具体工作包括如下内容。

- 制定评审计划：明确评审目的、制定评审日程、正确估计准备时间和工作量。
- 检查入口标准：包括文档符合标准模板、作者对文档中的错误进行认真的自检、所有未解决的问题都被标记为 TBD(待确定)和已列出文档中使用的术语词汇表。

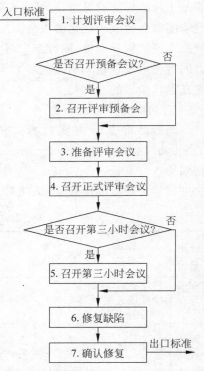

图 4-20　同行评审的完整流程

- 准备评审材料包：包括被评审的工作产品、所需参考资料、工作产品评审检查表(用作评审对照)和工作产品审阅情况记录表(用于记录发现的缺陷)。但应注意被评审的代码应控制在 500 行以内，文档不超过 40 页。
- 选择合适的评审员：选择 3～6 人参加本次评审会议。
- 分发评审材料：将评审材料包和评审通知单发送给每个评审员，将评审工作产品、评审员角色、评审日程和评审目的告知每个评审员。

2) 召开评审预备会

评审人员向评审主持人提出申请，由主持人决定是否需要召开评审预备会。为了确保评审质量,就需要先召开一个两小时以内的评审预备会,目的是确保参加正式评审会议的人员能清楚地了解评审流程和评审目的,正确理解自己的责任,且评审员得到的评审材料正确无误。会议主要涉及的角色和具体工作如下所示。

（1）作者：向评审员简要介绍工作产品和相关资料,包括工作产品的目标、相关实现细节、开发标准等。

（2）主持人：向评审员说明评审流程及相关要求,确定评审重点（如需特别注意的问题、应满足的特殊标准、需审查的接口等）。

（3）评审员：听取作者和主持人的介绍,并查看所有得到的工作产品正确无误。注意,在评审预备会上,评审员不需要正式开始评审工作产品。

3）准备评审会议

无论是否召开评审预备会,一旦评审员拿到了评审材料包,就开始为正式评审会做准备,在该阶段主要涉及的角色和任务如下所示。

（1）评审员：各自根据相关标准对工作产品进行认真细致地检查,记录发现的缺陷（包括缺陷位置、简要描述、缺陷类型、严重程度、相关耗时等）,填写审阅情况记录表,并反馈给主持人。注意：评审员评审的是工作产品,而非作者,即对事不对人。

（2）主持人：汇总收集的审阅情况记录表,并判断是否需要增加评审的投入（例如增加评审员,或分多次召开评审会议）。

4）召开正式评审会议

根据评审会议日程安排,在到达会议时间时,由主持人组织所有相关人员召开评审会议,涉及的主要角色和任务如下所示。

（1）主持人：主持会议,维持会议程序,控制会议进度,限制争论和辩驳。会议结束时根据讨论的结果决定是否需要召开第三小时会议。若不需要召开第三小时会议,则在会议结束后一天内负责更新审阅情况记录表,撰写评审报告,给出评审结论。

（2）讲解员：在会议中对工作产品进行讲解,以引导评审员浏览工作产品。一般地,作者不能作为讲解员。

（3）评审员：听取讲解员的讲解,发表意见,指出工作产品中存在的问题（包括预先提交的审阅情况记录表中的问题和会议中新发现的问题）,与作者确定问题、定义问题的严重程度。注意：会议中不需要现场修复缺陷。

（4）作者：倾听讲解和评审员的意见,回答评审员的提问。

（5）记录员：记录每个达成共识的缺陷（包括发现人）,并确保评审员同意对问题的记录,同时记录未达成共识的缺陷,标记为 TBD,作为第三小时会议评审的对象。更新审阅情况记录表。

5）召开第三小时会议

当评审会议中发现较多未达成共识的缺陷,或需进一步针对确认的缺陷讨论解决方案时,主持人将召开第三小时会议,会议涉及的主要角色和任务如下所示。

（1）主持人：主持会议、维持会议程序、控制会议进度。会议结束后一天内负责更新审阅情况记录表,撰写评审报告,并给出评审结论。

（2）评审员：对标记为 TBD 的问题进行讨论,给出确定意见,并针对达成共识的缺陷的修复方案提出自己的意见。

（3）作者：倾听评审员的意见，提出自己的看法。

（4）记录员：记录每个达成共识的缺陷及其对应的解决方案。

6）修复缺陷

无论是否召开第三小时会议，当所有缺陷均达成共识后，就进入缺陷修复阶段。主要涉及的角色只有作者，其任务是针对提交的审阅情况记录表，对每个缺陷进行定位、调试和修复，然后提交修复后的工作产品，同时更新审阅情况记录表，在表格中简要说明对每个缺陷的修复过程。

7）确认修复

作者修复缺陷后，评审组还需要再次确认所有缺陷得到了正确的修复，此阶段涉及的主要角色和任务如下所示。

（1）主持人：指派专人对修复后的工作产品进行确认。查看最终提交的审阅情况记录表，判断工作产品是否符合退出标准，其中，退出标准包括：

- 所有明确的缺陷得到正确修复。
- 所有 TBD 问题已全部解决。
- 审阅情况记录表得到更新，并分发给相关人员。
- 将遗留缺陷或问题上报给项目经理或上级主管审批，交质量保证单位备案。
- 将相关文档登记录入项目的配置管理系统。

（2）评审员：对照更新后的审阅情况记录表，认真检查修复后的工作产品，判断是否所有缺陷均得到了正确的修复，且未引入新的缺陷。若发现缺陷并未真正得到修复，则打回给作者要求其继续修复。若所有缺陷都已确认修复，则更新审阅情况记录表，并提交给主持人。

实际上，上述给出的是一个完整的流程，对于不太正式的评审来说，通常不需要这么多环节，可根据实际情况灵活地加以裁减。例如，可以直接召开评审会议而不用召开评审预备会，或者在评审会议中已对所有缺陷达成共识，且缺陷严重程度不高，则无需召开第三小时会议等。各种评审方法的评审过程可参考表 4-4。

4. 同行评审的结果

同行评审通常有如下三类结果。

- 正常：即评审专家做好了评审准备，评审会议顺利进行，达到了预期目的，达成明确的评审结论，不需要再次评审。
- 延期：30％以上的评审专家并未做好评审准备，会议无法正常进行，需要重新安排评审日程。
- 取消：在初审阶段就发现工作产品中存在太多问题，需要作者进行修复，然后再进行第二次同行评审。

5. 软件生命周期中常见的同行评审活动

被评审的工作产品可以是软件生命周期中所产生的各种对象，包括源代码、文档组件等。因此，软件开发的全生命周期中的各个阶段均可以展开同行评审活动。表 4-5 列出了软件开发全生命周期中常见的同行评审活动。

表 4-5　软件开发全生命周期中常见的同行评审活动

开发阶段	工作产品	评审方式	评审人员
项目立项	项目立项书	团队评审	高层经理、项目经理和质量保证人员
	可行性研究报告	团队评审	高层经理、项目经理和质量保证人员
	项目过程定义书	团队评审	项目经理、EPG 经理和质量保证人员
需求分析阶段	用户需求说明书	走查	客户或市场代表、项目经理、需求人员、设计人员、开发人员、测试人员、质保经理、文档编写员、业务专家和技术支持代表
	系统需求规格说明书	审查	客户或市场代表、项目经理、需求人员、设计人员、开发人员、测试人员、质保经理、文档编写员、业务专家和技术支持代表
	项目总体计划	团队评审	客户或市场代表、高层经理、项目经理、EPG 经理、需求人员、设计人员、开发人员、测试人员和质保人员
	项目开发计划	团队评审	项目经理和开发人员
	项目质量管理计划	团队评审	高层经理、项目经理、需求人员、设计人员、开发人员、测试人员和质保人员
	项目度量管理计划	团队评审	高层经理、项目经理、需求人员、设计人员、开发人员、测试人员和质保人员
	项目配置管理计划	团队评审	高层经理、项目经理、需求人员、设计人员、开发人员、测试人员和质保人员
	项目测试计划	团队评审	高层经理、项目经理、需求人员、测试人员和质保人员
	系统测试用例	走查	项目经理、需求人员、测试人员和质保人员
	项目风险管理计划	评审	高层经理、项目经理、需求人员、设计人员、开发人员、测试人员和质保人员
系统设计阶段	概要设计说明书	审查	项目经理、需求分析人员、设计人员、集成测试工程师和质保人员
	用户界面设计	团队评审	客户、应用领域专家、需求人员、用户界面设计人员和系统测试人员
	集成测试计划	团队评审	测试工程师和质保人员
	集成测试用例	走查	设计人员、测试人员和质保人员
	详细设计说明书	审查	设计人员、开发人员和集成测试工程师
编码开发阶段	源代码	走查或其他正式评审方式	需求人员、设计人员、开发人员、单元测试工程师和编码标准专家
	单元测试计划	团队评审	开发人员、测试人员和质保人员
	单元测试用例	走查	设计人员、开发人员、测试人员和质保人员

开发阶段	工作产品	评审方式	评审人员
正式测试阶段	验收测试用例	评审	客户、项目经理、需求人员、测试人员和质保人员
验收交接阶段	用户使用手册	走查	客户、需求人员、系统测试人员、用户培训人员、技术支持代表和文档编写员
	产品验收结果	团队评审	客户、高级经理、项目经理、需求人员、测试人员和质保人员
	项目结题报告	团队评审	高层经理、项目经理、需求人员、设计人员、开发人员、测试人员和质保人员

6. 同行评审中的注意事项

在同行评审各个阶段中,每个角色都有一些应主要注意的事项,列举如下。

1) 计划和准备阶段的问题

管理层的问题及对策如下所示。

- 不重视。管理层对评审重视不足,未对评审制定明确的期望目标,对不参加评审的人和不合格的评审无任何对应措施,导致审查流于形式。对策:管理层需要大力支持评审工作,包括建立评审策略、目标、制度,要求开发组成员遵守相关政策。
- 无计划。未将重要的评审纳入项目计划,缺乏明确的组织过程,造成评审工作草率,无法取得实际成效。对策:应对同行评审进行计划,特别是在项目早期,在对重要文档进行评审之前应做详细的相关安排。同行评审发现缺陷的效率应为测试发现缺陷的三倍以上。
- 无培训。评审员一般均为领域专家,但不一定熟悉评审过程。主持人在评审会议中起到控制进度、解决争执等重要作用,更应充分熟悉评审过程。对策:必须对评审员和主持人进行培训,使之了解审查原则,掌握完整的评审方法。

主持人的问题及对策如下所示。

- 评审员不合理,导致遗漏重要的需求或降低评审效率。对策:应注意评审员的互补性,选择不同类型的、充分了解工作产品的人参与评审,以便于从不同技术角度发现缺陷。
- 评审员搭配不合理。对策:评审员应有明确分工。
- 让管理者参与评审,导致作者对评审感到紧张和局促。对策:尽量不要让作者的直接上司参加评审,除非作者要求其参加,但评审结果应通知相关管理人员。
- 制定的日程不合理,未留出充裕时间给评审员进行会前准备。对策:准备时间应大于开会时间(一般为 2～3 天),使评审员能充分检查工作产品。
- 无检查表,难以确保评审内容的完整性。对策:应结合以往经验预先给出工作产品评审检查表用作评审对照,不易漏掉关键缺陷,并能提高评审效率。

作者的问题及对策如下所示。

- 不认真检查工作产品,导致其质量差,将查错责任完全推给评审员,在评审会中发现太多问题。对策:主持人应给出评审入口标准,严格把关,要求作者先做好自我检查,只要不符合进入标准的工作产品都应退回修复,同时还应对作者提供必要的培训,如提供相关质量工具等,帮助其提高工作产品质量。

2) 评审会进行阶段的问题

主持人的问题及对策如下所示。

* 过分注重会议时间,不重视产品质量。为了保证评审进度而一味挤压评审时间,特别是工作产品的预审时间,使之无法得到充分的评审。对策:做好计划,若需评审的内容太多,则分多次进行评审。
* 不控制进度,导致会议时间太长、效率较低。对策:应将会议时间控制在两小时以内,若在准备阶段发现要处理的问题较多,应举行多次评审会。

评审员的问题及对策如下所示。

* 无评审重点,易遗漏关键缺陷。对策:应在准备阶段就给出明确的评审重点,确保发现最严重的缺陷,不要过于关注细枝末节。
* 不考虑数据之间、业务之间及系统之间的相关性,评审不全面。对策:应充分对照已有成果,考虑工作产品在数据、接口、业务等方面之间的关联。
* 过分依赖检查表,使评审时关注的问题较为雷同,容易忽略其他环节。对策:除了对照检查表,还应从其他方面试图发现工作产品中的缺陷,提高工作产品的抽样率。
* 在会议中措辞刻薄,进行人身攻击,使作者对评审产生强烈的抵触。对策:对事不对人,应注意发言的措辞,指出工作产品中的具体问题即可,不应对作者进行评价,不要将评审变成评价。且主持人应提前将评审员的反馈发给作者,使作者对评审有十足把握和信心。
* 不重视评审会,不提前检查工作产品,仅在会议现场查看,难以发现关键问题。对策:应认真对待评审,提前对工作产品进行严格检查。
* 过多讨论缺陷的修复,会议效率不高。对策:评审会议重点是发现问题,不是解决问题。会议中发现的缺陷数应为会前发现缺陷数的两倍以上。
* 担心得罪人,而拒绝评审他人的工作。对策:主持人应加强评审员与作者的沟通,不要将评审双方变成敌对双方。

3) 评审会后阶段的问题

主持人的问题和对策如下所示。

* 对发现的缺陷缺乏有效跟踪,导致发现的缺陷得不到及时修复。对策:制定评审进入和退出标准,并在评审中严格遵循该标准。
* 评审中仅仅是收集数据,却不注重上报和改进。对策:应将度量数据存储到组织度量库,并提交给专人进行统计和分析,然后上报给上级主管,让管理层决定哪些数据重要,并用于指导后续的度量数据收集和评审效果监控。

4.3.3　软件配置管理

软件配置管理(Software Configuration Management,SCM)是一项重要的软件质量保证活动。根据[IEEE Std 610.12-1990]的定义,SCM 是标识和确定系统中配置项的过程,在系统整个生存周期内控制这些项的发布和变更,记录并报告配置的状态和变更要求,验证配置项的完整性和正确性。

随着开发的软件系统越来越庞大和复杂,涉及的开发人员越来越多,需要处理的文档和资源的种类及类型越来越多,多个发布版本、多种平台、异地开发等现象普遍存在。如果不对软件过程中产生的信息(包括计算机程序、描述程序的文档以及包含在程序内部或外部的数据)进行良好的管理,将很容易造成版本混乱、无法协同工作、资源变化频繁导致失控、找不到最新修改了的源程序等多种问题。并最终导致丢失重要数据、开发成本超支、产品可靠性差等严重后果。仅靠手工维护版本的方式是远远不能满足程序员、项目经理等多方面的开发和管理需要。因此,软件配置管理在软件的开发过程中至关重要。

软件配置管理的主要目标是使得项目能针对需求、设计等多方面的变更而快速反应及适应,并减少当变更必须发生时所需要花费的工作量,从而确保产品在项目全生命周期过程中的完整性。软件配置管理的四个主要活动如下所示。

(1) 识别变更。应明确在软件产品全生命周期内将产生哪些工作产品,其中哪些需要保存和管理,成为受控项目,并确定工作产品的命名和标识规则。一般地,文档、源代码、版本等都是需要管理的工作产品(也称配置项)。

(2) 控制变更。通过特定方法来对识别出的配置项进行管理和技术控制。

(3) 报告配置状态。描述配置项及其状态变化信息,并向其他相关人员(如管理人员、开发和测试人员、客户等)报告这种变化。一般地,配置状态报告中将记录哪些人、在何时、做了什么事情、将对其他哪些方面产生什么影响,报告用于对配置项的变更数据进行统计分析,以利于风险评估和项目执行控制。

(4) 审计。即用来确认 SCM 系统正常工作的活动。

有关软件配置管理的详细内容请阅读第 9 章。

4.3.4　各阶段的质量保证活动

软件质量保证是为了保证工作产品及服务充分满足用户质量要求而进行的有计划、有组织的活动。它同时也是一种独立的审查活动,贯穿整个软件开发过程。软件质量保证人员的主要职责是对开发和管理活动的全过程进行检查,确保工作产品在从产生到消亡为止的所有阶段中均与指定的过程策略、标准和流程保持一致。

软件质量保证活动的具体内容在每个开发阶段都有所不同,但就共性而言,对于任何一个开发阶段,软件质量保证活动均可分为如下三个环节。

(1) 计划。制定软件质量保证计划,以确保项目组相关人员正确执行软件过程。软件质量保证计划中应注意明确质量审计工作重点、审计活动内容、审计方式和结审计果汇报流程。

(2) 执行。根据软件质量保证计划开展相应的质量保证活动,包括标准遵循性评审、软件工程活动评审、工作产品审计、评审记录、问题跟踪等内容。

(3) 报告。对工作结果进行记录,撰写相关报告,并发布给相关人员。同时,负责处理工作过程中发现的不符合规范和流程的问题,并及时向有关人员和高层管理人员反映情况。

实际上,以上三个环节是一个迭代的过程,即在发现和报告问题的同时,还应进行相关质量改进活动,然后重复从计划、执行到报告的过程,直至项目完成。

下面以需求分析阶段的质量保证活动为例,说明大致的工作内容。需求分析阶段是软件开发最重要的一个阶段,主要工作是挖掘用户需求,形成形式化文档以指导后续的软件产品开发,该阶段最主要的质量保证活动就是检查需求开发和需求管理过程,检查《软件需求说明书》和《系统需求规格说明书》的评审过程,检查《软件需求说明书》和《系统需求规格说明书》的内容,并对需求变更进行跟踪记录。在该阶段所提交的工作产品包括需求开发过程检查表、需求管理过程检查表、需求评审过程检查表、需求相关文档内容检查表、需求变更记录,以及不符合项报告。

其余开发阶段的软件质量保证活动与需求分析阶段十分相似,区别仅在于被审计的工作产品、开发过程和相关报告各有不同,故不再赘述。

4.4　软件测试过程管理

4.4.1　软件测试过程模型

人们在多年开发实践中总结出许多开发模型,如瀑布模型、原型模型等。测试是软件质量保证的重要环节,而以往的开发模型未强调测试的作用,无法指导测试实践。为此,学者们通过实践活动总结出很好的软件测试过程模型,对测试活动进行抽象,并与开发活动有机结合,大大有助于提高测试过程的质量。典型的测试过程模型包括 V 模型、W 模型、H 模型、X 模型等。

1. V 模型

V 模型是最具有代表意义的测试模型,它最早由 Paul Rook 在 20 世纪 80 年代后期提出,在英国国家计算中心文献中发布。V 模型的基本思想如图 4-21 所示。它是软件开发瀑布模型的变种,反映了动态测试行为与开发行为的对应关系,即每个测试阶段的基础是对应开发阶段的提交物(即文档),如单元测试的基础是详细设计文档。在图 4-21 中,箭头方向代表时间方向,其中左半部分反映开发过程,开发从上到下严格分为不同阶段,右半部分描述了与开发过程相对应的测试过程,且自下而上也严格区分不同阶段和级别,测试活动的展开次序正好与开发次序相反。

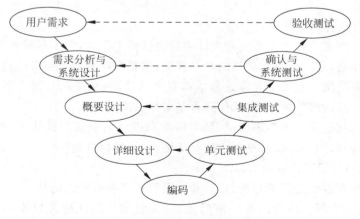

图 4-21　软件测试过程 V 模型

V 模型的局限性有以下几个。

- 测试滞后。将测试看作编码后的一个阶段,使开发早期引入的缺陷(如需求遗漏等)

到后期测试才可能被发现,增加了缺陷修复成本。
- 测试与开发文档难以一一对应。例如,需求分析文档往往不足以为系统测试提供足够的信息,常需借助设计文档中的部分内容。
- 缺少静态测试。V 模型缺少需求评审等静态测试,降低了测试效率。
- 质量折扣。测试时间往往因前期开发进度的拖延而被挤占,甚至完全取消测试,导致测试不充分,大大降低测试质量。

2. W 模型

W 模型最早由 Paul Herzlich 提出,以解决 V 模型的不足。为贯彻"尽早测试、不断测试"的原则,W 模型在 V 模型的基础上增加了与软件各开发阶段应同步进行的测试部分,即开发过程与伴随的测试过程分别构成两个并行的"V"。如图 4-22 所示,每个开发行为对应一个测试行为,若开发行为是对各种需求的定义和编写,则对应的测试行为是对这些文档的静态测试;若开发行为是软件实现,则对应的测试行为是对这些实现的动态测试。

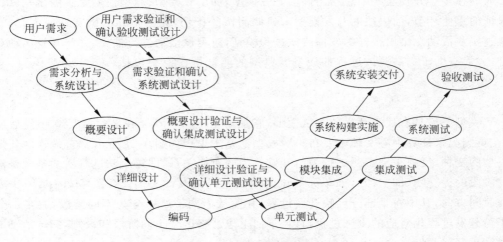

图 4-22　软件测试过程 W 模型

W 模型的特点有以下几个。
- 强调尽早测试。在早期开发和设计中就包括需求评审,利于尽早发现缺陷和改进项目内部质量,还利于测试文档的尽早提交,这将意味着拥有更多的检查时间。
- 强调不断测试。在整个开发过程中都有测试活动,从早期对需求和设计的评审,到对交付产品的验收测试,测试伴随着整个开发周期。
- 体现静态测试。加入静态测试,如对需求和设计的验证与确认等,有助于了解项目难度和准确评估风险,及早制定应对措施,加快项目进度。

同时,W 模型的局限性在也有以下几个。
- 将软件开发看成是需求分析、设计和编码等一系列串行的活动。
- 开发、测试之间保持着线性的前后关系,无法支持迭代的开发模型,无法支持变更调整。
- 未体现测试流程的完整性。

3．H 模型

V 模型和 W 模型均将软件开发看成是从需求→设计→编码的串行活动，阶段划分严格，不支持迭代和增量开发，且未体现测试流程的完整性。为此，人们提出了 H 模型。H 模型将测试活动完全独立出来，形成自己完全独立的流程。测试流程分为两大阶段（见图 4-23）。

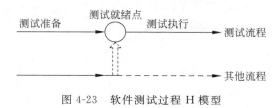

图 4-23　软件测试过程 H 模型

- 测试准备：包括测试计划、测试设计和测试开发。
- 测试执行：包括测试运行和测试评估。

图 4-23 说明了软件开发某个阶段对应的测试活动，其他流程可以是任意的开发流程（如设计和编码）或非开发流程（如软件质量保证），即只要测试条件成熟，准备工作就绪，就可以展开测试执行活动。每个开发阶段都有这样独立的测试流程（如单元测试），这些流程与其他流程是并行的。

H 模型的优点有以下几个。

- 体现"尽早测试、不断测试"的原则。例如在需求分析阶段，只要准备好需求文档及相关人员，就可以展开需求评审工作。
- 体现测试流程的完整性。测试过程包括测试准备和执行，只要前者完成后者就可开始，且两者分开，有利于调配资源、降低成本和提高效率。
- 体现测试流程的独立性。测试是一个独立的流程，与其他流程并发进行，这样有助于跟踪测试投入的流向。
- 充分体现了测试过程（并非技术）的复杂性，强调了过程管理的重要性。

4．X 模型

针对 V 模型的不足，W 模型从开发与测试对应的角度进行改进，Marick 则提出 X 模型，从其他角度来试图弥补 V 模型的一些缺陷。Marick 认为 V 模型无法引导项目的整个过程，基于一套必须按照一定次序严格排列的开发步骤，而这很可能并非反映实际的实践过程，如实际中很多项目缺乏足够的需求，而 V 模型必须从需求处理开始。就测试过程模型而言，模型应能处理开发的所有内容，如交接、频繁重复的集成、需求文档的缺乏等。图 4-24 给出了 X 模型的示意图。其左半部分是针对单独程序片段进行的相互分离的编码和测试，经多次交接，集成为可执行的程序（即图中右上半部分）。这些可执行程序需进行测试，已通过集成测试的成品可封版提交给用户，或者也可作为更大规模内集成的一部分。

特别地，X 模型提出探索性测试，即不事先计划的测试，只是随便测一下，这样有助于有经验的测试人员在计划外发现更多软件缺陷。

5．测试过程模型的使用策略

不同的测试过程模型具有不同的特点，任何一个模型都不完美，在实际使用时应根据不同的测试任务要求，综合利用不同模型中对项目有实用价值的方面。因此，建议采用的策略

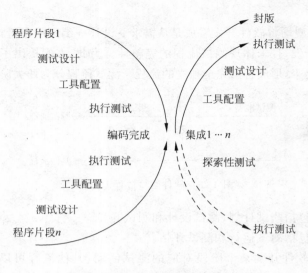

图 4-24 软件测试过程 X 模型

是：宏观上以 W 模型为基本框架，从软件开发工作一开始就展开测试工作，微观上在每个测试阶段以 H 模型为指导，进行独立测试，即只要准备工作就绪，就可进行独立的测试，并反复迭代测试，直至达到预定目标。对软件企业而言，应以软件测试能力成熟度模型为指导，努力建立规范的软件测试过程。受篇幅所限，有关软件测试能力成熟度模型的内容在此不予详细说明。

4.4.2 软件测试过程管理实践

从软件测试过程模型可以看出，软件测试过程中需要管理的内容包括所有相关人力和工作产品。从人力来说，不同的测试工作需要不同测试角色来实施，大家需要合理分工、协同工作；从工作产品来说，测试的依据是开发各阶段的交付物，支持测试工作的是测试文档、测试工具和测试环境等，这些内容都需要纳入测试过程管理的范畴。

1. 测试人员的管理

人是测试工作中最有价值、最重要的资源，没有一个合格的、积极的测试小组，测试就不可能实现。从测试人员自身而言，一个优秀的测试工程师应具备的素质包括：具有服务意识和团队合作意识，拥有耐心、细心和信心，掌握技术能力、沟通能力、逆向思维能力和移情能力，同时具备实在幽默、十足记忆、时刻怀疑、十面督促和十分周全的特性。就整个测试团队而言，还需要根据不同人员的特点和项目要求，分别承担不同的角色，完成不同的工作任务。具有说明如下所示。

(1) 测试经理。负责提供总体测试方向和协调工作，与所有利益关系方交流关键信息，并负责人员招聘、培训、管理，资源调配，测试方法改进等工作。

(2) 测试组长。是业务专家，负责测试计划制定、项目文档审查、测试用例设计和审查、任务分配和监督，负责与项目经理、开发组长等人员沟通，负责定期向测试经理汇报，负责处理各种提交的缺陷，完成测试报告。

(3) 测试分析师。负责完成详细计划、编制测试目标和覆盖领域清单，执行测试组长指派的测试任务,协助组长进行功能分析,负责定义测试需求,设计实现测试用例、测试脚本、测试数据集,在测试前向测试者介绍系统需求及主要功能,负责备份和归档所有测试文档和材料。

(4) 测试工程师。负责执行测试任务,执行测试脚本,记录测试结果,发现、记录和跟踪缺陷,建立和初始化测试环境及测试数据。一般地,根据经验和资历的不同,分为初、中、高级工程师。中、高级工程师可承担测试设计任务,包括产品设计规格说明节的审查、测试用例设计、技术难题的解决、新人和一般测试人员的培训和指导等。初级工程师则主要完成测试用例执行、测试结果记录等难度较低的测试任务。

(5) 测试评审员。负责审查流程并提出流程改进建议,建立测试文档相关模板,参加测试计划、测试用例、测试报告等相关测试文档的评审,检查软件过程质量,向测试经理汇报测试过程中观察到的问题。

(6) 实验室管理员。负责设置、配置和维护实验室的测试环境,包括服务器、网络环境等。

在实际项目中,同一个人员可同时承担多种角色。例如,对于较大规模的测试团队,测试工程师分为初、中、高级测试工程师,并设立自动化测试工程师、系统测试工程师和架构工程师。但在测试小组规模很小时,可能不会设置测试经理,只有测试组长,测试组长还要承担部分评审员的职责,资深测试工程师则可能同时承担实验室管理员的角色。

2. 工作产品的管理

测试相关文档包括测试计划、测试设计、测试用例、缺陷报告、测试脚本、测试总结报告等。下面围绕与测试人员关系最紧密的测试用例和缺陷简要说明其管理要点。

1) 测试用例的管理

随着软件越来越复杂,执行全面的测试所需的测试用例数量急剧增长,良好的测试用例管理和跟踪是良好测试质量的保障。

- 组织性。测试用例散布在不同功能模块或子系统中,各个测试阶段都要设计测试用例,必须计划好这些测试用例,使项目团队成员均能有效使用。
- 重复性。回归测试用例的选择是回归测试的重点和难点问题,应有效管理测试用例,确保每次回归使用合理的测试用例集。
- 跟踪性。测试用例的覆盖率、执行率、用例质量等都是软件质量的有效度量指标。

测试用例的管理可由以下八个步骤来完成。

- 整理模块需求。即检查、理解和整理被测系统各功能模块需求,熟悉业务流程和产品特性。
- 撰写测试计划。测试计划中应对测试涉及的人力、物力资源、风险等进行多方面考虑,就测试用例而言,还需要提取测试需求,即需要测试的软件特性和可测试项。一般的提取原则是从大到小,从子系统或大的功能模块进行不断分解,一直达到最小的模块,并得到测试计划书。
- 设计测试思路。通过分析测试计划中的测试特性,对测试需求进一步细化。从测试用例设计的角度来分析,如对正常情况、边界情况和异常情况的测试。该阶段的交付品是测试设计说明书。
- 编写测试用例。根据测试设计来设计测试用例,为节省时间,减少文档撰写的工作量,可以合并测试设计和测试用例,通过管理工具或模板来记录。

- 评审测试用例。测试用例编写完成后需应组织同级互查,获得通过才能使用。测试部门内部同行针对测试策略的评审,重点在于检查测试策略和测试用例的设计思路是否正确,保证测试用例有效性。部门外部评审,由开发部、项目实施部、甚至市场部共同参与,涉及项目经理、测试、开发、销售、甚至客户代表,目的是查找测试人员编写的测试用例是否有遗漏。

- 修改更新测试用例。测试用例经评审之后需根据评审意见进行修改。随着软件版本的不断修改和升级,测试用例将随之发生变化。小的修改和完善可在原测试用例文档中进行修改,给出变更记录即可。若是软件的版本升级,则测试用例也应配套升级更新版本。

- 执行测试用例。测试用例经修改后才能使用,通常交叉进行测试用例,且应尽量实现自动化。使用过程是从版本控制库中取出测试用例,在测试用例上记录测试的结果,使用后送入版本控制库进行版本管理。测试用例从创建到执行结束将经历一系列状态(见图 4-25)。根据不同类型和规模的软件项目,可对该生命周期进行适当裁剪,以适合实际情况的需要。

- 分析评估测试用例质量。测试用例全部执行后,需采用设计质量、执行效率等度量,来对测试用例的质量进行分析和评估。当然,若公司采用测试管理工具的话,测试用例数据的统计分析会相当方便。否则,仅靠 Excel 之类的工具统计这些测试用例数据,计算负担还是很重的。

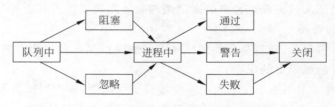

图 4-25　一个典型测试用例的生命周期

2) 缺陷的管理

测试人员的主要任务之一是发现缺陷,并确保缺陷在产品发布前得到及时、正确的修复。因此,必须对缺陷进行良好的管理,其实质是根据公司和项目组的规定,保证缺陷在测试员、项目经理、开发人员等不同角色之间正确流转,进入不同的状态。

缺陷或缺陷报告在整个生命周期中会处于不同的状态,这些状态定义了不同角色的人(如测试人员、项目经理、开发人员等)对缺陷的处理方式。典型的状态包括:打开(Open)、指派(Assigned)、已解决(Resolved)、关闭(Close)和重新打开(Reopen)。简化后仅包含三种状态。

- 激活(Active)。新建缺陷或重新打开已关闭的缺陷时,该缺陷被激活,并提交项目经理分配解决责任人。

- 已解决(Resolved)。开发人员对缺陷做出了处理,等待测试人员的验证。

- 关闭(Close)。测试人员根据开发人员的处理结果,对缺陷处理意见进行处理,若两者意见不一致,可能导致缺陷在该流程中反复循环,直至两者意见达成一致才能关闭该缺陷。

开发人员对缺陷的处理方式一般分为七种,如下所示。

- 已修复(Fixed)。表示问题被修复。
- 暂缓(Postponed 或 Later)。项目经理经初步验证后承认缺陷确实存在,但受技术、发布时间压力等因素的影响,认为可暂不处理。
- 外部原因(External 或 On hold)。表示因外部技术原因导致的缺陷,开发人员无法修复。或因缺陷影响范围太大,需由审核委员会决定如何处理。
- 不修复(Wont fix)。即缺陷太轻微,或被用户发现的几率太小,不值得修复。
- 重复的(Duplicate)。表示该问题是个重复的缺陷,已由其他测试人员发现并提交。
- 不可重现(Not repro)。根据报告中的描述步骤无法触发该缺陷,也没有更多线索证实该缺陷的存在。
- 符合设计(By design 或 Not a bug)。项目经理认为提交的缺陷并不是一个缺陷,而认为程序本身就是这样设计的,或者认为程序运行的情况就是设计要求的预期情况。

缺陷报告一经提交,就在测试相关角色间流转。著名的缺陷管理工具 Rational ClearQuest 中所定义的流程如图 4-26 所示。图 4-26 中实线代表测试员与程序员均可执行的动作,点虚线代表仅有测试员可以执行的操作,虚线表示仅程序员才能执行的动作,我们不再讨论该流程的细节。

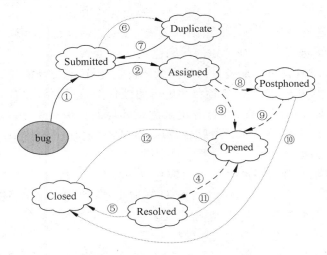

图 4-26　Rational ClearQuest 的缺陷处理流程

3) 测试环境的管理

软件测试环境与资源规划是测试计划中的一项重要内容,测试环境配置是测试实施的重要环节,测试环境是否适合将严重影响测试结果的真实性和正确性。

(1) 测试环境的定义和重要性。测试环境是软件运行的平台,是进行软件测试必需的工作平台和前提条件,可定义为:测试环境=硬件+软件+网络+历史数据。其中,硬件指测试必需的服务器、客户端、网络连接设备及打印机、扫描仪等辅助硬件设备所构成的环境。软件指被测软件运行时的操作系统、数据库及其他应用软件等构成的环境。网络主要针对

C/S 和 B/S 架构的软件。历史数据是指测试用例执行所需初始化的各项数据。稳定、可控的测试环境可有助于加快测试进度、准确重现缺陷和提高工作效率及软件质量。

（2）良好测试环境的要素。良好的测试环境应具备三个要素：好的测试模型，通过一系列测试方法和实践积累的历史数据（如某类软件的缺陷分布规律）来反映针对某类软件的测试关注点、项目组开发测试效率等；多样化的系统配置，以确保测试环境尽量逼近软件真实运行环境；熟练使用工具的测试员，从而在系统测试尤其是在性能测试环节有效发挥自动化测试工具的最大优势。

（3）测试环境的规划。搭建的测试环境主要用于被测软件的系统测试。其规划步骤如下所示。

① 步骤 1：明确软硬件相关问题。内容包括执行测试所需的计算机数量及其硬件配置要求；各种用途（含部署服务器、保存测试中间过程文档和数据的服务器和测试机）所需的支撑软件环境的名称、版本及补丁版本；用于对被测软件的服务器环境和测试管理服务器环境进行备份的专用计算机（可选）；测试所需网络环境；执行测试所需的辅助软件（文档编写、测试管理、性能测试、缺陷管理等）的名称、版本、授权数量及补丁版本；为执行测试用例所需初始化的各项数据。

② 步骤 2：确定以上条件中可以满足和需其他部门协调、采购或支援的项。将上述问题整理为检查表，为每个问题指定责任人，搭建测试环境时对照检查表逐步完成每项问题的设置和检查。注意，最好提供应急预案，尽量保证在环境失效时不会对正常工作产生太大的影响。

（4）测试环境的维护和管理。搭建测试环境后还需随着软件新版本的发布、需求变化等而不断对测试环境进行调整，应考虑的问题包括以下几个。

- 设置测试环境管理员。配备专门的测试环境管理员，职责是搭建测试环境（含安装、配置手册的编写）；详细记录各台测试机的硬件配置、网络配置、机器用途等；部署被测软件，编写发布文档；执行并记录测试环境的变更；备份和恢复测试环境；管理支撑软件环境涉及的所有用户名、密码和权限；在服务器使用冲突时负责分配和管理服务器时间。
- 明确测试环境管理所需的文档。内容包括：各台计算机上支撑软件环境中各项软件的安装配置手册；各台计算机的硬件环境文档；被测软件系统的发布手册，特别要注意记录数据库表的创建、数据导入等内容；测试环境备份和恢复方法手册；用户权限管理文档。以及上述文档的变更历史。
- 管理测试环境的访问权限。为每个访问测试环境的测试人员和开发人员设置单独的用户名及对应访问权限，防止误操作导致破坏测试环境。
- 管理测试环境变更，目的是对变更进行追溯和控制。一般需注意测试环境变更需书面申请、所有变更记入文档、与变更相关的变更申请文档、软件、脚本等保留原始备份、不接受任何不完整的版本发布申请。
- 备份和恢复测试环境。测试环境必须备份以支持恢复，来确保可重现缺陷。重要时机是测试环境发生重大变动时、每次发布软件新版本时的数据库备份、性能测试之前的数据备份。

4.4.3　软件测试过程可持续改进

软件质量工作的第一阶段是质量控制,即提供质量测量工具,发现工作产品中的问题。质量控制可用如下的公式表示:

$$质量控制＝技术＋管理＋过程$$

其中,"技术"负责解决测试采用的方法和技术问题;"管理"用于保证各项测试活动的顺利开展;"过程"即测试过程改进,主要着眼于合理调整各项测试活动的时序关系,优化各项测试活动的资源配置以及实现各项测试活动效果的最优化。

软件测试过程改进主要涵盖如下内容。

(1) 建立和管理测试度量程序。测试度量是测试过程改进的核心,以此提供软件测试过程的成熟度,提高软件测试质量。但度量的建立和管理需从如下几个方面加以注意。

- 依据企业与项目的实际情况制订合理的质量度量模型和标准,其投入应符合公司发展策略,且是一个不断实践、总结、改进的过程。
- 收集度量的过程对被测软件或项目的进度不产生任何影响,度量的收集是在测试过程中自然产生的,不应专门安排人手去做度量收集工作。
- 应慎重选择需要收集的度量,随着软件或项目的变换,若度量不再适用,可以及时放弃。
- 应确保执行度量程序的人员的积极性和参与程度。
- 建立度量程序的目的是为了改进软件测试过程,而非追究责任。

(2) 调整测试活动的时序关系。在测试过程中,哪些测试活动可以并行,哪些测试活动可以归并完成,哪些测试活动需按先后次序展开,必须区分清楚并做最优化调整,不恰当的测试时序将导致误工和测试进度失控。例如测试活动按阶段一般分为单元测试、集成测试、系统测试、验收测试等,之间具有一定次序关系,单元测试与集成测试可以并行,但单元测试与集成测试全部完成后才能展开系统测试及后续的验收测试。若认为单元测试太麻烦而跳过单元测试直接进行集成测试,将导致函数内部的缺陷遗留到集成测试中,造成时间的大量浪费和进度的拖延。

(3) 优化测试活动的资源配置。测试过程中涉及人力、设备、环境、资金等多方面资源,必须合理调配。其实质是确保进度、质量、成本三者的平衡,如能为测试小组中不同人员合理安排工作任务,将不仅能确保测试进度和测试质量,而且能严格控制成本不超支。

(4) 提高测试计划的执行力度。要确保测试过程按照测试计划的规定来执行,必须注意风险管理和过程调控,在计划中应考虑到与项目和测试相关的各种风险,并加以评估,提出防范和事后补救方案。同时,还需注意做好持续的监控工作,随时根据测试进度、质量、成本的变化采取相应调整措施,确保在测试过程中一旦出现相关风险可以及时阻止或补救。

(5) 提高测试覆盖率。在兼顾成本的前提下,应从内容、技术和过程三个方面尽量提高覆盖率,测试工作应全面包含测试计划、测试用例的设计和执行、软件缺陷的管理。技术上应灵活使用多种测试方法,并覆盖到每一项选择的度量指标;过程上则不能应漏掉任何一个重要的测试环节,如不写测试用例直接开始测试、测试用例不评审就匆匆发布给测试小组去执行等。

需要特别强调的是,首先,软件测试过程改进与公司的发展战略密切相关,必须严格掌握尺度。公司规模、经济实力、产品投放市场的契机等都将影响软件测试过程制定的策略，过程改进一定要基于利润的原则。其次，软件测试过程改进必须获得管理层的支持，否则没有政策、资金的投入，是无法展开实质性的过程改进活动的。再次，软件测试过程改进并不意味着必须投入大笔资金，并非一定要大笔投入用来购买自动化测试工具、请咨询公司等。若公司的大环境不适合期望规模的过程改进，即使花巨资引入了高效的自动化测试平台，也难以将其融入到项目或产品的软件测试活动中去。

4.5　案 例 分 析

软件质量保证是根据组织的质量目标，以质量保证计划为核心，在质量体系中开发的有计划、有组织的工作活动，下面给出一个典型的质量保证计划。

1. 引言

1.1　目的

在此应说明本文档所针对的软件项目，并说明本文档的撰写目的。一般地，本计划的目的是对其所针对的软件项目开发过程进行规定，说明该遵循的规范、需执行的相关工作和提交的文档。例如：

本计划的目的在于对所开发的软件系统规定各种必要的质量保证措施，以保证所交付的软件能满足项目委托书或合同中规定的各项需求，能满足本项目总体组制定的、并经领导小组批准的该软件系统需求规格说明书中规定的各项具体需求。

软件开发单位在开发本软件系统所属的各个子系统(其中包括为本项目研制或选用的各种支持软件)时，都应执行本计划中的有关规定，但可根据各自的情况对本计划做适当的剪裁，以满足特定的质量保证要求，剪裁后的计划必须经项目总体组批准。

1.2　范围

本文档所提及的规范适用于软件特别是重要软件的质量保证计划的制订工作，对于非重要软件或已经开发好的软件，可以采用本规范规定的要求的子集。

1.3　定义和缩写词

对文档中出现的一些术语进行定义，或对于一些较长的描述给出缩写形式，以确保项目组所有成员对这些术语的理解保持一致。例如：

- 项目委托单位：为产品开发提供资金并通常是同时确定产品需求的单位或个人(有时开发的产品是为其他用户使用服务的，此时产品需求由最终使用用户来规定)。
- 项目承办单位：为项目委托单位开发、购置或选用软件产品的单位或个人。
- 软件开发单位：直接或间接受项目委托单位委托而直接负责开发软件的单位或个人。
- 用户：实际使用软件来完成计算、控制或数据处理等任务的单位或个人。
- 软件生命周期：从对软件系统提出用户应用需求开始，经软件开发、测试而得到一个满足用户需求的软件系统，并投入运行，直至软件被淘汰不再使用为止的这段时间。一般需经历需求分析与软件定义、系统开发、系统运行维护三个主要的阶段。

1.4　参考资料

列出要用到的参考资料,且应列出这些文件的标题、文件编号、发表日期和出版单位,并说明能够得到这些文件资料的来源。一般采用表格方式给出。

常用的参考资料包括:

- 本项目中经核准的计划任务书或合同,以及上级机关的批文等。
- 属于本项目的其他已发表的文件,如本项目配置管理计划等。
- 本文件中各处引用的文件、资料,如计算机软件开发规范(GB 8566)、软件工程术语(GB/T 11457)、计算机软件产品开发文件编制指南(GB 8567)、计算机软件质量保证计划规范(GB/T 12504)、计算机软件配置管理计划规范(GB/T 12505)、本组织软件开发标准、国家或行业相关业务技术规范等。

2. 管理

2.1　机构

在此应描述与软件质量保证有关的机构组成,并清楚地描述来自项目委托单位、项目承办单位、软件开发单位或用户中负责软件质量保证的各个成员在机构中的相互关系。例如:

在本软件系统的开发期间,应成立软件质量保证小组来负责质量保证工作。软件质量保证小组属软件总体组领导,其组成包括软件总体组代表、项目软件工程小组代表、项目专职质量保证人员、项目专职配置管理人员及各子系统软件质量保证人员等方面的人员,组长由项目的软件工程小组代表担任。各子系统的软件质量保证人员在业务上受软件质量保证小组领导,在行政上则受各子系统负责人领导。

软件质量保证小组和软件质量保证人员必须检查和督促本计划的实施。各子系统的软件质量保证人员有权直接向软件质量保证小组报告子项目的软件质量状况。各子系统的软件质量保证人员逐序根据对子项目的具体要求,制订必要的规程和规定,以确保完全遵守本计划的所有要求。

2.2　任务

描述质量保证计划所涉及的软件生命周期中各个相关阶段的任务,且重点应在于对这些阶段所应执行的软件质量保证活动加以描述。

例如:软件质量保证工作涉及软件生命周期各阶段的活动,应在日常软件开发活动中加以贯彻,且应特别注意软件质量的早期评审工作。对新开发的或正在开发的各子系统,必须按照 GB 8566 与本计划的各项规定进行各项评审工作。软件质量保证小组应指派成员参加所有的评审与检查活动,目的在于确保在软件开发工作的各阶段及各方面都认真采取各项措施来保证与提高软件的质量。在本软件开发过程中,经软件总体组研究决定,必须进行如下几类评审与检查工作。

2.2.1　阶段评审

在软件开发过程中应定期对某一个或几个开发阶段的阶段产品进行评审,具体内容如下,阶段分为三个。第一次评审软件需求、概要设计、验证与确认方法;第二次评审详细设计、功能测试与演示,并对第一次评审结果复核;第三次是功能检查、物理检查和综合检查。关于这些评审工作的详细内容见本计划第 5 章。

应组织专门的评审小组来执行阶段评审工作,原则上由项目总体小组成员或特邀专家担任评审组长,评审小组成员应包括项目委托单位或用户代表、质量保证人员、软件开发单位和上级主管部门代表,其他参加人员视评审内容而定。

每次评审工作都应填写评审总结报告(RSR)、评审问题记录(RPL)、评审成员签字表(RMT)和软件问题报告单(SPR),具体格式要求见本计划的附录 B。

2.2.2　日常检查

在本软件开发过程中,针对各子系统应填写项目进展报表,包括软件进展报表、软件阶段进度表、软件阶段产品完成情况表和软件开发费用表,项目总体组以此及时发现有关软件质量的问题。具体格式要求见本计划的附录 A。

2.2.3　软件验收

必须组织专门的验收小组对本软件及其所属各子系统进行验收。验收工作应按照经项目委托单位与项目总体组双方都认可的验收规程,正式履行验收手续。验收内容包括文档验收、程序验收、演示、验收测试与测试结果评审等工作。具体的验收规程另行制订。

2.3　人员职责

在此应指明软件质量保证计划中所规定的每项任务的负责单位或成员的责任。例如:在本项目软件质量保证小组中,各方面人员的职责如下所示。

- 组长:全面负责有关软件质量保证的各项工作。
- 软件总体组代表:负责有关阶段评审、日常检查及软件验收准备这几方面评审与检查工作中的质量保证工作。
- 项目专职配置管理人员:负责有关软件配置变动、软件媒体控制及对供货单位的控制等方面的质量保证活动。
- 各子系统的软件质量保证人员:负责测试复查和文档的规范化检查工作。
- 用户代表:负责反映用户的质量要求,并协助检查各类人员对软件质量保证计划的执行情况。
- 项目专职质量保证人员:负责协助组长开展各项软件质量保证活动,负责审查所采用的质量保证工具、技术和方法,并汇总、维护和保存有关软件质量保证活动的各项记录。

3.　文档

在此应列举本软件开发过程的各个阶段中需要编制的文档名称及要求,并对评审文档质量的通用度量准则进行规定。

3.1　基本文档

为了确保软件的实现满足项目委托单位所认可的需求规格说明书中规定的各项需求,软件开发单位至少应编写下列基本文档。

3.1.1　软件需求规格说明书

软件需求规格说明书(Software Requirements Specification,SRS)必须清楚、准确地描述软件的每一个基本需求(功能、性能、设计约束和属性)和外部界面。应将每个需求规定成能通过预先定义的方法(如检查、分析、演示或测试等)被客观地验证与确认的形式。具体格式应与 GB8567 规范保持一致。

3.1.2　软件设计说明书

软件设计说明书(Software Design Description,SDD)应包括软件概要设计说明和软件详细设计说明两部分。其中,概要设计中应描述所设计软件的总体结构、外部接口、各主要部件及子部件的功能与数据结构,以及各主要部件之间的接口,详细设计中则应给出每个基本部件的功能、算法和过程描述。具体格式应与 GB 8567 规范保持一致。

3.1.3　软件验证与确认计划

软件验证与确认计划(Software Verification and Validation Plan,STP)必须描述所采用的软件验证和确认方法(如评审、检查、分析、演示或测试等)。目的是用来验证软件需求规格说明书中的需求是否已由软件设计说明书描述的设计实现;软件设计说明书表达的设计是否已由编码实现;以及用来确认编码的执行是否与软件需求规格说明书中所规定的需求相一致。该计划实际上相当于软件测试计划,具体格式应与 GB 8567 规范保持一致。

3.1.4　源代码清单

源代码清单(Source Code List,SCL)应列出所有源代码的文件结构及代码清单。

3.1.5　软件验证与确认报告

软件验证与确认报告(Software Verification and Validation Report,STR)必须描述软件验证与确认计划的执行结果,包括软件质量保证计划所需的所有评审、检查和测试的结果。该报告实际上就是软件测试报告,具体格式应与 GB 8567 规范保持一致。

3.2　用户文档

用户文档(User Documentation)(如用户手册等)必须指明成功运行该软件所需要的数据、控制命令以及运行条件等;必须指明所有的出错信息、含义及修改方法;必须描述采用何种方法将用户发现的缺陷或问题向项目承办单位(或软件开发单位)或项目委托单位进行报告。具体格式应与 GB 8567 规范保持一致。

3.3　其他文档

除基本文档外,还应包括如下文档。

3.3.1　项目实施计划

项目实施计划(Project Implementation Plan,PIP)包括软件质量保证计划(Software Quality Assurance Plan)、软件配置管理计划(Software Configuration Management Plan),或者,也可以单独制订这两个计划。该文档由项目软件工程小组负责制订,属于管理文档,各子系统的项目承办单位与软件开发单位应充分考虑执行计划中规定的条款。具体格式应与 GB 8567 规范保持一致。

3.3.2　项目进展报表

项目进展报表(Project Processing Report,PPR)文档属于工作文档,即本计划第 3.2 节中所指的内容,各子系统的项目承办单位或软件开发单位应按照规定要求认真填写。具体格式要求见本计划的附录 A。

3.3.3　项目开发各阶段的评审报表

项目开发各阶段的评审报表(Project Review Report,PRR)文档属于工作文档,即本计划第 3.2 节中所指的内容,各子系统的项目承办单位或软件开发单位应按照规定要求认真填写。具体格式要求见本计划的附录 B。

3.3.4　项目开发总结

针对本软件开发过程的总结报告,具体格式应与 GB 8567 规范保持一致。

3.4　文档质量的度量准则

作为软件的重要组成部分,文档是对软件生命周期各不同阶段产品的描述。必须对这些文档进行验证和确认来确保各阶段文档的完整性。评审文档质量的度量准则就是对文档评审工作进行指导。可行的准则包括以下内容。

- 完备性：软件开发单位均应按照 GB 8567 的规定来编制相应的文档，以保证在开发阶段结束时文档齐全。
- 正确性：在软件开发各阶段所编写的文档(以下简称开发阶段文档)的内容必须真实地反映该阶段的工作，且与该阶段需求保持一致。
- 简明性：开发阶段文档在语言表达上应做到清晰、准确简练，适合各种文档的特定读者。
- 可追踪性：开发阶段文档应具有良好的纵向和横向可追踪性，即在不同文档相关内容之间应保证能方便地相互检索。同时，同一文档的某项内容在本文档中的涉及范围应能方便地获取。
- 自说明性：开发阶段的不同文档应具备独立表达该软件相应阶段的阶段产品的能力。
- 规范性：开发阶段文档的封面、大纲、术语含义及图示符号等应符合有关规范的规定。

4. 标准、条例和约定

在此应列出软件开发过程中要用到的标准、条例和约定，并列出监督和保证执行的措施。针对每项标准规定等应给出文档的标题、文件编号、发表日期、出版单位及文件资料来源。一般包括：组织基准标准规程、引用的相关标准、项目内部规范等。

5. 评审和检查

在此应规定必须进行的技术和管理两方面的评审和检查工作，包括每个阶段评审的内容及时间要求，并编制或引用有关评审和检查规程以及通过与否的技术准则。例如：

本章具体规定了应该进行的阶段评审、阶段评审的内容和评审时间要求。对新开发或正在开发的各子系统，均应严格遵循 GB 8566 规范要求，认真进行定期或阶段性的各项评审工作。整个软件开发过程中共进行三次评审和检查，从软件需求评审、概要设计评审、详细设计评审、软件验证和确认评审、功能检查、物理检查、综合检查以及管理评审这八个方面进行评审和检查(见本计划第 2.2 节)，每次评审后必须对评审结果作出明确的管理决策。各次评审工作的说明如下所示。

5.1 第一次评审

5.1.1 软件需求评审

在软件需求分析阶段结束后必须进行软件需求评审(Software Requirements Review)，以确保在软件需求规格说明书中所规定的各项需求的合适性。

5.1.2 概要设计评审

在软件概要设计阶段结束后必须进行概要设计评审(Preliminary Design Review)，以评价软件设计说明书中所描述的软件概要设计在总体机构、外部接口、主要部件功能分配、全局数据结构以及各主要部件之间的接口等方面的技术合适性。

5.1.3 软件验证和确认评审

在制订软件验证与确认计划后必须对其进行软件验证和确认评审(Software Verification and Validation Review)，以评价该计划中所规定的验证与确认方法(即测试方法)的完整性。其实质是对测试计划的评审。

5.1.4 文档检查

开发人员提交工作产品时还应同时提交开发文档,质量管理人员应对开发文档进行初步的规范检查,判断是否符合公司文档编写规范。对于不符合规范的文档,质量管理人员有权退回给相应的文档编写人员进行重新编写;符合规范的文档则由配置管理人员保存。对于每个阶段的评审都需要进行这样的文档检查。

5.2 第二次评审

第二次评审会要对详细设计、功能测试与演示进行评审,并对第一次评审结果进行复核。若需修改第一次评审结果,则应按软件配置管理计划的规定来处理。

5.2.1 详细设计评审

在软件详细设计阶段结束后必须进行详细设计评审(Detailed Design Review),以确定软件设计说明书中所描述的详细设计在功能、算法和过程描述等方面的完整性。

5.2.2 编程格式评审

在编码过程中,应确保采用规定的工作语言进行所有编码工作,且程序能在规定的运行环境中运行,满足本计划第 4 章所提到的所有标准和约定,并符合 GB8566 中提倡的编程风格。在满足这些要求的前提下才能进行测试工作评审。此项工作由质量管理人员来监督,即质量管理人员应根据公司编码规范,检查开发人员所提交的代码是否符合要求,对于不符合规范要求的代码,质量管理人员有权退回给开发人员重新编写。这就是编程格式评审(Programming Format Review)。

5.2.3 软件验证和确认工作评审

应对所有程序单元分别进行静态代码检查、结构测试和功能测试,其中静态代码检查的目的是确认程序结构(即模块和函数的调用关系及调用序列)和变量使用是否正确;静态代码检查通过后再进行结构测试,应保证所有程序单元的语句覆盖率为 100%,判定覆盖率不低于 85%,并给出每个单元的输入输出变量的变化范围;功能测试是确保每个程序单元按照其设计的功能加以实现。

应对各个子系统进行功能测试,不单独进行结构测试。且应保证单元测试的语句覆盖率和判定覆盖率的测试用例在子系统功能测试时能复现。

在测试工作评审中应检查设计的测试用例应全面覆盖变量的等价值、合法及非法边界值,且不但应运行软件开发单位给出的测试用例,而且还要运行任务委托单位或用户、评审人员所选择的测试用例。这就是软件验证和确认工作评审(Software Verification and Validation Review)。

5.3 第三次评审

第三次评审在集成测试阶段结束后进行,评审内容包括功能检查、物理检查和综合检查。

5.3.1 功能检查

在软件发布之前应对软件进行检查,以确认其已满足在软件需求规格说明书中规定的所有需求。这就是功能检查(Functional Audit)。

5.3.2 物理检查

在软件验收之前必须对软件进行物理检查(Physical Audit),以验证程序和文档保持一致,并已做好产品交付准备。

5.3.3　综合检查

软件验收时必须允许用户或用户所委托的专家对所要验收的软件进行设计抽样的综合检查(Comprehensive Audit),以验证代码和设计文档的一致性、接口规格说明之间的一致性(硬件和软件)、设计实现和功能需求的一致性、功能需求和测试描述的一致性。

6. 软件配置管理

必须编制有关软件配置管理的条款,对软件的各项配置进行及时、合理的管理。必须规定用于标识软件产品、控制和实现软件的修改、记录和报告修改实现的状态以及评审和检查配置管理工作等四方面的活动。并规定用来维护和存储软件受控版本的方法和设施;必须规定对所发现的软件缺陷进行报告、跟踪和解决的步骤及实现以上步骤的处理机构和职责。有关软件配置管理工作的内容见软件配置管理计划。

7. 问题报告与处理

有关问题报告与处理的内容在项目软件配置管理计划中将进行详细描述,在此不再赘述。

8. 质量管理工具、技术和方法

必须指明用以支持特定软件项目(包括各子系统及所有相关支撑软件)质量保证工作的工具、技术和方法,指出它们的目的,描述它们的用途。

8.1　软件测试工具

用于支持特定语言编写的程序模块的静态分析、结构测试和功能测试。如协助测试人员判断程序结构与变量使用情况的正确性;自动计算模块的语句覆盖率和判定覆盖率,并显示未覆盖语句和未覆盖判定分支的号码及分支谓词,生成表格来展示不同测试用例有效性;辅助提供有效测试用例集合等。

8.2　软件配置管理工具

支持用户对源代码清单的更新管理及对重新编译与连接的代码的自动组织;支持用户在不同文档相关内容间相互检索并确定同一文档某一内容在本文档中的涉及范围;支持软件配置管理小组对软件配置更改进行科学有效地管理。

8.3　文档辅助生成工具和图形编辑工具

用于辅助用户绘制描述程序流程与结构的控制流图、绘制描述软件功能(输入、输出关系)曲线等;用于生成与软件文档编制大纲相适应的文档模板。

9. 代码控制

在此主要说明开发过程的所有阶段应采取哪些方法和设施,以维护、存储、保护、记录相应软件的控制版本。该内容可放到项目的配置管理计划中进行详细描述。

10. 媒体控制和备份

必须指出保护计算机程序物理媒体的方法和设施,以免非法存取、意外损坏或自然老化。例如:

为了保护计算机程序的物理媒体,以免被非法存取、意外损坏或自然老化,本软件系统的各个子系统(包括支撑软件)都必须设立软件配置管理人员,并按软件工程小组制订的、经软件总体组批准的软件配置管理计划来妥善管理和存放各子系统及其专用支持软件的媒体。

11. 对供货单位的控制

供货单位包括项目承办单位、软件销售单位、软件开发单位或软件子开发单位。在此应规定对这些供货单位进行控制的规程,从而保证项目承办单位从软件销售单位购买的、其他开发单位(或子开发单位)开发的或从开发(或子开发)单位现存软件库中选用的软件能满足规定的需求。例如:

本项目所属各子系统开发组,若需从软件销售单位购买、委托其他开发单位开发、从开发单位现存软件库中选用或从项目委托单位或用户的现有软件库中选用软件部件时,在选用前应向软件总体组报告,由软件总体组组织软件选用评审小组进行评审、测试与检查,且当演示成功、测试合格后才能批准选用。若仅选用其中部分内容,则应按照待开发软件的处理过程办理,软件总体组可不作干预。

12. 质量记录的收集、维护和保存

在此应指明需要保存的软件质量保证活动的记录,并指出用于汇总、保护和维护这些记录的方法和设施,同时指明需要保存的期限。例如:

在本项目及所属各子系统开发期间,必须进行各种软件质量保证活动,准确记录、及时分析并妥善保存有关这些活动的记录。在软件质量保证小组中,应有专人负责收集、汇总与保存有关软件质量保证活动的记录。

附录 A　项目进展报表

项目进展报表(月报表或季报表)由一个项目进展报表表头(见表 A.1)和另外三个表格(表 A.2、表 A.3 和表 A.4)组成。其中,表 A.2 主要用于记录各个阶段的开始与结束日期,表 A.3 用于填写各文档的开始编写与完成日期,表 A.4 用于统计软件开发相关费用情况。

表 A.1　项目进展报表表头

项目名:　　　　　　　　　　　　　　　　　年　　月

子系统名称		模块名	
填表人		填表日期	
项目组长		开发单位	

表 A.2　软件阶段进度表

子系统名: ×××

模块名: ×××

统计日期: ××××年××月××日

阶段名称	计划进度		调整进度		实际进度		备注
	开始日期	结束日期	开始日期	结束日期	开始日期	结束日期	
系统分析与软件定义							
需求分析							
概要设计							
详细设计							
编码与单元测试							
组装与系统测试							
安装与验收							
软件系统开发							

　　注意：计划进度指在项目实施计划中确定的进度，一般由管理人员事先填好。

　　调整进度是指项目组长发现实际进度与计划进度不符时提出的进度修改建议，经项目管理人员研究后可能对此修改建议做某些更改，但最终的调整进度由项目经理来确定。

　　实际进度为该项目实际的开始与结束日期，应随项目的不断进展、由开发人员负责填写。

表 A.3　软件阶段产品完成情况表

子系统名：×××

模块名：×××

统计日期：××××年××月×.×日

文档名称	计划进度		调整进度		实际进度		备注
	开始日期	结束日期	开始日期	结束日期	开始日期	结束日期	
项目实施计划							
需求规格说明书							
概要设计说明书							
详细设计说明书							
测试计划							
测试报告							
用户手册							
项目开发总结							
源代码清单							
质量保证计划							
配置管理计划							

表 A.4　软件开发费用统计表

子系统名：×××

模块名：×××

统计日期：××××年××月××日

文档名称	人工费用(人月)						机时(小时)				其他
	项目管理	系统分析	软件设计	编程调试	数据录入	其他人工	终端小时	主机小时	外存空间	其他费用	出差资料
系统分析与软件定义											
需求分析											
概要设计											
详细设计											
编码与单元测试											
组装与系统测试											
安装与验收											
软件系统开发											

附录 B　软件项目开发阶段评审表

　　软件项目开发阶段评审表由一个项目开发阶段评审表表头(见表 B.1)和另外四个表格(表 B.2、表 B.3、表 B.4 和表 B.5)组成，其中，表 B.2 是评审中发现的问题的记录，表 B.3 是评审总结报告，表 B.4 用于对评审中发现的主要问题进行详细描述，表 B.5 则为评审小组成员登记与签字表。

表 B.1　项目开发阶段评审表表头

提交人	工作产品名称	评审时间	评审形式与地点	参与评审人员

表 B.2　评审问题记录表

RPL	评审问题记录	登记号	
		评审日期	年　月　日
		评审性质	评审□　复审□
项目名	子项目名	代号	
编号	问题摘要	问题类型	是否解决
1			
2			

表 B.3　评审总结报告

RSR	评审总结报告		登记号					
			评审日期	年　月　日				
			评审性质	评审□　复审□				
项目名		子项目名		代号				
阶段名	软件定义 □	需求分析 □	概要设计 □	详细设计 □	编码测试 □	系统测试 □	安装验收 □	运行维护 □
项目组长	姓名		电话					
	地址							
评审任务								
评审材料								
评审结论	通过	不需要修改						
		稍作修改						
	不通过	进行重要修改						
		重新评审						
备注								

表 B.4　软件问题报告单

RPR	软件问题报告单				登记号							
					登记日期	年　月　日						
					发现日期	年　月　日						
项目名		子项目名			代号							
阶段名	软件定义 □	需求分析 □	概要设计 □	详细设计 □	编码测试 □	系统测试 □	安装验收 □	运行维护 □	状态	1	2	3

续表

报告人	姓名		电话	
	地址			

问题： 例行程序□　　　　程序□　　　　数据库□　　　　文档□　　　　改进□

子例行程序/子系统：	修改版本号：	媒体：
数据库：	文档：	
测试用例：	硬件：	

问题描述/影响：

附注及修改意见及建议：

表 B.5　评审成员签字表

评审小组成员	职务：	姓名：	职称：	单位	签字
	组长				
	副组长				
	成员				
	成员				
	成员				

4.6　本 章 小 结

　　本章讲述了软件质量管理的相关概念、方法和过程。软件质量工作是围绕需求和标准两大核心问题展开的，内容包括建立软件质量模型；基于质量模型中的度量指标进行检查、识别和记录；就不符合项进行沟通、改进软件产品内在质量和过程。对软件质量模型、相关度量指标以及提供度量的工具进行了介绍。从质量保证计划、软件评审、软件配置管理和质量保证等各阶段活动等几个方面讨论了软件质量保证的措施。最后，基于软件测试的重要性，专门讨论了软件测试过程管理的相关内容，包括软件测试过程模型、软件测试过程管理实践和测试过程持续改进的思路。

4.7　复习思考题

　　1. 什么是软件质量？与普通产品的质量有何不同？
　　2. 软件质量控制、软件质量保证、软件质量管理三者有什么不同？

3. 请简述 McCall 质量模型、Boehm 质量模型和 ISO 9126 质量模型的异同。

4. 请结合自己曾参与的软件项目,使用相关质量度量指标(如缺陷密度等)对自己的源代码和文档进行质量度量,并选择部分质量度量工具加以展示,观察你的开发和测试过程质量如何。

5. 请结合自己曾参与的软件项目所制定的软件质量计划,看以前有哪些方面是没有被考虑到的。

6. 请将软件评审引入到自己正在参与的软件项目活动中。

7. 请对比自己曾参与的软件项目,对照软件测试过程管理实践的相关内容,看看以往的测试过程是否进行了良好的管理,还存在哪些值得改进的地方。

第5章　软件项目团队管理

5.1　软件项目团队管理概述

项目团队是软件项目中最重要的因素,成功的团队管理是软件项目顺利实施的保证。本章将讲述软件项目团队管理的相关内容。

5.1.1　软件项目团队

项目是软件产业的普遍运作方式。对于一个软件项目而言,其开发团队是通过将不同的个体组织在一起,形成一个具有团队精神的高效率队伍来进行软件项目开发的。软件项目团队包括所有的项目相关人,项目相关人是指参与项目和受项目活动影响的人,包括项目发起人、资助者、供应商、项目组成员、协助人员、客户、使用者、甚至是项目的反对人。一个软件项目要想不失败乃至获得巨大的成功,就必须有效地管理项目团队。

与一般意义上的人力资源相比,软件项目团队具有以下的特征:(1)软件项目团队是一个临时性的团队;(2)软件项目团队是跨职能的;(3)在软件项目不同阶段中团队成员具有不稳定性;(4)软件项目团队成员具有极大的流动性;(5)软件项目团队年轻化程度较高;(6)软件项目团队属于高度集中的知识型团队;(7)员工业绩难以量化考核;(8)软件项目团队成员非常注重自我。

高效的软件开发团队是建立在合理的开发流程及团队成员密切合作的基础之上的,团队成员需共同迎接挑战、有效地订制计划、协调和管理各自的工作直至成功完成项目目标。

5.1.2　软件项目团队管理

1. 软件项目团队管理的定义

软件项目团队是由软件从业人员构成的,因而从软件项目管理诞生的时刻开始,软件项目团队管理就随之出现了,并作为软件项目管理的重要组成部分在项目管理的过程中起着非常重要的作用。

美国项目管理协会(Project Management Institute,PMI)是目前国际上两大项目管理知识体系之一。它卓有成效的贡献之一就是开发了一套项目管理知识体系——《项目管理知识体系指南》(Project Management Body of Knowledge,PMBOK),它对项目人力资源管理的定义为:最有效地使用参与项目人员所需的各项过程。人力资源管理包括针对项目的各个利益相关方展开的有效规划、合理配置、积极开发、准确评估、适当激励等方面的管理工作,目的是充分发挥各利益相关方的主观能动性,使各种项目要素尽可能地适合项目发展的需要,最大可能挖掘人才潜力,最终实现项目目标。

综合来看,软件项目团队管理就是运用现代化的科学方法,对项目组织结构和项目全体参与人员进行管理。在项目团队中开展一系列科学规划、开发培训、合理调配、适当激励等方面的管理工作,使项目组织各方面人员的主观能动性得到充分发挥,以实现项目团队的目标。

　　2.软件项目团队管理的任务

　　软件项目团队管理主要包括团队组织计划、团队人员获取和团队建设三个部分,如图 5-1 所示。

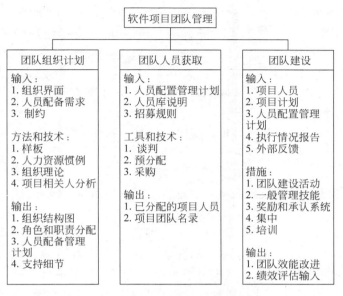

图 5-1　软件项目团队管理工作结构

　　组织计划指确定、记录与分派项目角色和职责,并对请示汇报关系进行识别、分配和归档。人员获取是指获得项目所需的并被指派到项目的人力资源(个人或集体)。团队建设,既包括提高利害关系者作为个人做出贡献的能力,也包括提高项目团队作为集体发挥作用的能力。个人的培养(管理能力与技术水平)是团队建设的基础。团队的建设是项目实现其目标的关键。

　　3.软件项目团队管理的重要性

　　软件项目团队管理是软件项目管理中至关重要的组成部分,它是有效地发挥每个参与项目人员的作用的过程。对人员的配置、调度安排贯穿整个软件开发过程,人员的组织管理是否得当,是影响软件开发项目质量的决定性因素。如果企业希望在软件开发项目上获得成功,就需要认识到项目人力资源管理的重要性,了解项目人力资源管理的知识体系及范畴,并将有效的管理理论和方法引入项目管理的过程中,充分发挥项目人员的积极性与创造力来实现企业的目标。

5.2　软件项目组织计划编制

5.2.1　项目组织计划编制概述

　　软件项目的组织计划编制可以参照传统项目的组织计划编制方法。在大多数软件项目中,组织计划大部分是在最早的项目阶段编制的。然而,应在整个项目过程中定期审查这一过程的结果,以保证其连续的适用性。如果初始的组织编制不再有效,应及时修正。

1. 项目组织计划编制的输入

组织计划编制主要包括以下几个方面:(1)项目界面;(2)人员配备需求;(3)制约。

2. 组织计划编制的方法和技术

组织计划编制的方法和技术主要包括以下几个方面:(1)样板;(2)人力资源惯例;(3)组织理论;(4)项目相关人分析。

3. 组织计划编制的输出

组织计划编制的输出主要包括以下几个方面:(1)组织结构图;(2)角色和责任分配;(3)人员配备管理计划;(4)支持细节。

软件项目组织结构设计和项目角色与职责分配是项目组织计划编制的主要内容。

5.2.2　项目团队的角色分类

软件开发团队中的每个成员在项目中充当着不同的角色,典型的项目角色一般有以下几种。

1. 软件项目经理

软件项目经理作为软件企业最基层的管理人员,负责分配资源、确定优先级、协调与客户之间的沟通,尽量使项目团队一直集中于实现正确的目标。项目经理还要建立一套工作方法,以确保项目工作的完整性和质量。这就要求项目经理拥有领导、决策、组织、控制和创新等方面的能力。

2. 系统分析员

在一个研发项目中,系统分析员主要从事需求获取和研究的工作。他们是项目中业务与技术间的桥梁,其工作是通过与客户进行交流,了解客户的业务以及客户对系统的需求和期望,围绕新的系统,协助客户建立新的业务流程。然后,根据新的业务流程,设计系统的功能,编写软件需求说明书,详细描述系统的功能。最后,利用各种手段和方法,使客户理解即将建立的系统,并予以确认。担任系统分析员的人员应该善于简化工作、善于协调,并且具有良好的人际沟通和书面沟通技巧。担任系统分析员的人必须具备业务和技术领域知识,需要熟悉用于获取业务需求的工具,同时还要掌握引导客户描述出需求的方法。

3. 系统设计员

系统设计员的工作是根据软件需求说明书进行构架设计、数据库设计和详细设计,负责在整个项目中对技术活动和工件进行领导和协调。构架设计要确立每个构架视图的整体结构,视图的详细组织结构、元素的分组以及这些主要分组之间的接口。数据库设计工作包括定义表、索引、视图、约束条件、触发器、存储过程、表空间或存储参数,以及其他在存储、检索和删除永久性对象时所需的数据库专用结构。详细设计则是详细定义系统每一个功能的实现方式和方法。

4. 软件开发人员

负责按照项目所采用的标准来进行单元开发与测试,开发人员依据数据库设计和详细设计进行单元模块的代码编写和测试,然后将各单元模块集成到更大的子系统中。项目研发团队的开发人员需要能够迅速并准确地理解系统设计员的设计文档,并能快速地进行代码开发和单元测试。

5. 系统测试人员

测试系统设计员是测试中的主要角色,该角色负责对测试进行计划、设计、实施和评估。测试人员依据系统分析员编写的软件需求文档和系统设计员编写的软件设计文档来编写测试计划和测试案例,然后测试人员根据测试计划和测试案例对开发人员提交的经过初步单元测试的系统进行各种更严格的测试,最后形成测试报告并反馈给开发人员进行修改。

6. 软件配置管理人员

负责策划、协调和实施软件项目的正式配置管理活动的个人或小组。

7. 质量保证人员

负责计划和实施项目质量保证活动的个人或小组,以确保软件开发活动遵循软件过程标准。

5.2.3　项目角色与职责分配过程

定义和分配工作的过程是在项目启动阶段开始运作的,该过程是重复进行的。一旦项目组决定了采用的技术方法,他们将建立一个工作分解结构图(WBS)来定义可管理的工作要素。接着,指定活动定义,进一步确定 WBS 中各个活动所包含的工作,最后一步就是指派工作。

图 5-2 给出了定义和分配工作的一个框架。这个过程包括四个部分:(1)确定项目要求;(2)定义工作如何完成;(3)把工作分解为可管理的部分;(4)制定工作职责。

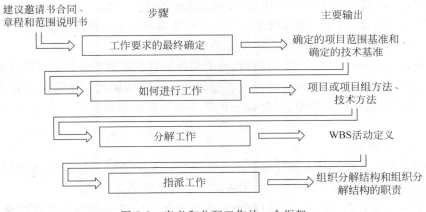

图 5-2　定义和分配工作的一个框架

项目经理和项目组将工作分解为可管理的要素之后,项目经理就可以将工作分配到各个组织单位。项目经理分配工作任务通常是根据组织的哪个部门合适做这项工作,他们还常使用组织分解结构来构思这个过程。OBS(组织分解结构)就是一种特殊的组织结构图,它建立在一般组织结构图的基础上,根据公司各部门的具体单元或者子公司的组织单元将一般组织结构图再进行更详细地分解。

在建立了 OBS 之后,项目经理还要建立一个责任分配矩阵(RAM)。RAM 就是将 WBS 中的每一项工作指派给 OBS 中的执行人而形成的一个矩阵。对于大型项目,可在不同层次上编制责任分配矩阵。

5.2.4　项目组织结构设计

自从 20 世纪 80 年代以来,项目管理被运用于软件行业并大获成功。但软件开发环境的不断变化,如外包的盛行和管理理念的更新、供应链管理等对项目管理提出了新的要求,同时项目管理的内容也日趋丰富。如何将各项内容通过项目的组织结构建设来协调统一,并保证项目的顺利进行也是一项重要的课题。

在前面介绍的组织计划编制的基础上,此处将讲述软件项目组织结构的设计。同样,软件项目组织结构的设计也可以参照传统的项目组织。

1. 项目组织结构定义

项目的组织结构,是具体承担某一项目的全体职工为实现项目目标,在管理工作中进行分工协作,在职务范围、责任、权力方面所形成的结构体系。

这一定义说明:

(1) 组织结构的本质是员工的分工协作关系。

(2) 设计组织结构的目的是为了实现项目的目标。所以,组织结构是实现项目目标的一种手段。

(3) 组织结构的内涵是人们在职、责、权方面的结构体系。所以,组织结构又可简称为权责结构。这个结构体系的内容主要包括:

- 职能结构,即完成项目目标所需的各项业务工作及其比例和关系。
- 层次结构,即各管理层次的构成,又称为组织的纵向结构。
- 部门结构,即各管理部门的构成,又称为组织的横向结构。
- 职权结构,即各层次、各部门在权力和责任方面的分工及相互关系。

2. 软件项目的基本组织结构及其比较

软件项目组织的结构决定了项目管理班子实施项目获取所需资源的可能方法与相应的权力,不同的项目管理组织结构对项目的实施会产生不同的影响。在理论上有许多项目组织结构,但在实际的项目管理中,主要有三种基本的项目组织形式——直线型、职能性和矩阵形。

1) 直线型组织结构

直线制是组织各级领导人员凭借自己的知识经验和能力亲自履行管理职能,按隶属关系直线指挥所属部下和单位的工作,并逐级向上全权负责的组织形式。

直线型组织最大的优点在于可以防止多重指令和防止双头管理现象的出现,对于一个部门来说可以避免出现接收多个相互矛盾指令的情况。

2) 职能性组织结构

在职能性组织结构中,工作部门的设置是按照专业职能和管理业务来划分的,职能性组织结构和线性组织结构具有不同的特点。

职能性组织结构由于按职能进行专业分工,管理工作部门对管理的专业范围负责,专业化程度高,业务领导关系清楚,有利于发挥职能部门的专业管理作用和专业管理专长;专业化管理和专业化领导水平高,能适应生产技术发展和间接管理复杂化的特点。但如果多维指令产生冲突,则将使得下级部门无所适从,容易造成管理混乱。出现问题以后责任又难以分清楚,造成人人有份,但又人人无责任的局面,不利于责任制度的建立。同时,如果指令来自不同的管理层面,接受指令的部门往往是谁的职位高就听谁的,容易形成家长制的组织形态。

3) 直线型组织职能结构

把上述两种组织结构的优点结合起来,可以形成一个新的结构,这就是直线型组织职能结构。它是在职能组织结构的基础上引入线性组织结构在命令源上的单一性和一致性的优点,可以防止组织中出现矛盾的指令,同时,在保持线性指挥的前提下,在各级领导部门下设置相应的职能部门,分别从事各项专门的业务。

职能部门只起到业务上的指导作用,并不具有直接命令指挥的权力,只能是作为各级领导的参谋或者在授权下进行相关的活动。工作职能部门可以拟定计划、制作行动方案、提供解决问题的方法,为领导部门的决策服务,并最终由领导部门决策后批准下达。通常,职能部门都会由线性结构的领导部门授予一定的控制权和协调权,对下属部门的专业业务进行一定的控制。

这种项目的组织结构对项目管理也有不利之处,如不利于项目目标的控制。因为各职能部门的经理往往首先考虑本部门的利益,所以使得项目的协调往往会比较困难。直线型组织职能结构将项目支解后置于各个职能部门之中,再由职能部门的负责人来协调处理,其专业分工和管理的优点是现代企业发展所必需的,因而许多其他的项目组织结构都吸收了其合理的一面,通过强调目标控制和界面管理来保证项目的实施。

4) 矩阵形组织结构

传统的直线型组织结构模式已难以适应现代软件项目管理上的需要,矩阵形组织结构越来越受到软件行业的重视,并得以研究应用。矩阵形组织结构将组织的工作部门分成两大类,一类按纵向设置,另一类按横向设置,两者结合形成一个矩阵。

矩阵形组织结构的主要特点是按两大类型设置工作部门。正因为如此,矩阵形组织结构的命令源是非线性的,出现了两条指挥线和一个交叉点,因而在矩阵形组织结构中,必须明确横向管理部门和纵向管理部门各自负责的工作和管理内容。要确定某一工作的主体负责部门,即应确定以纵向管理部门为主,还是横向管理部门为主,否则容易造成责任不清、双重指挥的混乱局面。因此,矩阵组织能有效运作的关键在于两大职能部门的协调,两类职能部门的分工应明确。

矩阵形组织结构是一种比较适合项目管理的组织结构,项目经理可以负责项目的总体工作,有权调动企业的各种力量为实现项目目标而集中精力工作。项目部门是临时的,完成任务以后就可以撤销,并不打乱原来的职能部门及其隶属关系,具有较大的机动性和灵活性。这种结构加强了各职能部门之间的横向联系,便于信息沟通。组织内部有两个协调层次:首先,由项目负责人和职能部门的负责人进行协调,当问题无法解决时可以由更高层的领导进行协调或处理。根据矩阵形组织的特点,它能更好适合规模比较大的软件项目产品的开发过程。

5) 三种组织结构的优缺点及比较

对于现有的项目管理,没有一种组织是万能的,不论是职能化组织、项目化组织、线性化组织还是不同的矩阵化组织,都各有其长处和不足。

直线性组织结构特点:反应迅速灵活;运营成本较低;指令唯一且责任明确;低正规化和高度集权度的结构会导致高层信息超载;随着规模的扩大制定决策变得非常缓慢;高

层经理会陷入日常经营活动中而无法做好长期性的资源配置工作。

职能性组织形式特点：在人员利用上有较大的弹性和适应性；个别专家可被不同项目利用；部门中的专家可以被组织起来共享知识和经验；在个别人离开项目甚至上级组织时仍可以保持技术上的延续性；职能部门有自己的常规工作,这些工作常常优先于项目考虑,客户常被忽略；职能部门中没有一个人对项目全权负责,不能引起对项目的高度责任感；协调性差；不易形成对项目的系统化管理系统。

矩阵形组织形式特点：项目管理强调的重点是,项目经理个人负责管理项目以保证项目在规定费用之内按期完成；由于项目组织覆盖于职能部门之上,因此人力资源管理方便,且项目可充分利用职能部门的技术优势；对客户反应迅速；项目决策权力需要在项目组织和职能部门两者之间平衡从而会带来一定困难；多个项目之间优化项目目标是矩阵制的一个优点但也由此带来项目之间的资源竞争从而互相影响；由于项目人员至少有两个上级(项目经理和职能部门经理),所以才容易造成上级命令的不统一,从而带来管理上的混乱。

在实际应用中,软件项目采用何种组织形式需要考虑项目的不同情况。项目的目标、项目所处的环境、项目的规模都会对项目组织结构的选择产生影响。当然,三种不同的项目管理组织形式对项目也会产生不同的影响。

5.3　软件项目团队人员的获取

通过组织计划编制过程决定了软件项目所需的人员之后,需要做的就是确定如何在合适的时间获得这些人员。

5.3.1　项目经理的确定

确定与指派项目经理是项目启动阶段的一个重要工作。项目经理是项目组织的核心和项目团队的灵魂,将对项目进行全面的管理。他的管理能力、经验水平、知识结构、个人魅力都对项目的成败起着关键的作用。项目经理的工作目标是负责项目保质保量按期交付。在项目决策过程中,项目经理不仅要面对项目班子中有着各种知识背景和经历的项目管理人员,又要面对各利益相关方以及客户。

对项目经理的主要要求包括：在本行业中某一技术领域中具有一定权威,技术要过硬；任务分解能力强；注重对项目成员的激励和团队建设,能良好地协调项目小组成员之间的关系；具备较强的客户人际关系能力；具有很强的工作责任心,能够接受经常加班的要求；应更注重管理方面的贡献,胜过作为技术人员的贡献。

5.3.2　项目团队人员的确定

在项目经理确定之后,项目经理就要与公司相关人员一起商讨如何通过招聘流程获取项目所需的人力资源。这种招聘过程可以是面向内部员工,也可以是面向社会人力资源。对软件项目团队中成员的主要要求包括：具备特定岗位所需的不同技能,这可能是设计、编码、测试、沟通等能力；适应需求和任务的变动；能够建立良好的人际关系,与小组中其他成员协作；能够接受加班的要求；认真负责、勤奋好学、积极主动、富于创新。

很有影响力并富有谈判技巧的项目经理往往能很顺利地让内部员工参与到他的项目中来。当然,组织必须能确保分配到项目工作的员工是最适合项目需要的,同时也要确保分配给他的工作是最能发挥他技术特长的。在大多数情况下,可能得不到"最好"的资源,但项目团队必须确保获得的资源满足项目的需要。当执行组织缺少完成项目所需的内部人员时,需要执行对外招聘流程以获取项目开发所需的人员,这些项目成员可能是全职、兼职或流动的,他们的工作目标是保质保量地完成项目经理赋予对应岗位的工作任务并报告任务进度。

5.4　软件项目团队建设

5.4.1　软件项目团队的组建

软件项目团队的组建工作包括:团队成员的到位和搭建项目组内部的组织结构、角色分配和任务分工。团队规划主要有:人数要求、技术能力要求、业务能力要求以及各类人员的比例。需要强调的是必须明确技术能力和业务能力的要求,以及各类人员是否需要通过培训以达到技术能力或业务能力的要求。

即使成功地招募了很熟练的人员参加项目,也必须保证让他们组成一个团队一起工作以实现项目目标。许多项目都有不少非常有才能的员工,但项目要获得成功必须依靠整个团队的努力。组建项目团队需要将项目目标确立为团队的共同目标,按照项目任务明确角色的任务分配。有效的团队应该具备良好的内外沟通关系,能够做到彼此之间相互支持。

在组建优秀的项目团队时,项目经理的作用十分重要。项目经理对项目进行全权管理,对项目目标的实现负有全部的责任,他所扮演的角色起到的作用对项目而言是至关重要的,是任何人都难以取代的。Boehm 在他的《软件工程经济学》一书中指出:一支领导能力出色、管理水平上乘的程序员和分析员队伍的生产效率是一般队伍的四倍。这个结论证明了领导才能和项目管理技能对取得高效软件开发成果的重要性,没有有效的项目管理就不会有项目的成功,而没有合格的项目经理就不会有高效的团队,就不会有软件开发项目的成功。图 5-3 所示为 Microsoft Windows 2000 的开发团队和 Web Matrix 开发团队的组建情况。

◇ Windows 2000 开发团队		◇ Web Matrix 开发团队	
⇩ 内部 IT	50	⇩ 程序经理	2
⇩ 市场人员	100	⇩ 开发组长/架构师	1
⇩ 文档人员	100	⇩ 开发人员	7
⇩ 本地化人员	110	⇩ 测试组长	1
⇩ 培训人员	115	⇩ 测试人员	13
⇩ 程序经理	450	⇩ 合计	24
⇩ 技术支持人员	600		
⇩ 技术传播人员	1120		
⇩ 开发人员	900		
⇩ 测试人员	1800		
⇩ 合计	5345		

图 5-3　微软项目开发团队举例

使合适的人才加入到项目中来只是项目团队建设的第一步。项目经理还必须懂得怎样用人,并且留住人才,为以后的项目开发工作打下良好的基础。软件开发项目组的主要成员是具有一定专业知识的技术人员,为了更好地发挥这些人员的作用,项目的管理人员应遵守以下几个原则:(1)人尽其才;(2)公平原则;(3)透明原则;(4)给项目成员提供尽可能多的培训机会;(5)正确处理人力资源的风险问题。

除了遵循上述用人原则,尽量做好人员稳定的工作外,以较低的代价进行及早的预防是降低这种人员风险的基本策略。具体来说可以从以下几个方面对人员风险进行控制:(1)保证开发组中全职人员的比例,且项目核心部分的工作应该尽量由全职人员来担任,以减少兼职人员对项目组人员不稳定性的影响;(2)建立良好的文档管理机制;(3)加强项目组内技术交流;(4)对于项目经理,可以从一开始就指派一个副经理在项目中协同项目经理管理项目开发工作,如果项目经理退出开发组,副经理可以很快接手,一般只建议在项目经理这样高度重要的岗位采用这种冗余制的策略来预防人员风险,否则将会大大增加项目成本;(5)为项目开发提供尽可能好的开发环境。

5.4.2 团队合作

团队意识就是团队成员为了团队的整体利益和目标而相互合作、共同努力的意愿与作风。其内涵主要包括以下几个方面:(1)在团队与其成员的关系方面,团队意识表现在团队成员对团队的强烈归属感与一体感;(2)在团队成员之间的关系上,团队意识表现为成员间的相互协作从而形成有机的整体;(3)在成员对团队的事务上,团队意识表现为团队成员对团队事务的尽心尽力和全方位投入。

培养了团队成员的团队意识,还要遵循团队合作的指导方针来促进团队合作。这些指导方针如表 5-1 所示。

表 5-1 团队合作的指导方针

团 队 领 导	团 队 成 员
作为一名团队领导,我将:	作为一名团队成员,我将:
(1) 避免团队目标向政治问题妥协	(1) 展示对于个人角色和责任的真实理解
(2) 向团队目标显示个人的承诺	(2) 展示目标和以事实为基础的判断
(3) 不用太多优先级的事物冲淡团队的工作	(3) 和其他团队成员有效地合作
(4) 公平、公正地对待团队成员	(4) 使团队目标优先于个人目标
(5) 愿意面对和解决与团队成员不良表现有关的问题	(5) 展示投身于任何项目成功所需的努力的愿望
(6) 对来自员工的新思维和新信息采取开放的态度	(6) 愿意分享信息、感受和产生适当的反馈
	(7) 当其他成员需要时给予适当的帮助
	(8) 展示对自己的高标准要求
	(9) 支持团队的决策
	(10) 展示直接面对重要问题的勇气和信念
	(11) 以为团队的成功奋斗的方式体现带头作用
	(12) 对别人的反馈做出积极的反映

5.4.3 团队成员激励

激励是用人的艺术,它通过研究人的行为方式和需求心理来因势利导地激发人的工作热情,改变人的行为表现,提高个人或组织绩效。

　　软件项目团队中,激励是组织成员个人需要和项目需要的结合。一方面必须考察了解项目成员的需要,进行有针对性的激励;另一方面,必须符合项目发展的需要,进行有目的的激励。马斯洛把人的需求分为五个层次:生理需要(衣、食、住等)、安全需要(稳定、身体安全、经济安全)、社交需要(亲情、友情、归属感)、尊重需要(地位和自我尊重、认可和感激)、自我实现需要。对于软件人员这类知识型员工来说,他们是位于这个层次体系中的最高层,是追求自我实现需要的群体,学习机会、创造是对他们主要的激励因素。对于企业来讲,软件企业的成长需要员工不断学习、永远创新,并且进行充分的团队合作。

5.4.4　团队的学习

　　团队学习是提高团队绩效,保持其先进性的重要举措,也是项目开发团队成员及其所在组织的共同需要。

　　软件行业是一个知识迅速更新、开发过程难以管理的高科技行业,对员工进行培训,让他们学习到新的知识具有非常重要的意义。培训不仅可以给公司带来巨大的经济效益,也能够提高员工的自身能力,所以,在这个不学习就会被社会淘汰的时代,员工希望通过自己努力的工作不断战胜自己,也希望自己的组织能够给予支持,以实现其职业目标和职业规划。所以,培训也是提高员工工作热情和效率的重要一环。还可以采用学习型组织的形式来进行学习。所谓学习型组织,是指通过培养弥漫于整个组织的学习气氛、充分发挥员工的创造性思维能力而建立起来的一种有机的、高度柔性的、扁平的、符合人性的、能持续发展的组织。这种组织具有持续学习的能力,具有高于个人绩效总和的综合绩效。

5.4.5　软件项目团队成员绩效评估管理

　　绩效评估的根本目的是为了完善工作,为了员工更好地发展。按照绩效评估的目的划分,绩效评估可分为以下几种类型:奖金分配评估;提薪评估;业绩评估;人事评估;职务评估;晋升评估。

　　晋升考核是企业人事考核中最重要的工作。晋升工作关系着企业干部队伍的形成,关系到企业发展前途,历来为企业高度重视。晋升评估也是对职工的全面评价。

　　绩效评估遵循以下原则:(1)公开性原则;(2)客观、公正原则;(3)及时反馈原则;(4)敏感性原则,又称区分性原则;(5)可行性原则;(6)多层次、多渠道、全方位评价的原则;(7)绩效评估经常化、制度化的原则。

5.5　案　例　分　析

　　以微软项目团队管理案例为例。微软是软件行业的巨头,通过对成功与失败教训的不断总结,微软形成了一种经过实践证明极为有效的、科学的软件开发项目团队的组建模型(以下简称“微软团队模型”)。通过对该模型的探讨可以总结出其在成功的项目组中组织人力资源、安排工作任务的基本原则和方法,该模型定义了项目组内的角色分工、任务分配和人员职责,并为项目组成员提供了有关在项目生命周期中如何实现特定目标的指导性建议。

实际的软件开发项目应借鉴这个模型,建立有利于项目成功实现的开发团队。

微软团队模型可以描述为:项目组都是小型的、多元化的团队(在微软,即便是那些大型项目组,也都依照类似原则组建,从逻辑上仍可以被划分为若干个小型的团队),这些项目组拥有严格的产品发布期限,项目组成员分工协作、各司其职,扮演着相互依赖、相辅相成的不同角色,共同完成项目的开发工作。项目组成员在特定的技术或业务领域具有专业技能,在统一的项目指导思想指引下,他们对各自的工作目标负责,每一个成员都参与项目的设计和讨论,并从过去的项目实践中吸取经验。项目组成员在同一地点办公,共同管理项目过程、制定相关决策。

微软团队模型的成功之处在于它明确了项目的组队角色和项目的目标,并在角色和目标之间建立了一一对应的关系。同时它充分利用了小型项目组的优势。

5.5.1　MSF 团队角色和责任分配

在 MSF(微软解决方案框架)团队小组内部,每个角色通过对小组本身负责(也对他们各自所属的组织负责)实现该角色的质量目标。在这种意义上,每个角色都对最终解决方案质量的一部分负责。小组成员之间共同承担职责(根据不同小组角色指派)。角色之间是相互依赖的,有以下两个原因:首先,就其必要性而言,把每个角色的工作分隔开是不可能的;其次,出于优先的原因,如果每个角色都了解全局情况,那么小组的效率会更高。这种相互的依赖性会鼓励小组成员对由他们负责的直接区域以外的工作做出评论和贡献,以确保小组所有的知识、能力和经验能够被应用到解决方案里。项目的成功属于所有的小组成员,他们共同分享一个成功的项目所带来的荣誉和回报,他们也同时希望,即使是一个不太成功的项目,也能做到全心投入并从中吸取教训以完善他们的专长。

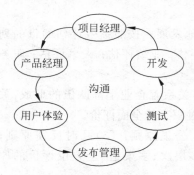

图 5-4　MSF 团队组建模型

根据 MSF 团队组建模型可以将项目组中的所有职能划分为六种角色,分别是产品管理角色、项目管理角色、开发角色、测试角色、用户体验角色和发布管理角色,如图 5-4 所示。

这六种项目角色处于对等的项目组结构中,各自完成特定的职能。在六种角色构成的环形结构里,沟通占据了核心地位,这是因为交流和沟通是促使六种角色协同工作、共同完成项目目标的关键因素。所有成功的项目组都拥有顺畅的内部和外部沟通渠道。项目组成员之间、项目组与客户之间、项目组与其他项目组之间都能够随时保持信息的正常交流和反馈。

5.5.2　微软项目团队结构

微软项目团队结构是以“三驾马车”架构为核心的矩阵式组织结构,其中体现了一种三权分离的思想。微软的项目团队由程序经理、开发组、测试组组成。团队成员各司其职,充分沟通,开发出符合用户需求的高质量产品。项目开始,由程序经理到开发组、测试组选择相应的成员,组成开发团队,程序经理对团队成员没有领导权,所有成员的领导权还是在各个团队中。当程序经理发现开发人员工作有问题的时候会提交问题到开发组进行解决,当在同一层面上问题无法进行达成一致的时候,可以将问题上升到产品单元总经理。

图 5-5 所示的组织结构图反映微软项目团队组织中的层级关系、隶属关系、汇报关系。在组织结构图中上下级之间的管理和汇报关系是最重要的部分。而在 MSF 模型中,六个角色的定义并未给出角色之间的隶属、管理或者汇报关系,项目组内的各个角色之间是对等、协作的关系,相互配合、共同完成项目目标。

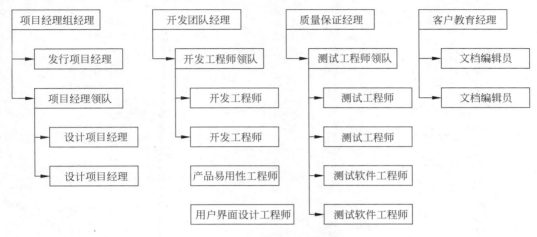

图 5-5　微软团队模型的结构

5.5.3　微软 VSTS 工具

VSTS(Visual Studio Team System)是一套高生产力的、集成的、可扩展的生命周期开发工具,它扩展了 Visual Studio 产品线,增强了软件开发团队中的沟通与协作。利用 VSTS,开发团队能够在开发过程的早期以及在整个开发过程中确保更高的可预见性和更好的质量。使用 VSTS,微软可以帮助不同的软件开发小组开发更健壮的软件系统。

5.6　本 章 小 结

本章讲述了软件项目团队管理的概念、特点、过程、方法及其在软件项目管理中的作用与重要性。软件项目团队管理主要包括团队组织计划、团队人员获取和团队建设三个部分。软件企业是知识密集型的技术企业,其有没有市场竞争力、能否快速发展,关键在于是否拥有一支具有高素质的软件人才队伍。本章最后介绍了微软团队管理的 MSF 团队角色、产品开发团队结构并介绍了 Windows 2000 开发团队的案例和 VSTS 团队开发和管理工具。

5.7　复习思考题

1. 什么是软件项目团队? 它与其他企业的人力资源有什么不同?
2. 什么是软件项目团队管理? 它是怎样出现的?

3. 软件项目团队管理主要包括哪些方面？

4. 简述如何进行软件项目的组织计划编制。

5. 在软件项目中,对项目经理有哪些要求？

6. 团队的学习对团队的建设有哪些作用？

7. 学习完微软项目团队管理案例后,你有哪些收获？

第6章 软件项目需求管理

6.1 软件项目需求管理概述

软件开发的目标是按时按预算开发出满足用户真实需要的软件。一个项目的成功依赖于有效的需求管理。有资料表明,在所有影响项目成败的因素中,有关需求的因素占到了37%,如图 6-1 所示。这表明需求管理的好坏是项目成败的关键所在。

需求是一个软件项目的开始阶段。在软件工程中,需求分析阶段是包括客户、用户、业务或需求分析员、开发人员、测试人员、用户文档编写者、项目管理者和客户管理者在内的所有的风险承担者都需要参与的阶段。软件需求分析处理不好将会导致误解、挫折以及潜在的质量和业务价值上的风险,甚至导致项目失败,因此,合理完善的需求管理是软件项目管理中的重要环节。

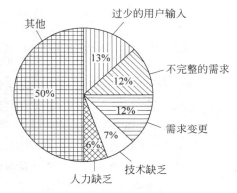

图 6-1 影响软件项目成败的因素

6.1.1 需求定义

通俗来说,软件需求是指用户对软件的功能和性能的要求,就是用户希望软件能做什么事情,完成什么样的功能,达到什么样的性能。

IEEE 软件工程标准词汇表(1997 年)中将需求定义为:

(1) 用户解决问题或达到目标所需的条件或权能(Capability)。

(2) 系统或系统部件要满足合同、标准、规范或其他正式规定文档所需具有的条件或权能。

(3) 一种反映(1)或(2)所描述的条件或权能的文档说明。

IEEE 公布的需求定义包括从用户角度(系统的外部行为),以及从开发者角度(一些内部特性)来阐述需求。软件需求包括以下几个层次:业务需求(Business Requirement)、用户需求(User Requirement)和功能需求(Functional Requirement),也包括非功能需求、软件需求规格说明(Software Requirements Specification,SRS)等,软件需求各组成部分之间的关系如图 6-2 所示。

业务需求反映了组织结构或客户对系统、产品高层次的目标要求,它们在项目视图与范围文档中予以说明,由管理人员或市场分析人员确定软件的业务需求。用户需求文档描述了用户使用产品必须要完成的任务,这在用例(Use Case)文档或场景(Scenario)中予以说明,所有的用户需求必须与业务需求一致。功能需求通过用户需求来决定软件需要做什么,它定义了开发人员必须实现的软件功能,使得用户能够明确他们所要完成的任务,从而满足

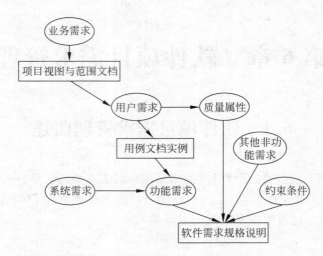

图 6-2　软件需求各组成部分关系

业务需求。而开发人员则依据功能需求设计并实现软件产品。在软件需求规格说明中说明的功能需求充分描述了软件系统所应具有的外部行为。软件需求规格说明在开发、测试、质量保证、项目管理以及相关项目功能中都起了重要的作用。软件需求规格说明还包括非功能性需求，它除了描述了系统展现给用户的行为和提供的操作等方面的内容，还描述了产品必须遵从的标准、规范和合约，用户界面的具体细节，性能要求，设计或实现的约束条件以及质量属性。这里所说的约束是指对开发人员在软件产品设计和构造上的限制。

　　软件项目中用户、风险承担者和软件开发人员所关注的需求并不总是一致的，这是由于用户、风险承担者和软件开发人员具备不同的专业背景。通常用户或风险承担者只了解本行业的技术知识和业务，他们需要软件开发人员去开发能满足他们业务需要的软件系统。而开发人员必须了解业务需求和用户需求，并能够将业务需求和用户需求转换为软件需求。

6.1.2　需求类型

　　在 UP(统一过程)中，软件需求是根据"FURPS+模型"来分类的，其中 FURPS 的含义如下所示。

- Functional(功能性)：特性、能力和安全性。
- Usability(可用性)：人性化因素、帮助和文档。
- Reliability(可靠性)：故障周期、可恢复性和可预测性。
- Performance(性能)：响应时间、吞吐量、准确性、有效性和资源利用率。
- Supportability(可支持性)：适应性、可维护性、国际化和可配置性。

"+"是指下列一些辅助性的和次要的因素。

- Implementation(实现)：资源限制、语言和工具、硬件等。
- Interface(接口)：为外部系统接口所加的约束。
- Operations(操作)：系统操作环境中的管理。
- Packaging(包装)：提供什么样的部署、移交"介质"和形式等。
- Legal(授权)：法律许可、授权或其他有关法律上的约束。

根据"FURPS＋对软件需求的分类"来管理软件需求对软件项目来说是非常有帮助的，它能帮助软件开发人员与软件项目风险承担者更充分地考虑项目各方面的需求，从而减少由此带来的风险。

在上述的需求类型中，可用性、可靠性、性能、可支持性合在一起统称为质量属性或质量需求。在平常的应用中，软件需求主要分为功能需求和非功能需求；功能需求规定了软件系统必须提供和执行的功能，因此是最主要的需求；非功能需求是一些约束条件，一般是对实际使用的环境的约束和要求。性能要求、可靠性要求、安全要求等都属于非功能性需求。从项目管理角度看，我们也可以把软件需求分为功能需求、性能需求、环境需求、资源使用需求、成本消耗需求、开发进度需求、现实约束、预先估计以后系统可能达到的目标等。

6.2　需求开发和管理过程

需求工程，也叫做需求过程或需求阶段，包括需求开发和需求管理，它们所涉及的具体工作如图 6-3 所示。

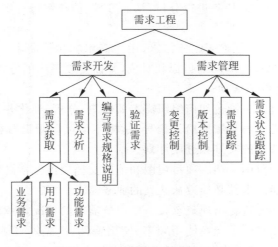

图 6-3　需求过程所涉及的工作

需求开发包括需求获取、需求分析、编写需求规格说明、验证需求四个阶段，在这四个阶段执行以下活动：

- 确定产品所期望的用户类。
- 获取每个用户类的需求。
- 了解实际用户任务和目标以及这些任务所支持的业务需求。
- 分析源于用户的信息以区别业务需求、功能需求、质量属性、业务规则。
- 分解需求，并将需求中的一部分分配给软件组件。
- 了解相关属性的重要性。
- 划分实施优先级。
- 编写需求规格说明和创建模型。

- 评审需求规格,验证对用户需求的正确理解和认识。

需求管理是一种用于查找、记录、组织和跟踪系统需求变更的系统化方法,可用于获取、组织和记录系统需求并使客户和项目团队在系统需求变更上保持一致。有效的需求管理在于维护清晰明确的需求阐述、每种需求类型所适用的属性,以及与其他需求和其他项目工件之间的可追踪性。需求管理活动包括:

- 定义需求基线。
- 评审需求变更并评估每项需求变更对软件产品的影响从而决定是否实施它。
- 以一种可控制的方式将需求变更融入当前的软件项目。
- 让当前的项目计划和需求保持一致。
- 估计变更所产生的影响并在此基础上协商新的约定。
- 实现通过需求可跟踪对应的设计、源代码和测试用例。
- 在整个项目过程中跟踪需求状态及其变更情况。

6.2.1 需求获取

需求获取的主要目的是从宏观上把握用户的具体需求方向和趋势,了解现有的组织架构、业务流程、系统环境等,对任务进行分析,从而开发、捕获和修订用户的需求,以建立良好的沟通渠道和方式。

前面讨论了需求的三个层次:业务需求、用户需求和功能需求。在项目中它们在不同的阶段有不同的来源,也有着不同的目标和对象,并需要以不同的方式编写文档。

需求获取需要执行以下活动:

- 确定需求开发过程。确定如何组织需求的收集、分析、细化并核实的步骤,并编写相应的文档。对重要的步骤要给予指导,这样不但可以帮助分析人员的工作,而且还便于收集需求活动的安排和进度计划。
- 编写项目视图和范围文档。项目视图和范围文档应该包括高层的产品业务目标,所有的用例和功能需求都必须遵从达到的业务需求。
- 获取涉众请求。为避免出现疏忽某一用户群需求的情况,要对可能使用产品的客户分组。不同的用户群可能在使用频率、使用特性、优先等级或熟练程度等方面都有所差异。因此,详细描述出不同用户群需求的个性特点以及任务状况会有助于软件产品设计。
- 选择每类用户的产品代表。为每类用户至少选择一位能真正代表他们需求的人作为那一类用户的代表,并负责做出决策。对于产品开发,要在主要客户或测试者间建立良好的合作关系,并确定合适的产品代表。被确定的用户必须一直参与项目的开发而且有权做出决策。
- 建立典型的、以用户为核心的队伍。召集使用同类产品或要开发的产品的以前版本的用户代表,通过这些用户代表收集当前产品的功能需求和非功能需求。这样的核心队伍对于产品开发尤为有用,因为你拥有一个庞大且多样的客户基础。核心队伍成员与产品代表的区别在于,核心队伍成员通常没有决定权。
- 让用户代表确定用例。通过用户代表收集他们使用软件所完成任务的描述(通常通过用例来描述),讨论用户与系统间的交互方式和对话要求。在编写用例的文档时可采用标准模板,在用例的基础上可得到功能需求。

- 召开应用程序开发联系会议。应用程序开发联系(JAD)会议是范围广的、简便的专题讨论会(Workshop),也是分析人员与客户代表之间一种很好的合作途径,并能由此拟出需求文档的底稿。JAD 会议通过紧密而集中的讨论得以将客户与开发人员间的合作伙伴关系付诸实践。
- 分析用户工作流程。观察用户执行业务任务的过程。通过示意图(比如数据流图)来描绘在什么时候用户得到什么数据,并且如何使用这些数据。编制业务过程流程文档将有助于明确产品的用例和功能需求。
- 确定质量属性和其他非功能需求。除功能需求外,分析人员还需考虑非功能的质量特点,这会保证产品满足甚至超过客户的期望。这些特点包括性能、安全性、有效性、可靠性、可用性、可扩展性等,而客户在这些质量属性上提供的信息相对来说就更为重要了。

6.2.2　需求分析

需求分析包括提炼、分析和仔细审查已收集到的需求,为最终用户所看到的系统建立一个概念模型以确保所有的风险承担者都明白其含义并找出其中的错误、遗漏或其他不足的地方。分析员通过评价来确定是否所有的需求和软件需求规格说明都达到要求。

需求是与技术无关的。在很多情况下,分析用户需求是与获取用户需求并行的,主要通过建立模型的方式来描述用户的需求,为客户、用户、开发方等不同参与方提供一个交流的渠道。通常把需求中的一部分用多种形式来描述,比如同时用文本和图形来描述。分析这些不同的视图以便找到一些更深层次的问题或是被忽略的问题。分析还包括与客户的交流以澄清某些易混淆的问题,并明确哪些需求更为重要。其目的是确保所有风险承担者尽早地对项目达成共识并对将来的产品有个相同而清晰的认识。分析用户需求应该执行以下活动:

- 绘制系统关联图。这种关联图是用于定义系统与系统外部实体间的边界和接口的简单模型。同时它也明确了通过接口的信息流和物质流。
- 创建用户接口原型。当开发人员或用户不能确定需求时,开发一个用户接口原型,可以使得许多抽象的概念和可能发生理解歧义的事情更为直观明了。用户通过评价原型将使项目参与者能更好地相互理解所要解决的问题。力求找出需求文档与原型之间所有冲突之处。
- 分析需求可行性。在允许的成本、性能要求下,分析每项需求实施的可行性,明确与每项需求实现相联系的风险,包括与其他需求的冲突、对外界因素的依赖和技术障碍。
- 确定需求的优先级别。应用分析方法来确定使用实例、产品特性或单项需求实现的优先级别。以优先级为基础确定产品版本将包括哪些特性或哪些需求。当允许需求变更时,在特定的版本中加入每一项变更,并在那个版本计划中做出需要的变更。
- 为需求建立模型。需求的图形分析模型是对软件需求规格说明极好的补充说明。它们能提供不同的信息与关系以有助于找到不正确的、不一致的、遗漏的和冗余的需求。这样的模型包括数据流图、实体关系图、状态变换图、对话框图、对象类及交互作用图。通过原型、页面流或其他方式为用户提供可视化的界面,以方便用户对需求做出自己的评价。

- 建立数据字典。数据字典是对系统用到的所有数据项和结构进行定义,以确保开发人员使用统一的数据定义。在需求阶段,数据字典至少应定义客户数据项,以确保客户与开发小组使用一致的定义和术语。
- 使用质量功能调配。质量功能调配(QFD)是一种高级系统技术,它将产品特性、属性与对客户的重要性联系起来。该技术提供了一种分析方法以明确用户最关注的特性。QFD 将需求分为三类:期望需求,即客户或许未提及,但若缺少了会让他们感到不满意的需求;普通需求;兴奋需求,即实现了会给客户带来惊喜,但若未实现也不会受到责备的需求。

6.2.3 需求规格说明

软件需求规格说明用于阐述一个软件系统必须提供的功能和性能以及它所要考虑的限制条件。它不仅是系统测试和用户文档的基础,也是所有子系列项目规划、设计和编码的基础。它应该尽可能完整地描述系统预期的外部行为和用户可视化行为。除了设计和实现上的限制,软件需求规格说明不应该包括设计、构造、测试或工程管理的细节。对软件项目中已经确定的需求进行清晰的、无二义性的描述,形成准确的文档将极大地有利于确保软件产品的质量。

软件需求规格的编制是为了使用户和软件开发者双方对软件的初始规定有一个共同的理解,使之成为整个开发工作的基础。软件需求分析人员必须编写从使用实例派生出的功能需求文档,还要编写产品的非功能需求文档,包括质量属性和外部接口需求。需求分析完成的标志是提交一份完整的软件需求规格说明书(SRS)。

软件需求规格说明作为产品需求的最终成果必须包括所有的需求,开发者和客户不能做任何假设。如果任何所期望的功能需求或非功能需求未被写入软件需求规格,那么就说明它将不能作为协议的一部分并且不能在产品中出现。

在开发人员的组织中要为编写软件需求文档定义一种标准模板。该模板为记录功能需求和其他各种与需求相关的重要信息提供统一的结构。其目的并非是创建一种全新的模板,而是采用一种已有的、且可满足项目需要并适合项目特点的模板。许多组织一开始都采用 IEEE 830-1998(IEEE 1998)描述的需求规格说明书模板。模板对于需求规格说明是很有用的,但有时要根据项目特点进行适当的改动。软件需求规格说明的一般结构如表 6-1 所示。

表 6-1 需求规格说明模板

	1	2	3	4	5	6
a. 引言	目的	文档约定	预期的读者和阅读建议	产品的范围	参考文献	
b. 综合描述	产品的前景	产品的功能	用户类和特征	运行环境	设计和实现上的限制	假设和依赖附录
c. 外部接口需求附录	用户界面附录	硬件接口	软件接口	通信接口		

续表

	1	2	3	4	5	6
d. 系统特性	说明和优先级	激励/响应序列	功能需求			
e. 其他非功能需求	性能需求	安全设施需求	安全性需求	软件质量属性	业务规则	用户文档
f. 其他需求						
g. 附件	词汇表	分析模型	待确定问题的列表			

6.2.4 需求验证

验证是为了确保需求说明准确、无二义性并完整地表达系统功能以及必要的质量特性，在项目设计和开发之前验证需求能大大减少项目后期的返工现象。需求验证要求客户代表和开发人员共同参与，对提交后的需求规格说明进行验证，分析需求的正确性、完整性以及可行性等。需求验证中的活动一般包括：

- 审查需求文档。对需求文档进行验证，第一，要验证需求的正确性。开发人员和用户都进行复查，以确保用户需求完备与准确，找出需求文档中的理解偏差。第二，要验证需求的一致性。一致性是指用户需求与其他软件需求或高层（系统和业务）不相矛盾。也就是要保证需求没有任何冲突和含糊的部分。第三，要验证需求的可行性。虽然需求是与技术无关的，但在需求验证阶段必须考虑用户提出的需求是否在技术上可行。每一项需求都必须是在已知系统环境和现有技术的范围内可以实施的。当用户提出的需求在现有技术和环境下无法实现时，开发人员要与用户进行良好的沟通，说服用户采用可行的方案。第四，验证需求的完整性。找出需求文档中的遗漏，用 TBD（待确定）作为标准标志来标识这项遗漏，在项目进入开发阶段以前，必须解决需求中所有的 TBD 项。第五，验证需求的可跟踪性。为每项软件需求与它的来源和设计元素（例如用例）、源代码、测试用例之间建立链接，这种可跟踪性要求每项需求以一种结构化的、粒度好的方式编写并单独标明，而不是冗长的叙述。
- 以需求为依据编写测试用例。根据用户需求的产品特性写出测试用例，检查每项需求是否都能通过测试用例达到期望的要求，还需要从测试追溯回功能需求以确保需求的完整性、一致性以及正确性。
- 编写用户手册。在需求开发早期可以起草一份用户手册作为需求规格说明的参考并辅助需求分析。
- 确定合格的标准。让用户描述什么样的产品才算满足他们的要求并适合他们使用，将合格的测试建立在使用情景描述或用例的基础上。
- 最后的签字。当用户认可需求文档后，要求用户签字，确定需求通过验证。

6.2.5 需求变更管理

在软件项目开发过程中，经常会因为用户对系统的了解，或是业务水平的提高，而对开发方不断提出新需求,因此需求变更是不可避免的。需求变更可以发生在软件项目的任何阶段,并且可能会对项目产生负面影响,所以有效的需求变更管理是保证项目成功的关键因素之一。

需求变更管理是项目管理中非常重要的一项工作。有效的需求变更管理对变更带来的潜在影响及可能的成本费用进行评估。变更控制委员会与关键的项目风险承担者要进行协商,以确定哪些需求是可以变更的。同时在开发阶段和测试阶段都应跟踪每项需求的状态。需求变更管理中的活动一般包括:

- 确定需求变更控制过程。确定在需求变更控制过程中选择、分析和决策需求的工作流程,所有的需求变更都遵循此过程。
- 建立需求变更控制委员会。组织一个由项目风险承担者组成的小组作为需求变更委员会,由委员会成员确定哪些是需求变更,分析并评估需求变更,并根据评估做出决策以确定选择哪些、放弃哪些,以及设置需求实现的优先级并实施版本控制。
- 进行需求变更影响分析。评估每项需求变更,分析需求变更对现有系统和项目计划的影响,明确变更任务,估计工作量和实现优先级。
- 建立需求基准版本和需求控制版本文档。确定一个需求基准,以确定哪些是需求变更,哪些不是。之后的需求变更遵循变更控制过程即可。每个版本的需求规格说明都必须是独立说明,以避免混淆基准版本和新旧版本。
- 维护需求变更的历史记录。记录变更需求文档版本的日期以及变更的内容、原因、更新的版本号等。
- 跟踪每项需求的状态。建立一个数据库保存每一项功能需求的重要属性,通常包括需求的状态(如已推荐的、已通过的、已实施的,或已验证的)。
- 跟踪所有受需求变更影响的工作产品。当某项需求变更时,参照需求跟踪记录找到相关的其他需求、设计模板、源代码和测试用例,这些相关部分也需要被修改。
- 衡量需求稳定性。记录基准需求的数量和每周或每月的变更(添加、修改、删除)数量、过多的需求变更是一个报警信号,意味着问题并未真正弄清楚,项目范围并未很好地确定下来或是策略变化很大。

在需求管理过程中可引入需求管理工具来帮助管理需求,第 6.5 节会详细介绍需求管理工具如何帮助开发人员管理需求。

6.2.6 可测试性需求

大部分人认为,需求分析主要是从用户角度来展开,与技术无关。但随着软件工程的不断发展,人们意识到,需求是需要通过软件测试来验证的。因此,需求的可测试性是一个非常重要的方面。如何确保需求的可测试性,往往需要测试人员参与到需求分析活动中来,在此特别对可测试性需求做简要的介绍。

软件可测试性需求一般包括如下内容:

- 面向产品的可测试性需求,以提高产品的缺陷检测定位和隔离能力。
- 面向软/硬件验证测试的可测试性需求,为方便软/硬件验证测试而提出,直接影响测试开发和测试执行的难易程度。

- 面向生产测试的可测试性需求,为方便生产测试,提高生产测试效率而提出。

在不同的开发阶段,可测试性需求的内容不同,下面分别对产品测试、系统联调、系统验证测试、在线测试这几个阶段的可测试性需求进行说明。

1. 产品测试阶段的可测试性需求

1) 硬件模块及部件的调试与测试的可测试性需求

其关键在于能否提供方便的调试手段和支持调试测试的工具接口,来支持模块及部件的单独调试与测试,主要考虑的内容有:

- 提供支持模块独立运行所必需的信号输入和输出接口数据。
- 提供信号和数据流的自环和自给设计。
- 提供模块和部件的离线加载功能。
- 提供模块和部件的自测试设计。
- 提供测试仪器和工具的测试接口或兼容性设计。
- 提供直观的调试结果信息上报监控。

2) 软件模块的调试与测试的可测试性需求

其关键在于设置测试控制序列、状态观测点和输入输出机制的需求,主要考虑的内容有:

- 方便控制软件模块的调试与测试,即软件模块调试测试控制点的选择和测试序列导入机制的设计。
- 方便观察软件模块的调试与测试,即软件模块调试测试观察点的选择和输出机制设计。
- 软件产品特性的可测试性需求,即方便测试产品的具体特性。
- 软件公共可测试性需求,如操作系统中的内存管理。
- 软件构建可测试性需求,如跟踪机制、记录机制、测试接口需求等。

2. 系统联调阶段的可测试性需求

其关键点是能提供方法来暴露问题、发现问题、定位故障原因、解决问题及验证解决效果,主要内容有:

- 测试数据源设计。
- 业务和控制数据流的监控和变更设计。
- 子系统和模块的故障分段及定位设计。
- 子系统和模块的自测试设计。
- 测试仪器和工具的测试接口或兼容性设计。
- 测试结果的记录、分析和结果上报的设计。

3. 系统验证测试阶段的可测试性需求

其关键点在于系统验证测试的各种测试项目能否方便地实现、出现问题后是否可以快速定位,主要内容有:

- 系统业务功能测试的可实现性和方便性。
- 性能测试与定位瓶颈的可实现性和方便性。
- 系统告警功能验证测试的可实现性和方便性。
- 系统容错、压力负载测试的可实现性和方便性。

- 协议跟踪与验证测试的可实现性和方便性。

4. 在线测试的可测试性需求

该阶段主要考虑的内容包括测试数据源设计、测试监控即测试结果的记录、分析和上报设计。

6.3　需求获取方法

在实际项目开发过程中,用户是根据自己的业务流程要求系统实现哪些功能,而这些要求并不是软件需求,开发人员必须根据用户的需求分析定义软件需求。而且有些时候,用户自己并不清楚需要系统实现哪些功能,这时需要开发人员去引导用户发现遗漏需求。因此如何保证获取到的需求能满足用户需要,获取到的需求没有偏离用户需求,需求获取方法是至关重要的。本节将介绍几种常用的需求获取技巧。

6.3.1　访谈和调研

和用户进行访谈和调研通常是适用于任何环境下的最重要的、最直接的方法之一。访谈的一个主要目标是确保访谈者的偏见或主观意识不会干扰自由的交流。但要做到这一点并不容易,每个人所处的环境和积累的经验不同,常常会受到主观意识的干扰从而难以真正地理解其他人的观点。因此如何避免理解偏差是做好需求获取的关键。解决这个问题最好的方法是关注用户问题的本质而不考虑对应这些问题有什么可能的解决方案。Gause 和 Weinberg 引入了一个概念——"环境无关问题"。"环境无关问题"就是不涉及任何背景的问题,例如:谁是用户? 谁是客户? 他们的需求不同吗? 哪里还能找到对这个问题的解决方案? 这种提问方式能迫使开发人员去聆听客户的问题,让开发人员更好地理解客户的需要和在这些问题后隐藏的其他问题。

在寻找尚未发现的需求的过程中,如果开发人员得到了这些环境无关问题的答案,他们便可以将重点转移到制定初步的解决方案上。在制定初步的解决方案的过程中,开发人员可能会从中得到新的启示,会从另一个角度去看问题,这也是有助于找到未发现的需求的。

一般,通过几次这样的访谈,开发人员和系统分析员就能获得一些问题域中的知识,对要解决的问题有进一步的理解。这些用户需求将帮助开发人员最终获得软件需求。

6.3.2　专题讨论会

专题讨论会是一种可用于任何情况下的软件需求调研方法。该方法不受场景和时间的限制,是最有效的获取需求的方法。专题讨论会的目的是鼓励软件需求调研并且在很短的时间内对讨论的问题达成一致。通过进行专题讨论会,主要的风险承担者将在一段短而集中的时间内聚集在一起进行讨论,通常是一天或两天。专题讨论会一般由开发团队的成员主持,主要讨论系统应具备的特征或者评审系统特性。

专题讨论会前的准备工作是能否成功地举行会议的关键。首先,组织内部应该形成统一的观念,即进行专题讨论会是必要的。因为希望把组织中各部门的风险承担者聚集在一起开会并不是一件容易的事情,必须让他们都明白专题讨论会的重要性。其次,要确定风险承担者在确定了参加会议的风险承担者后要再次检查确认没有遗漏其他人。然后,准备会议资料,将会议通知和会议资料发给参加会议的所有成员,让与会者根据这些会议材料准备会议。最后,选择会议主持人,通常会议主持人都在开发团队成员中产生。

6.3.3 脑力风暴

脑力风暴是一种对于获取新观点或创造性的解决方案而言非常有用的方法。第 6.3.2 节介绍了通过专题讨论会获得需求的方法。在专题讨论会上,除了重新回顾已经确定的产品特征外,还为开发人员提供了机会去获取新的输入并将这些新特征和已有的特征结合起来一起分析。这个过程能帮助找出尚未发现的需求,因此开发人员要确保已经完成了所有的输入,同时覆盖了所有的风险承担者的需求。通常,专题讨论会的一部分时间是用于进行脑力风暴,找出关于软件系统的新想法和新特征。

脑力风暴包括两个阶段:想法产生阶段和想法精化阶段。在想法产生阶段的主要目标是尽可能获得新的想法,关注想法的广度而不是深度。而在想法精化阶段的主要目标是分析在前一阶段产生的所有想法。想法精化阶段包括筛选、组织和划分优先级、扩展、分组、精化等。

在想法产生阶段,所有的风险承担者聚集到一起,主持人将要讨论的问题分发给每个参与会议的人,同时给每一个人一些白纸用于记录讨论过程中的观点或自己的观点。然后会议主持人解释进行脑力风暴过程中的规则并清楚而准确地描述会议目的和过程目标。然后,会议主持人让与会者将自己的想法说出来并记录下来。所有与会者将集中讨论这些想法,并给出相关的新想法和意见,然后将这些想法和意见综合起来。在讨论过程中必须特别注意避免批评或与其他人争论,以免影响与会人发言的积极性。另外,在讨论过程中,提出问题的人必须要把他的想法记录下来。当与会人员写下所有的想法后,会议主持人将这些想法收集起来,并将这些想法列出来供参加会议的人员讨论。

当想法产生阶段结束后,就进入了想法精化阶段。在这个阶段,第一步是要筛选出值得讨论的想法。会议主持人首先将简要描述每一个想法,然后表决这个想法是否被纳入系统要实现的目标。第二步是划分问题,就是在讨论过程中将相关的问题分为一组。相关的问题将被集中在一起。可为不同分组定义类型,例如你可以把问题分为新特性、性能问题、加强特性、用户界面、友好性问题等。这些分类应关注于系统的功能和支持不同类型用户的方式。例如,对货物的运送服务,特性应该按以下几个方面分类:包裹运送管理、客户服务、市场和销售、网上服务、付款方式、运输管理等。第三步就是要定义特征。当确定了问题后,要简单描述这些问题,这些简单描述要能清楚说明问题的实质,使所有参与讨论的人员对每一个问题有共同的理解。对这些问题的简单描述过程就是定义特征。表 6-2 描述了如何为脑力风暴中确定的问题定义系统特征。第四步是评价特征。在需求获取阶段,产生的想法仅仅是个目标,实现在以后的开发阶段才会完成。评价特征——选择最佳方案可以通过评分的方式来决定。参加会议的人员可以为每一个会议上讨论确定的系统特征进行评分,对每一个特征的评价可分为三个部分"必要性、重要性和优越性"。

表 6-2　脑力风暴中为确定的问题定义系统特征(名称太长)

应用程序	脑力风暴中确定的特征	系统特征定义
家用自动照明系统	自动照明设置	用户可以制定每天自动照明的时间计划,系统将按时间计划触发照明事件
任务管理系统	代理任务通知	当用户将自己的任务代理给其他人时,系统自动发送 E-mail 通知将接手该任务的人

6.3.4　场景串联

场景串联的目的是为了尽早从用户那里得到用户对建议的系统功能的意见。通过场景串联方法,开发人员可以在软件生命周期的前期就能得到用户反映,通常是在开发代码前,有时甚至是在需求确定前就能得到用户反映。场景串联提供了用户界面以说明系统操作流程,它容易创建和修改,能让用户知道系统的操作方式和流程。当用户不明确需要系统实现什么功能或者不能预见系统问题的解决方案时,一个简单的系统原型就可能获得用户的需求。这是因为场景串联将系统的操作流程展示给用户,用户能以这个系统原型为依据确定哪些功能没有,哪些功能是不需要的,哪些操作流程不对。场景串联能用于了解系统需要管理的数据、定义和了解业务规则、显示报表内容和界面布局,是及时获得用户反馈的一种较好的方法。

通常,根据与用户交互的方式,场景串联被分成三种模式:静态的场景串联、动态的场景串联以及交互的场景串联。静态的场景串联是指为用户描述系统的工作流程。这些文档包括草图、图片、屏幕快照、PowerPoint 演示或者其他描述系统输入输出的文档。在静态的场景串联中,系统分析员扮演系统的角色,将根据用户的业务流程向用户演示系统的工作流程。动态的场景串联是指以电影放映的方式让用户看到系统动态的工作步骤。动态的场景串联以动画的形式展现给用户,来描述系统在一个典型应用或操作场景下的系统行为。一般使用自动的场景幻灯片演示,或使用动画工具和 GUI 记录脚本等工具来生成动态的场景串联文件。交互场景串联需要用户参与,是指让用户接触系统,让用户有一种真实使用系统的感觉。交互场景串联中展示给用户的系统不是要交付给用户的系统,而是一个模拟系统,即与最后交付系统很接近的系统原型。

选择提供哪种场景串联是根据系统的复杂性和需求缺陷的风险来确定的。一般而言,对于没有先例可参考并且包含抽象定义的系统可能要求多种场景串联,以加强用户对系统功能的了解。在软件开发中,场景串联最常用于确定人机交互方式的细节方面。

6.4　需求分析建模方法

软件需求管理需要对需求进行分析,构建系统模型来描述系统所具有的功能和特性。用户通过模型来验证需求的分析是否正确,是否有所遗漏,将要完成的系统是否能满足业务需要。常用的建模方法有用例分析方法、原型分析方法、结构化分析方法、功能列表方法等,本节将对其中常用的几种方法做简单介绍。

6.4.1　用例分析方法

1. 用例分析方法简介

在实际工作中,软件需求分析者通常利用场景或经历来描述用户和软件系统的交互方式,并以此来获取软件需求。Jacobson(UML 创始人之一)把这种方法系统阐述为使用用例进行需求获取或建模。使用用例的分析方法来源于面向对象的思想。

用例分析方法最大的特点在于面向用例,在对用例的描述中引入了外部角色的概念。一个用例描述了系统和一个外部角色的交互顺序,表示一个动作序列的定义。外部角色可以是一个具体使用系统的人,也可是外部系统或其他一些与系统交互实现某些目标的实体。它是用户导向的,用户可以根据自己所对应的用例来不断细化自己的需求。另外,通过使用用例还可以让测试人员方便地得到测试用例。通过建立测试用例和需求用例的对应关系,测试人员能够方便统计测试结果,评估软件质量。

2. 用例分析方法运用的相关技术

用例需求分析常常采用 UML(Unified Modeling Language,统一建模语言)技术,UML是一种面向对象的建模语言。UML 表述的内容能被各类人员所理解:客户、领域专家、分析师、设计师、程序员、测试工程师、培训人员等。他们能通过 UML 充分地理解和表达自己所关注的那部分内容。UML 用于描述模型的基本词汇包括三种:要素、关系和图。其中定义的图有九种,包括用例图、类图、对象图、状态图、序列图、协作图、活动图、构件图和实施图。使用这九种图就可以描述世界上任何复杂的事物,这就充分地显示了 UML 的多样性和灵活性。

6.4.2　原型分析方法

原型法是在 20 世纪 80 年代中期为了快速开发系统而推出的一种开发模式,旨在改进传统的结构化生命周期法的不足,缩短开发周期,减少开发风险。原型法的理念是:在获取一组基本需求之后,快速地构造出一个能够反映用户需求的初始系统原型,让用户看到未来系统的概貌,以便判断哪些功能是符合要求的,哪些方面还需要改进,不断地对这些需求进行进一步补充、细化和修改,依次类推,反复进行,直到用户满意为止并由此开发出完整的系统。以下将简单介绍原型法的基本思想、基本步骤、关键成功因素。

对原型的基本要求包括:体现系统主要的功能;提供基本的界面风格;展示比较模糊的部分以便于确认或进一步明确;原型最好是可运行的,至少在各主要功能模块之间能够建立相互连接。原型可以分为以下三类。

- 淘汰(抛弃)式(Disposable):目的达到即被抛弃,原型不作为最终产品。
- 演化式(Evolutionary):系统的形成和发展是逐步完成的,它是高度动态迭代和高度动态的循环,每次迭代都要对系统重新进行规格说明、重新设计、重新实现和重新评价,所以是对付变化最为有效的方法。
- 增量式(Incremental):系统是一次一段地增量构造,与演化式原型的最大区别在于增量式开发是在软件总体设计基础上进行的。很显然,其应付变化的能力比演化式差。

原型法的基本思想是确定需求策略,是对用户需求进行抽取、描述和求精。它快速地、迭代地建立最终系统工作模型,对问题定义采用启发的方式,由用户做出响应,实际上是一种动态定义技术。原型法被认为,对于大多数企业的业务处理来说,需求定义几乎总能通过建立目标系统的工作模型来很好地完成,而且这种方法和严格定义方法比较起来,成功的可能性更大。

利用原型法进行软件需求分析的过程,可分四步进行:首先快速分析,弄清用户/设计者的基本信息需求;其次构造原型,开发初始原型系统;再次,用户和系统开发人员使用并评价原型;最后,系统开发人员修改和完善原型系统。

一般来说,采用原型法后可以改进需求质量,虽然投入了较多先期的时间,但可以显著减少后期变更的时间。原型法投入的人力成本代价并不大,但可以节省后期成本,对于较大型的软件来说,原型系统可以成为开发团队的蓝图。它的适用情况为:(1)用户需求不清,管理及业务不稳定,需求经常变化;(2)规模小,不太复杂;(3)开发信息系统的最终用户界面。

6.4.3　结构化分析方法

结构化分析方法(Structured Method,结构化方法)是强调开发方法的结构合理性以及所开发软件的结构合理性的软件开发方法。结构是指系统内各个组成要素之间的相互联系、相互作用的框架。结构化分析方法是一种自顶向下逐层分解、由粗到细、由复杂到简单的求解方法。"分解"和"抽象"是结构化分析方法中解决复杂问题的两个基本手段。"分解"就是把大问题分解成若干个小问题,然后分别解决。"抽象"就是抓住主要问题忽略次要问题,集中精力先解决主要问题。

结构化的分析方法的基本步骤为:(1)需求分析;(2)业务流程分析;(3)数据流程分析;(4)编制数据字典。

结构化分析方法的优点与局限性有以下几个。(1)结构化分析方法简单、清晰,易于学习掌握和使用。(2)结构化分析的实施步骤是先分析当前现实环境中已存在的人工系统,在此基础上再构思即将开发的目标系统,这符合人们认识世界改造世界的一般规律,从而大大降低了问题的复杂程度。目前一些其他的需求分析方法,在该原则上是与结构化分析相同的。(3)结构化分析采用了图形描述方式,用数据流图为即将开发的系统描述了一个可见的模型,也为相同的审查和评价提供了有利的条件。(4)所需文档资料数量大。使用结构化方法,必须编写数据流图、数据字典、加工说明等大量文档资料,而且随着对问题理解程度的不断加深或者用户环境的变化,这套文档也需不断修改,这样修改工作是不可避免的。然而这样的工作需要占用大量的人力物力,同时文档经反复修改后,也难以保持其内容的一致性,虽然已有支持结构化分析的计算机辅助自动工具(如前面介绍过的 PSL/PSA)出现,但要被广大开发人员掌握使用,还有一定困难。(5)不少软件系统,特别是管理信息系统,是人机交互式的系统。对交互式系统来说,用户最为关心的问题之一是如何使用该系统,如输入命令、系统相应的输出格式等,所以在系统开发早期就应该特别重视人机交互式的用户需求。但是,结构化分析方法在理解、表达人机界面方面是很差的,数据流图描述和逐步分解技术在这里都发挥不了特长。(6)结构化分析方法为目标系统描述了一个模型,但这个模型仅仅是书面的,只能供人们阅读和讨论而不能运行和试用,因此在澄清和确定用户需求方面能起的作用毕竟是有限的。从而导致用户信息反馈太迟,对目标系统的质量也有一定的影响。

　　综上所述,结构化分析方法是有效的,但和其他软件方法一样,结构化分析方法也不是完美无缺的,它有许多局限性。我们应该领会结构化分析方法的基本思想,结合实际开发过程的特点和差异进行灵活运用,才有可能较好地完成系统分析任务。

6.5　需求管理工具

　　随着软件系统广度以及复杂程度的增加,传统手工组织需求管理的方法日益暴露出诸多问题,越来越不能满足软件需求管理的要求。市场上出现了许多的商业需求管理工具,其中具有代表性的包括 CaliberRM、DOORS、RTM、Rational RequisitePro 等。这些工具虽然不能代替项目组从用户那里收集正确的软件需求,也没有对项目组需求阶段的工作流程进行定义或者限制,但是它们可以简化需求分析管理的过程,促进项目开发组成员的交流,最终提高软件需求管理的效率和质量。这些工具可以提供以下需求管理功能:

- 从原有需求文档中导入需求以及需求的属性。
- 可以根据要求,定制导出需求文档。
- 储存相应需求以及需求属性。
- 检索和查阅相关需求内容。
- 管理需求的变更,进行版本和基线管理。
- 根据需求之间的关联关系,分析需求变更的影响。
- 与其他软件生命周期工具集成,如设计、编码、建模和测试工具。
- 在项目管理中,可以跟踪需求的状态。
- 对需求设置访问控制和操作权限控制。
- 提供需求组成员之间的交流手段。

1) Rational RequisitePro

Rational RequisitePro 是 Rational 公司开发的一个需求管理工具。它帮助团队管理系统或应用程序的变更请求、确定这些变更请求的优先级并对其进行跟踪和控制。

2) Borland Caliber

Borland Caliber 是一个企业解决方案,能协助企业在整个应用软件产品生命周期中发现、定义并管理软件需求。Caliber 系列产品是为了确保完成与精确定义软件需求,能使所有风险承担者通过组织有效地合作,以确保项目能在预算内按时交付。使用 Caliber 可以捕获虚拟的场景,而且 Caliber 采用了一种容易理解的通用语言来描述这些虚拟场景,这样用户和开发人员都能进行有效的沟通。场景来源于实际应用,为所有风险承担者提供了一种方式去检查是否有遗漏或含糊的需求,以便重新精化并验证软件需求,避免后期由于需求缺陷带来的返工和大量的返工开销。一旦需求验证通过后,测试用例,BPMN 和 UML 设计就能被生成,极大地提高了软件开发的速度和准确性。最后,使用 Caliber 可以在整个项目生命周期内管理和跟踪需求,方便软件开发团队评估影响并及时响应不断变化的需求而不会危及到整个项目的成功。

　　需求开发人员在运用需求管理工具管理需求的同时还需要其他相关工具的支持,这些工具的使用使得需求管理更加准确、规范,需求开发人员的工作量也随之减少。下面对几种运用广泛的相关工具做简单介绍。

1) Rational Rose

Rational Rose 是分析和设计面向对象软件系统的、强大的可视化建模工具,可以用来先建模系统再编写代码,从而一开始就保证系统结构的合理性。利用模型可以更方便地捕获设计缺陷,从而以较低的成本修正这些缺陷。

2) Rational XDE

Rational XDE(eXtended Development Environment,扩展的开发环境)是 IBM Rational 产品系列中用于软件开发的工具平台。Rational XDE 合并了软件分析、设计、程序开发以及自动化测试,并以 IBM WebSphere Studio Workbench Eclipse 的一个 IBM 的商业实现,它除了拥有 Eclipse 的可扩展框架外,还具有很多 IBM 开发的商业功能)或 Microsoft Visual Studio . NET 作为基础平台。Rational XDE 使用户能够流畅地完成软件的分析、设计、编码和测试的工作,而无需使用其他开发工具。Rational XDE 有两个版本,一个是支持 JAVA/J2EE 软件开发的 Rational XDE for JAVA 版本,另一个是支持微软 . NET 平台软件开发的 Rational XDE for . NET 版本。

IBM Rational XDE Developer 是新一代的可视化建模工具,它是对传统 IDE 开发工具的扩展,使用户能够在同一种开发环境下进行建模和编码工作,因此避免了在建模工具和 IDE 工具之间的切换。对于目前没有 IDE 开发环境的用户,它提供了内置的 IBM Eclipse IDE;对于已经使用 IBM WebSphere Studio Application Developer 的用户,它又可以被无缝地嵌入到 WSAD 开发环境中。对于. NET 的开发人员,XDE 也支持 Microsoft Visual Studio. NET 开发环境。XDE 为软件开发人员提供了一种模型驱动的开发方法,用于快速地开发应用程序。

3) Rational ClearCase

Rational 公司推出的软件配置管理工具 ClearCase 主要用于 Windows 和 UNIX 开发环境。ClearCase 提供了全面的配置管理功能——包括版本控制、工作空间管理、建立管理和过程控制,而且无需软件开发者改变他们现有的环境、工具和工作方式。ClearCase 支持全面的软件配置管理功能,给那些经常跨复杂环境(如 UNIX、Windows 系统)进行复杂项目开发的团队带来巨大效益。此外,ClearCase 也支持广泛的开发环境,它所拥有的特殊组件已成为当今软件人员开展开发和管理工作的必备工具。ClearCase 的先进功能直接解决了原来开发团队所面临的一些难以处理的问题,并且通过资源重用使开发团队开发出的软件更加可靠。在当今日益激烈的市场竞争中,ClearCase 作为规范的软件配置管理工具,能完全满足软件开发人员的需求,同时也完善了软件开发的科学管理。

6.6　案例分析

以上介绍了需求开发和需求管理的过程和方法,本节以 HRMS(Human Resource Manage System)系统为例,介绍需求的开发和管理过程。

6.6.1　案例背景

HRMS 是为制造领域某跨国企业开发的人力资源管理系统。该系统的建立将极大方便企业的日常人事管理。该项目的目标是开发一个 B/S 结构的 Web 应用程序,用于管理人事信息、福利信息、培训信息以及雇用信息以替代该企业以前使用的人力资源系统。要求新系统能和其他已有系统(例如工资系统和财务系统)无缝结合,并确保原系统和新系统能方便地进行数据移植。

6.6.2　需求开发

1. 需求获取

在本项目需求调研阶段,参与需求阶段的用户包括该总公司 ISS 部门以及人力资源部门的员工。在第 6.2 节中介绍过,需求获取过程中,需要了解客户方的所有用户类型以确定系统整体目标和系统工作范围。通过与用户进行会议的方式进行访谈和调研,以了解用户所需系统的工作流程。由于原人力资源系统与企业的其他系统之间需要进行交互,所以除了访问人力资源部门的人员外,还必须找出其他使用人力资源系统的潜在用户以了解需求。例如需要清楚财务系统和工资系统要从人力资源系统中获取哪些信息,因此潜在的用户还包括财务部门的员工。此外,通过了解该公司原有的人力资源系统能帮助开发人员定义系统与边界系统的接口,而这些信息一般使用系统的用户并不清楚,此时就需要与 ISS 部门的人员进行交互讨论。所有会议上记录的文档和系统资料都必须保存下来并做进一步的分析和整理。在此阶段,需求开发人员应该尽可能全面、准确地开发出用户对系统的要求。

通过分析,将系统的基本需求简单描述如下:该系统包括员工管理、员工培训管理、员工福利管理、招聘管理和报表五个主要功能模块。员工管理子模块负责维护员工信息、评估员工工作能力、维护员工技能信息、按项目要求的技能查找合适的员工、比较员工现有技能和项目要求的技能、推荐员工参加培训以达到项目要求等工作。培训管理子模块负责实现管理培训课程、计划培训、申请培训、参加培训、培训考核、培训评估、整个培训流程的自动化管理。员工福利管理子模块负责维护员工各类假期(如年假、病假、婚假等)、管理员工订阅杂志、管理员工的公费医疗。招聘管理负责申请发布职位、申请职位、查看申请状态、处理职位申请等工作。当然,这些只是系统需求的一个相当简单的描述,对于系统的开发,这些描述是远远不够的。

将这些需求分类列表,并给用户提交一份文档,能帮助系统分析设计人员更加清楚地掌握用户对系统在各个方面的需求。同时由于客户将审核需求,及时地发现需求遗漏和双方在需求理解上的区别,通过及时的修改,能帮助系统开发人员更好地掌握系统需求,避免开发时出错。表 6-3 是 HRMS 系统中的需求依据"FURPS＋模型分类"的列表,在此同样由于篇幅关系只给出了一小部分内容。

2. 需求分析

通过需求获取阶段得到的信息来定义 Glossary。接下来的工作就是建立业务模型确定系统中的角色和 Use Case,得到 Glossary 文档和 Use Case 调研文档。

本项目将原型分析方法和用例分析方法相结合来进行需求分析。以用例分析方法为主,对于每个 Use Case,创建用户接口说明文档和 Use case 报告,同时建立这个用例的原型。下面介绍需求分析的相关工作。

表 6-3　HRMS 系统中的需求分类

需求分类	编号	系统典型需求
功能需求 (Functional)	1	招聘人员：用户可以通过系统招聘人员
	2	申请职位：Web 用户可以填写信息申请职位
	3	查看职位申请信息：Web 用户可以查看职位申请信息
	4	处理职位申请：管理员可以处理职位申请
	5	修改申请人信息：管理员可以修改申请人的信息
		……
可用性 (Usability)	1	对于熟悉公司原系统的用户而言，新系统应易于操作
	2	系统应支持 Internet 环境
	3	系统应向用户提供在线指南
		……
可靠性 (Reliability)	1	系统应该在任何时间都能工作，若出现故障，必须要在一个小时之内修复
	2	系统应能支持用户在指定的时间备份资料
		……
性能需求 (Performance)	1	管理系统必须支持公司内部员工和 Web 用户的同时访问，并且支持同时在线人数不低于 100 人
	2	系统的响应时间不超过 4 秒
		……
安全性需求 (Security)	1	支持多用户访问系统
	2	一般用户只能查看和修改自己的信息，不能查看其他人的信息
	3	公司的下级员工不能查看上级员工的信息
	4	公司的上级员工可以查看下级员工的信息而不能修改
		……
可支持性 (Supportability)	1	系统采用 B/S 结构，用户可以通过 Internet 访问系统
	2	培训系统可以在所有流行的浏览器(如 Navigation 或 IE)上正常显示
		……

1) 定义角色

此系统的角色定义如图 6-4 所示。

其中各个角色描述如下：

- 角色 1：员工(Employee)。HRMS 中的主要用户，他拥有合法的用户 ID 和密码。
- 角色 2：雇用经理(Hiring Manager)。在本部门招聘过程中完成招聘任务的员工。
- 角色 3：部门经理(Department Manager)。一个部门的负责人，他管理部门的大部分事务。
- 角色 4：上级(Superior)。上级是个动态角色，一个员工的直接领导称为上级，上级可以像经理或其他领导一样处理很多事务。
- 角色 5：分区经理(Division Manager)。分区经理是部门经理的直接上级。
- 角色 6：运行官(Operation Head)。运行官是一个操作单元的负责人。
- 角色 7：申请人(Applicant)。所有在招聘模块提出申请职位的人都称为申请人。

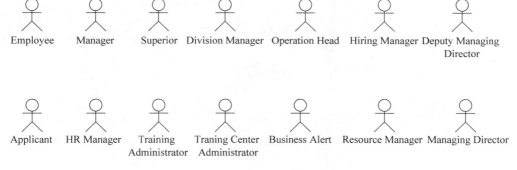

图 6-4　HRMS 中的角色

- 角色 8：人力资源经理（HR Manager）。人力资源经理是人力资源部的负责人。他在系统中通常是申请的批准者。
- 角色 9：培训经理（Training Administrator）。培训经理负责培训事务。
- 角色 10：培训中心经理（Training Center Administrator）。培训中心经理负责培训中心中与培训课程相关的工作。

还有一些角色在此就不一一介绍了。

2）用例分析

在定义了角色后，要对系统中的角色与用例建立模型来描述角色与用例之间的关系。图 6-5 是用 XDE 建模的招聘模块中角色与用例之间的关系。在图 6-5 中显示出来的用例描述如下所示。

- 用例 1：招聘员工（Recruit Employee）。部门经理和人力资源经理可以开展一个招聘流程，整个过程包括三个步骤，这三个步骤组成了另外三个用例：候选人分类、更新面试信息和确认候选人。
- 用例 2：候选人分类（Categorize Candidate）。部门经理和人力资源经理可以在系统中给候选人分类。
- 用例 3：更新面试信息（Update Interview）。在部门经理和人力资源经理面试过候选人之后，由他们决定是否给候选人工作机会，并把结果储存在系统中。
- 用例 4：确认候选人（Confirm Candidate）。部门经理和人力资源经理可以在系统中确认申请者是否接受了工作职位。
- 用例 5：管理申请（Manage Requisition）。部门经理可以根据人力资源的需求提出人力资源请求，批准与否取决于分区经理和人力资源经理的意见。
- 用例 6：记录申请者信息（Register Applicant Data）。申请人可以将他们自己的信息录入 HRMS 系统中，人力资源经理也可以录入申请人的信息。
- 用例 7：修改申请者信息（Modify Applicant Data）。一旦申请人的信息已录入 HRMS 系统中，申请人或人力资源经理可以对信息进行修改。
- 用例 8：确认申请信息（Validate Application）。系统自动确认申请者的信息是否有误。

3）编写 Use Case 报告

为系统中的每个用例编写 Use Case 报告，则系统分析与设计人员可以更加清晰地掌握

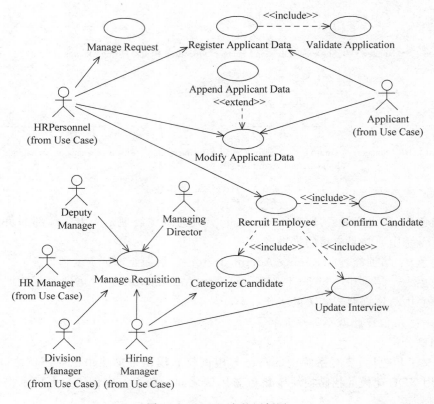

图 6-5　HRMS 中的用例图

系统架构。下面以用例"创建员工记录"为例介绍 Use Case 报告的编写方法。格式如下所示。

Use Case Report：创建员工记录

【简短描述】

该用例描述了人力资源部门人员如何为新员工创建一条雇员记录。

【事件流】

简短描述系统用户能使用的功能。

【基本流】

(1) 用户要求创建员工记录。用户选择菜单项"创建员工信息"，系统将导航到创建员工记录页面，该页面将显示一个查询面板和所有被雇用的申请人列表。

(2) 查找一个指定的工作申请。用户在查询面板上输入查询条件，并单击 Search 按钮。系统将按照查询条件过滤申请人，并将查询结果显示在申请人列表中。

(3) 提取员工信息。用户单击 Create Employee Record Directly 按钮，页面跳转到创建用户记录页面，申请人的信息被提取出来，显示在创建用户记录页面。

(4) 修改员工信息。用户在创建用户记录页面修改员工记录。

(5) 提交员工信息。用户单击 Submit 按钮，系统将创建一条新的员工记录并将为该员工自动创建一个员工号。

【子流程】

无。

【备选流】

下面是该 Use case 中可替代的备选流。其中，1a 的含义是对应于基本流 1，它的第 1 个备选流标号为 1a，依此类推。

（1）退出。用户可以在任何步骤退出系统，Use Case 结束。

（2）直接创建员工记录。1a 用户可以单击 Create Employee Record Directly 按钮直接创建员工记录。在这种场景下，系统将显示一个空白的员工信息表格，用户可以手动填写该表格，填写完毕后跳转到"基本流"中的（5）继续执行。

（3）创建 Inbound 类型员工记录。4a 如果新员工属于 Inbound Expatriate，除了填写该员工的基本信息外，还需填写一些额外信息。在填写并提交基本员工信息后，人力资源部门的员工可以为该雇员继续填写并提交这些额外信息。

（4）创建 Outbound Expatriate 记录。4b 如果新员工属于 Outbound Expatriate，除了填写该员工的基本信息外，还需填写一些 Outbound 记录信息。在填写并提交基本员工信息后，人力资源部门的员工可以为该雇员继续填写并提交这些额外信息。

（5）创建合同工记录。4c 如果新员工是合同工，除了填写该员工的基本信息外，还需填写一些额外合同员工记录信息。在填写并提交基本员工信息后，人力资源部门的员工可以为该雇员继续填写并提交这些额外信息。

（6）重复的非有效状态的员工记录。5a 如果被雇用的申请人以前是 HRMS 的员工并因某种原因辞职，系统将标记该员工的记录为无效，但仍会保留该员工的一些重要信息，例如参与培训的信息。在这种情况下，为该申请人生成员工记录时，系统会给出提示，人力资源部门的人员可以查看该申请人以前在系统中的历史记录，以确定是激活已有的记录还是重新创建一条新记录。

（7）重复的有效状态的员工记录。5b 如果申请人信息中关于有效证件的编号的信息已经存在于系统中，也就是说系统中已存在一条有效状态的员工记录，该记录中的有效证件编号与申请人的有效证件编号相同，我们就认为是重复的员工记录。此时系统将给出提示信息，流程结束。

【特殊需求】

无。

【执行前条件】

（1）执行创建员工记录的用户必须是 HRMS 的有效用户，也就是他必须能正确登录系统。

（2）执行创建员工记录的用户必须是人力资源部门的员工。

【执行后结果】

无。

【Use Case 图】

图 6-6 描述了该用例和主角与其他 Use Case 的关系。在此只给出部分图。

【场景】

这个部分描述了该 Use Case 中的所有场景。

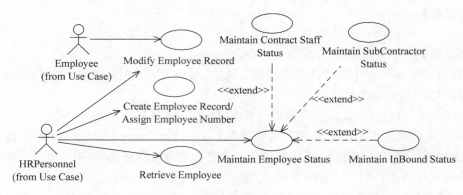

图 6-6　HRMS 中的用例图

(1) 成功的场景:

- 创建员工记录——基本流。
- 创建国内移居海外员工记录——基本流,创建记录。
- 创建外籍员工记录——基本流,创建记录。
- 创建合同工记录——基本流,创建合同工记录。
- 手动创建员工记录——基本流,直接创建员工记录。
- 退出——基本流,退出。

(2) 失败的场景:

重复的有效状态员工记录——备选流。

6.6.3　需求变更管理

在提交了需求说明文档由用户验证确定需求后,就需要建立需求基准版本和需求控制版本文档。在这个软件项目周期,需求都可能在不断变化,因此需要为需求定义基准版本,以后判断用户的反馈是需求变更还是需求缺陷将根据这个基准版本来决定。通常当用户第一次验证确定需求后,这个阶段的需求文档就将作为基准版本保存到配置库。所有的需求文档都要进行版本控制,文档要包含文档类型、名称、创建者、创建时间、修改者、修改时间、版本号、评审人员等信息。

在开发 HRMS 中,提交的需求文档包括用户界面说明文档、Use Case 报告、Glossary文档、软件开发计划、Use Case 模型调研以及补充说明。所有的文档采用统一的编号规则和命名规则。

1. 文档编号规则

系统名缩写-文档类型缩写-模块名缩写-编号-版本号。

2. 文档命名规则

文档类型-文档名-版本号。

例如,人事管理模块的用户界面说明文档的编号为 HMS-UR-HRS-001-V1.0,文档名为 Use Case Report-Update Employee Skill-V1.0。

所有需求文档和用户交流的 E-mail 都保存在 VSS(Visual Source Safe)中管理。同时创建一个需求控制版本文档,该文档记录了需求阶段的所有文档、文档版本号、用户确认时间等信息,表 6-4 描述了需求控制版本文档内容。

表 6-4　需求控制版本文档

文档编号	文档名	文档类型	版本号	变更原因
HMS-UR-HRS-001-V1.0	Use Case Report-Update Employee Skill-V1.0	Use Case 报告	1.0	
HMS-UR-HRS-001-V1.1	Use Case Report-Update Employee Skill-V1.1	Use Case 报告	1.1	增加新功能

　　同时建立一个数据库保存每一项功能需求的重要属性,通常包括需求的状态(如已推荐的、已通过的、已实施的或已验证的)。

　　确保文档的管理工作准确无误的同时,HRMS 的需求变更是根据图 6-7 的流程来管理的。首先,建立需求变更控制委员会,在确定了需求管理的流程之后,用户以后对系统提出的新需求或需求变更都必须按照这个流程来管理。以下介绍需求变更之后系统各个相关人的工作。

　　当需求变更被提出时,需求变更控制委员会将会分析需求变更对现有系统和项目计划的影响,明确变更任务、估计工作量和实现优先级。通过分析,需求变更控制委员会将会给用户提交一份申请回复表,若需求变更控制委员会认为变更对于系统产生的影响很大,或变更工作量相当大,则这次的申请不被通过,系统维持原需求。对于用户来说,若需求变更的确相当重要,必须实施,则用户必须与需求变更控制委员会继续交流,以再次提出变更申请。若需求变更控制委员会认为变更对于系统是有利的,或用户第二次提出申请坚持的,则需求变更控制委员会批准这次变更,系统记录下变更的内容,这些在上面已有阐述。然后需求变更控制委员会与系统开发人员交流,系统开发人员实施变更。需求变更实施之后,系统开发人员与用户交流,验证需求变更。若通过,则本次需求变更结束;若不通过,则系统开发人员必须重新实施变更,直至用户验证通过。

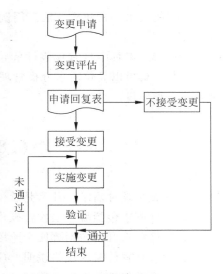

图 6-7　需求变更管理流程

　　最后,将更新的需求文档加入到 VSS 中管理。当某项需求变更时,参照需求跟踪能力矩阵找到相关的其他需求、设计模板、源代码和测试用例,这些相关部分也需要进行修改。

6.7　本章小结

　　软件需求管理的好坏是项目成败的关键所在,一个项目的成功依赖于有效的需求管理。本章讲述了软件项目需求管理的基本概念、特点、过程,通过本章的学习,大家应该了解软件需求管理在软件项目管理中的作用与重要性,还要熟悉软件需求管理的基本方法。

　　软件需求包括以下几个层次：业务需求、用户需求和功能需求，也包括非功能需求、软件需求规格说明等。

　　需求过程包括需求开发和需求管理。需求开发包括需求获取、需求分析、编写需求规格说明和验证需求四个阶段。需求管理是一种用于查找、记录、组织和跟踪系统需求变更的系统化方法，可用于获取、组织和记录系统需求并使客户和项目团队在系统变更需求上达成并保持一致。

　　需求获取的主要目的是从宏观上把握用户的具体需求方向和趋势，了解现有的组织架构、业务流程、系统环境等，对任务进行分析，从而开发、捕获和修订用户的需求，以建立良好的沟通渠道和方式。其方法主要包括：访谈和调研、专题讨论会、脑力风暴、场景串联等。

　　需求分析包括提炼、分析和仔细审查已收集到的需求，为最终用户所看到的系统建立一个概念模型以确保所有的风险承担者都明白其含义并找出其中的错误、遗漏或其他不足的地方。

　　需求验证是为了确保需求说明准确、无二义性并完整地表达系统功能以及必要的质量特性。

　　常用的需求分析建模方法有用例分析方法、原型分析方法、结构化分析方法、功能列表方法等。

　　需求管理工具中具有代表性的包括 CaliberRM、DOORS、RTM、Rational RequisitePro 等。这些工具可以简化需求分析管理的过程，促进项目开发组成员的交流，最终提高软件需求的效率和质量。

6.8　复习思考题

1. 什么是软件需求？什么是软件需求管理？
2. 软件需求包括哪些层次？软件需求根据"FURPS＋模型"是如何来分类的？
3. 软件需求开发包括哪四个阶段，在这四个阶段执行哪些活动？
4. 什么是软件需求规格说明？应如何编写？
5. 什么是软件需求变更管理，需求变更管理中有哪些活动？
6. 试分析需求分析建模方法的几种方法，并比较它们的优缺点。
7. 什么是需求管理工具？试述几种需求管理工具的用法。
8. 说说在以后的项目管理中，你将如何进行需求管理。

第7章 软件项目开发计划

软件项目开发计划的实施过程：首先根据任务分解的结果（Work Breakdown Structure，WBS）进一步分解出主要的活动，确立活动之间的关联关系，然后估算出每个活动的时间长度，最后编制出项目的进度计划。

7.1 软件项目任务分解

当要开发的软件项目比较复杂时，应首先选择任务分解。将一个项目分解为多个工作细目或子项目，以便提高估算成本、时间和资源的准确性，使工作变得更细化，分工更明确。任务分解的结果是任务分解结构（WBS）。任务分解可采用清单列表或图形的形式表达任务分解的结果。

进行任务分解的基本步骤一般是：

（1）确认并分解项目的主要组成要素。

（2）确定分解标准，按照项目实施管理的方法分解，可参照任务分解结构模板进行任务分解，分解时标准要统一。

（3）确认分解是否详细，分解结果是否可以作为费用和时间估计的标准。

（4）确认项目交付成果和标准，以此检查交付结果。

（5）验证分解正确性，验证分解正确后，建立一套编号系统。

7.2 软件项目估算的概念

软件项目估算是指预测构造软件项目所需要的工作量以及任务经历时间的过程。其主要包括规模（即工作量）的估算、成本的估算和进度的估算三个方面。软件项目规模（即工作量）的估算是指从软件项目范围中提取出软件功能，确定每个软件功能所必须执行的一系列软件工程任务。软件项目成本的估算是指确定完成软件项目规模相应付出的代价，是待开发的软件项目需要的资金。软件项目规模的估算和成本的估算两者在一定条件下可以相互代替。软件项目进度的估算是估计任务的持续时间，即历时时间估计，它是项目计划的基础工作，直接关系到整个项目所需的总时间。初步的估算用于确定软件项目的可行性，详细的估算用于指导项目计划的制定。软件估算作为软件项目管理的一项重要内容，是确保软件项目成功的关键因素。它建立了软件项目的一个预算和进度，提供了控制软件项目的方法以及按照预算监控项目的过程。软件项目估算不是一劳永逸的活动，它是随项目的进行而进行的一个逐步求精过程。

目前在软件项目开发中，常用的规模估算方法有代码行（Lines of Code，LOC）估算法、功能点(Function Point,FP)估算法和计划评审技术(Program Evaluation and Review Technique,PERT)估算法,它们都是基于工作分解结构。常用的成本估算方法有自顶向下(类比)估算法、自下而上估算法、参数估算法、专家估算法、猜测估算法等。常用的进度估算方法有基于规模的进度估算(定额估算法和经验导出模型)、工程评价技术、关键路径法、专家估算方法、类推估算方法、模拟估算方法、进度表估算方法、基于承诺的进度估算方法、Jones 的一阶估算准则等。下面将介绍上述几种典型方法。

7.3　软件项目规模估算

软件规模是软件工作量的主要影响因素。对软件规模的估算要从软件的分解开始。软件项目只有定义了工作分解结构后,才能用定义度量标准对软件规模进行估计。常用的软件规模度量方法有三种:LOC 估算法、FP 估算法和 PERT 估算法。一般来说,工作分解结构分得越细,对软件规模的估计就越准确。在进行这类估计时,可以按如下步骤来进行:(1)在技术允许的条件下,应从最详细的工作分解结构开始;(2)精确定义度量的标准;(3)估计底层每一模块的规模,汇总以得到总体的估算;(4)适当考虑偶然因素的影响。

7.3.1　LOC 估算法

代码行 LOC 是常用的源代码程序长度的度量标准,即源代码的总行数。源代码中除了可执行语句外,还有帮助理解的注释语句。这样,代码行可以分为无注释的源代码行(Non-Commented Source Lines Of Code,NCLOC)和注释的源代码行(Commented Source Lines Of Code,CLOC),源代码的总行数 LOC 即为 NCLOC 和 CLOC 之和。在进行代码行估计时,依据注释语句是否被看成程序编制工作量的组成部分,可以分别选择 LOC 或 NCLOC 作为估计值。由于 LOC 单位比较小,所以在实际工作中,也常常使用千代码行(KLOC)来表示程序的长度。

虽然根据高层需求说明估计源代码行数非常困难,但这种度量方法确实有利于提高估计的准确性。随着开发经验的增加,软件组织可以积累很多源代码估计的功能实例,从而为新的估计提供了比较好的基础。人们已经设计了许多计算源代码行数的自动化工具。LOC 作为度量标准简单明了,而且与即将生产的软件产品直接相关,可以及时度量并和最初的计划进行对比。

7.3.2　FP 估算法

功能点度量是在需求分析阶段基于系统功能的一种规模估计方法,该方法通过研究初始应用需求来确定各种输入、输出、查询、外部文件和内部文件的数目,从而确定功能点数量。为计算功能点数,首先要计算未调整的功能点数(Unadjusted Function Point Count,UFC)。UFC 的计算步骤有以下两个。(1)计算所需要的外部输入、外部输出、外部查询、外部文件、内部文件的数量。外部输入是由用户提供的、描述面向应用的数据项,如文件名和菜单选项;外部输出是向用户提供的、用于生成面向应用的数据项,如报告、信息等;外部查询是要求回答的交互式输入;外部文件是对其他系统的计算机可读界面;内部文件是系统里的逻辑主文件。(2)有了以上五个功能项的数量后,再由估计人员对项目的复杂性做出判断,大致划分成简单、一般和复杂三种情况,然后根据表 7-1 求出功能项的加权和,即为 UFC。

表 7-1　功能点的复杂度权重

功能项	权　重		
	简单	一般	复杂
外部输入	3	4	6
外部输出	4	5	7
外部查询	3	4	6
外部文件	7	10	15
内部文件	5	7	10

功能点(FP)是由未调整的功能点数(UFC)与技术复杂度因子(Technical Complexity Factor,TCF)相乘得到的。TCF 的组成如表 7-2 所示。

表 7-2　技术复杂度因子的组成

名　称	对系统的重要程度					
	无影响	影响很小	有一定影响	重要	比较重要	很重要
F 1 可靠的备份和恢复				3	4	5
F 2 分布式函数	0	1	2	3	4	5
F 3 大量使用的配置	0	1	2	3	4	5
F 4 操作简便性	0	1	2	3	4	5
F 5 复杂界面	0	1	2	3	4	5
F 6 重用性	0	1	2	3	4	5
F 7 多重站点	0	1	2	3	4	5
F 8 数据通信	0	1	2	3	4	5
F 9 性能	0	1	2	3	4	5
F 10 联机数据输入	0	1	2	3	4	5
F 11 在线升级	0	1	2	3	4	5
F 12 复杂数据处理	0	1	2	3	4	5
F 13 安装简易性	0	1	2	3	4	5
F 14 易于修改性	0	1	2	3	4	5

从表 7-2 可看出,技术复杂度因子 TCF 共有 14 个组成部分,即 F1~F14。每个组成部分按照其对系统的重要程度分为 6 个级别:无影响、影响很小、有一定影响、重要、比较重要、很重要;相应地赋予数值 0、1、2、3、4、5。TCF 可用下面的公式计算出来:

$$TCF = 0.65 + 0.01 \times (SUM(Fi)) \tag{7-1}$$

TCF 的取值范围为 0.65~1.35,分别对应着组成部分 Fi 取值 0 和 5。至此,得到了功能点(FP)的计算公式:

$$FP = UFC \times TCF \tag{7-2}$$

功能点有助于在软件项目的早期做出规模估计,但却无法自动度量。一般的做法是在早期的估计中使用功能点,然后依据经验将功能点转化为代码行,再使用代码行继续进行估计。

功能点度量在以下情况下特别有用:(1)估计新的软件开发项目;(2)应用软件包括很多输入输出或文件活动;(3)拥有经验丰富的功能点估计专家;(4)拥有充分的数据资料,可以相当准确地将功能点转化为 LOC。

7.3.3　PERT 估算法

计划评审技术(Program Evaluation and Review Technique,PERT)是 20 世纪 50 年代末美国海军开发北极星潜艇系统时为协调三千多个承包商和研究机构而开发的、用于项目进度规划的一种技术。其理论基础是假设项目持续时间以及整个项目完成时间是随机的,且服从某种概率分布。PERT 可以估计整个项目在某个时间内完成的概率。后来,学者们将其引入到软件规模估计的应用中。

一种简单的 PERT 规模估算技术是假设软件规模满足正态分布。在此假设下,只需估算两个量:其一是软件可能的最低规模 a;其二是软件可能的最大规模 b。然后计算该软件的期望规模:

$$E = (a + b)/2 \tag{7-3}$$

该估算值的标准偏差为:

$$\sigma = (b - a)/6 \tag{7-4}$$

以上公式基于如下条件:最低估计值 a 和最高估计值 b 在软件实际规模的概率分布上代表三个标准偏差 3σ 的范围。因这里假设符合正态分布,所以软件的实际规模在 a、b 之间的概率为 0.997。

较好的 PERT 规模估计技术是一种基于正态分布和软件各部分单独估算的技术。应用该技术时,对于每个软件部分要产生三个规模估算量:

- a_i——软件第 i 部分可能的最低规模。
- m_i——软件第 i 部分最可能的规模。
- b_i——软件第 i 部分可能的最高规模。

利用公式计算每一软件部分的期望规模和标准偏差。第 i 部分期望规模 E_i 和标准偏差 σ_i 为:

$$E_i = (a_i + 4m_i + b_i)/6; \quad \sigma_i = (b_i - a_i)/6 \tag{7-5}$$

总的软件规模 E 和标准偏差 σE 为:

$$E = \sum_{i=1}^{n} E_i, \quad \sigma E = \left(\sum_{i=1}^{n} \sigma_i^2 \right)^{\frac{1}{2}} \tag{7-6}$$

其中 n 为软件划分成的软件部分的个数。

估计出软件项目的代码数量之后,需要将其转换为人月数,以确定影响每个人月平均完成代码数量的因素,即确定软件生产率。影响软件生产率因素有很多,每个软件组织都应该根据自身的具体情况进行分析。这需要大量的历史数据作基础,因而对于缺乏类似数据的组织来说,找出生产率因素并不容易。开发经验表明:生产率因素各不相同,取决于产品类型、项目规模和软件变更的程度。

根据软件组织的一些历史数据,按如下步骤可以获得较好的生产率数据:(1)选择一些最近完成的项目,这些项目在规模、使用的语言、应用类型、团队开发经验等方面要和待完成项目相似；（2）获得各个项目的 LOC 数据，各项目都要使用相同的计数方案；（3）对于更改过的程序，记录更改代码所占比例，仅计算新增或更改部分 LOC 的数量；（4）计算投入到每个项目上的人员数量，一般包括直接设计人员、实现人员、测试人员、文档人员（不包括软件质量保证人员、管理人员、需求人员等，特别是需求活动的人员，因为其受客户关系和应用知识的影响很大）；（5）计算各个项目的软件生产率，即 LOC/PM（每个人月生产代码的数量），进而求出平均值作为类似项目的典型软件生产率。

7.4　软件项目成本估算

7.4.1　成本估算方法

成本估算是对完成软件项目所需费用的估计和计划，是软件项目计划中的一个重要组成部分。要实行成本控制，首先要进行成本估算。在软件项目管理过程中，为了使时间、费用和工作范围内的资源得到最佳利用，人们开发出了不少成本估算方法，以尽量得到较好的估算结果。

1. 算法模型

算法模型提供一个或多个数学算法，这些算法将软件成本估算值看成是主要成本驱动因素的若干变量的函数。常见的算法形式有线性模型、乘积模型、解析模型、表格模型和复合模型。

与其他估算方法相比，算法模型的优点在于其可重复性，可以在两个星期之后向算法模型提出相同的问题而得到相同的答案。但算法模型是根据以前项目的经验进行估算的，这样对于采用新技术、新应用领域的未来项目来说，以前项目的经验能起到多大作用是无法预知的。

2. 专家判定

专家判定就是与一位或多位专家商讨，专家根据自己的经验和对项目的理解对项目成本做出估算。由于单独一位专家可能会产生偏颇，因此最好由多位专家进行估算。对于由多个专家得到的多个估算值，需要采取某种方法将其合成一个最终的估算值。可采用的方法有求中值或平均值、召开小组会议等。

3. 类比

类比法就是把当前项目和以前做过的类似项目进行比较，通过比较获得其工作量的估算值。该方法需要软件开发组织保留有以往完成项目的历史记录。

应用类比法的前提是确定了比较因子，即提取了软件项目的特性因子，以此作为相似项目比较的基础。常见的比较因子有：软件开发方法、功能需求文档数、接口数等。在具体使用时，需结合软件开发组织和软件开发项目的特点加以确定。

类比估算既可以在整个项目级上进行，也可以在子系统级上进行。整个项目级具有能将该系统成本的所有部分都考虑周到的优点（如对各子系统进行集成的成本），而子系统级具有能对新项目与完成项目之间的异同性提供更详细评估的优点。

类比估算法的主要长处在于估算值是根据某个项目的实际经验得出的，可对这一经验进行研究以推断新项目的某些不同之处以及对软件成本可能产生的影响。与算法模型一样,依据经验的类比估算的缺点在于无法弄清以前的项目究竟在多大程度上代表了新项目的特性。

4. 自顶向下

自顶向下的估算方法是从软件项目的整体出发,即根据将要开发的软件项目的总体特性,结合以前完成项目积累的经验,推算出项目的总体成本或工作量,然后按比例将成本分配到各个组成部分中去。

自顶向下估算法的主要优点在于其对系统级的重视。因为估算是在整个已完成项目的经验的基础上得出的,所以不会遗漏诸如系统集成、用户手册、配置管理之类的系统级事务的成本。其缺点是难以识别较低级别上的技术性困难,这些困难往往会使成本上升;并且由于考虑不细致,它有时会遗漏所开发软件的某些部分。

5. 自底向上

自底向上估算是把待开发的软件逐步细化,直到能明确工作量,由负责该部分的人给出工作量的估算值,然后把所有部分相加,就得到了软件开发的总工作量。

自底向上的估算与自顶向下的估算是互补的,它比后者需要更多的精力。由于每部分的估算值是由负责该部分的人在对任务拥有较为详细的理解的基础上给出的,因而每部分的估算较为精确,但却容易忽略与许多与软件开发有关的系统级成本,如系统集成、配置管理、质量保证等,所以给出的总估算值往往偏低。

任务单元法是自底向上估算方法中最常见的一种方法。在该方法中,软件开发任务被分解为若干部分,每一部分又分为若干任务单元。负责某一部分的开发者对该部分的每一任务单元进行工作量估算,汇总得到该部分的工作量估算值,进而再与其他部分相加得到整个软件任务的工作量估算。

7.4.2　成本估算模型

1. 模型的分类

根据模型中变量的依存关系,可把模型分为静态模型和动态模型。在静态模型中,用一个唯一的变量(如程序规模)作为初始元素来计算所有其他变量(如成本和时间),且所用计算公式的形式对于所有变量都是相同的。在动态模型中,没有类似静态模型中的唯一基础变量,所有变量都是相互依存的。

根据基本变量的多少,可把模型分为单变量模型和多变量模型。但无论是什么变量,只要被引入到模型中对软件开发过程进行预测,就被统称为预测量。选择和处理这些预测量是软件估算工作的核心问题。

2. 已有模型

软件产业界出现了许多成本估算模型。下面列出了几种主要的模型。

1) Farr-Zagorski 模型

Farr-Zagorski 模型出现在 1965 年,可能是最早的公开模型。该模型包括 13 个预测量,如交货说明、文本类型、数据库规模等,是一个由三个线性方程构成的静态多变量模型。模型给出了以人月为单位的工作量。工作量是从编程人员得到一个完整的程序操作说明开始计算,直到程序编写完成和系统调试为止。

2）Price-S 模型

Price-S 模型是一个专用的软件费用估算模型，由美国新泽西州 RCA 的 PRICE 系统部开发和维护。该模型根据程序量、项目类型和项目难度的测算值来计算项目费用和进度。它基于一个专门用于新项目费用估算的历年费用数据库。

3）Walston-Felix 模型

1977 年，Walston 和 Felix 对 IBM 联邦系统分部（Federal System Division，FSD）的软件计量程序收集到的数据进行了广泛地分析，从而开发了一个模型。Walston-Felix 模型是一个静态单变量非线性模型，包括九个方程。其中一个方程用于从程序规模估算工作量，其他方程则表明了软件开发各个参数（如项目时间、文本说明、人员数量等）之间的关系。

4）Putnam 模型

1977 年 Putnam 对从美国军队计算机指挥系统的软件项目中收集到的数据进行了全面分析，得到了 Putnam 估算模型。Putnam 模型是一个基于 Norden-Rayleigh 曲线的动态多变量模型，在工作量、提交时间和程序规模之间有一个非线性的折中平衡功能。

5）COCOMO 模型

COCOMO（Constructive Cost Model）是 Boehm 利用加利福尼亚的一个咨询公司的大量项目数据推导出的一个成本模型。该模型于 1981 年首次发表。为适应软件业界的变化，Boehm 又于 1994 年发表了 COCOMO Ⅱ。

7.4.3　COCOMO Ⅱ 模型

20 世纪 90 年代以来，软件工程领域发生了很大的变化，出现了快速应用开发模型、软件重利用、再工程、CASE、面向对象方法、软件过程成熟度模型等一系列软件工程方法和技术。原始的 COCOMO 模型已经不再适应新的软件成本估算和过程管理的需要，因此 Boehm 根据未来软件市场的发展趋势，于 1994 年发布了 COCOMO Ⅱ。

从原始 COCOMO 模型到 COCOMO Ⅱ 的演化反映了软件工程技术的进步。如在原始 COCOMO 中的成本驱动因素 TURN（计算机响应时间）存在的原因是当时许多程序员共用一台主机，所以需要等待主机返回批处理任务的结果，而现在程序员都是人手一台 PC，这一驱动因素已经没有任何意义，在 COCOMO Ⅱ 中不再使用。COCOMO Ⅱ 中主要的变化有以下几个。

使用了三种螺旋式的生命周期模型，即用于估算早期原型工作量的应用组合模型、早期设计模型和后体系结构模型。在现代软件工程研究结果的基础上，将未来软件市场划分为基础软件、系统集成、程序自动化生成、应用集成和最终用户编程五个部分，COCOMO Ⅱ 通过三个生命周期模型支持上述的五种软件项目。

使用五个规模因子计算项目规模经济性的幂指数，代替了原始模型中按基本、中级、详细模型分别固定指数的方法。

删除了以下成本驱动因素：虚拟机易失性（Virtual Machine Volatility，VIRT）、计算机周转时间（Computer Turnaround Time，TURN）、虚拟机经验（Virtual Machine. Experience，VEXP）、语言经验（Language Experience，LEXP）和现代编程实践（Modern Programing Practices，MODP）。

新增的成本驱动因素有文档编制（Documentation Match to Life-cycle Needs，DOCU）、

要求的重复使用(Required Reusability,RUSE)、平台易失性(Platform Volatility,PVOL)、平台经验(Platform Experience,PEXP)、语言和工具经验(Language and Tool Experience,LTEX)、人员连续性(Personnel Continuity,PCON)和多站点开发(Multi-site operation,SITE)。COCOMO Ⅱ改变了原有成本驱动因素的赋值,以适应当前的软件测试技术。

下面分别介绍这三种生命周期模型。

1. 应用组合模型

应用组合模型用原型解决人机交互、系统接口、技术成熟度等具有潜在高风险的内容,通过计算屏幕、报表、第三代语言组件的对象点数来确定一个初始的规模测量。根据表 7-3,屏幕对象和报告对象被设置为简单、中等或困难,然后根据表 7-4 给各类对象点数加上权重,得到总对象点数。若还要考虑重复使用情况,假定项目中有 $a\%$ 的对象是重用以前的,则总的新对象点数 NOP 的计算方法如下:

$$NOP = 总对象点数 \times (100 - a)/100 \tag{7-7}$$

计算工作量的公式为:

$$E = NOP/PROD \tag{7-8}$$

式中,E 是以人月为单位的工作量,PROD 为生产率,分别由表 7-3、表 7-4 和表 7-5 确定。

表 7-3　屏幕对象点和报告对象点的复杂度

包含的视图数	总数小于 4	总数小于 8	总数大于 8
小于 3	简单	简单	中等
3～7	简单	中等	困难
小于 8	中等	困难	困难

表 7-4　对象点的复杂度权重

对象类型	简单	中等	困难
屏幕	1	2	3
报告	2	5	8
3GL 组件	—	—	10

表 7-5　基于开发经验和 ICASE 成熟度或能力的平均生产率

开发人员经验和能力	很低	低	一般	高	很高
ICASE 成熟度和能力	很低	低	一般	高	很高
生产率	7	13	25	50	—

2. 早期设计模型

早期设计模型用于支持确立软件体系结构的生命周期阶段,使用功能点和五个成本驱动因素。

3. 后体系结构模型

后体系结构模型是指在项目确定开发之后,对软件功能结构已经有了一个基本了解的基础上,通过源代码行数或功能点数来计算软件工作量和进度,使用五个规模度量因子和 17 个成本驱动因素进行调整。后体系结构计算公式为:

$$E = A \times \text{KLOC}^B \times \text{EAF} \qquad (7\text{-}9)$$

式中，E 的定义同前；KLOC 是以千源代码行计数的程序规模；EAF（Effort Adjustment Factor）是一个工作调整因子；常数 A 通常取值为 2.55，B 按下式计算：

$$B = 1.01 + 0.01 \sum_i W_i \qquad (7\text{-}10)$$

式中，W_i 为规模度量因子，也称为定标因素，取值如表 7-6 所示。工作量调整因子 EAF 根据表 7-7 中的评分，按以下公式进行计算。

$$\text{EAF} = \prod F_i \quad (i = 1, \cdots, 17) \qquad (7\text{-}11)$$

表 7-6　COCOMO Ⅱ 定标因素

W_i	很低	低	一般	高	很高	超高
PREC：前趋性	4.05	3.24	2.42	1.62	0.81	0
FLEX：开发灵活性	6.07	4.86	3.64	2.43	1.21	0
RESL：体系结构和风险控制	4.22	3.38	2.53	1.69	0.84	0
TEAM：小组凝聚力	4.94	3.95	2.97	1.98	0.99	0
PMAT：过程成熟度	4.54	3.64	2.73	1.82	0.91	0

表 7-7　后体系结构成本驱动变量

成本驱动变量 （F_i）		描　　述	评　　分					
			很低	低	一般	高	很高	超高
产品	RELY	要求的软件可靠性	0.75	0.88	1.00	1.15	1.39	—
	DATA	数据库规模	—	0.93	1.00	1.09	1.19	—
	CPLX	产品复杂性	0.70	0.88	1.00	0.15	1.30	1.66
	RUSE	要求的重复使用		0.91	1.00	1.14	1.29	1.49
	DOCU	文档编制		0.95	1.00	1.06	1.13	
平台	TIME	执行时间限制	—	—	1.00	1.11	1.31	1.67
	STOR	主存储限制	—	—	1.00	1.06	1.21	1.57
	PVOL	平台易失性	—	0.87	1.00	1.15	1.30	—
人员	ACAP	分析员能力	1.50	1.22	1.00	0.83	0.67	—
	PCAP	程序员能力	1.37	1.16	1.00	0.87	0.74	—
	PCON	人员连续性	1.23	1.10	1.00	0.92	0.84	—
	AEXP	应用经验	1.22	1.10	1.00	0.89	0.81	—
	PEXP	平台经验	1.25	1.12	1.00	0.88	0.81	—
	LTEX	语言和工具经验	1.22	1.10	1.00	0.91	0.84	—
项目	TOOL	软件工具	1.24	1.12	1.00	0.86	0.72	—
	SITE	多站点开发	1.25	1.10	1.00	0.92	0.84	0.78
	SCED	开发进度表	1.29	1.10	1.00	1.00	1.00	

4. COCOMO Ⅱ 中关于重用的处理

为了表示修改现存软件加以再利用对软件工作量的影响，原始 COCOMO 模型所用的计算公式是：

$$\text{改变前的模块规模} = (\text{原模块的 LOC} \times \text{AAF})/100 \qquad (7\text{-}12)$$

式(7-12)中，AAF 为调节因子：AAF＝ 0.4×设计修改的百分比＋0.3×编程修改的百分比＋0.3×集成修改的百分比。

COCOMO Ⅱ 更改了原来的公式，增加了更多的调整变量，即评估和选择参数 AA、软件理解参数 SU、程序员的熟悉程度 UNFM。AA 体现了决定是否软件模块可重用以及在新产品中集成重用模块文档的工作量，取值范围为 0～8；SU 则是根据模块的自描述性和耦合程度进行判断，取值为 10～50；UNFM 是对 SU 的补充，取值范围为 0～1，因为一个模块化的、层次清晰的软件能够降低软件的理解成本和相关的接口检查费用，但是程序员对软件的熟悉程度对软件理解也有很大关系。COCOMO Ⅱ 定义的计算重用模块规模的公式为：

改变后的模块规模＝(原模块的 LOC×(AA ＋ AAF×(1＋0.02×SU×UNFM)))/100，AAF≤0.5；改编后的模块规模＝(原模块的 LOC×(AA＋AAF＋SU×UNFM))/100，AAF＞0.5。

7.4.4　Putnam 模型

COCOMO Ⅱ 模型是一种自底向上的微观估算模型，使用成本驱动因素从底端对软件环境进行描述。本部分将介绍一种自顶向下的宏观估算模型 Putnam 模型，它使用两个参数从顶端来描述软件环境。

Putnam 模型是 Putnam 于 1978 在来自美国计算机系统指挥部的两百多个大型项目（项目的工作量为 30～1000 人年）数据的基础上推导出来的一种动态多变量模型。Putnam 模型假设软件项目的工作量分布类似于 Rayleigh 曲线。

1. Rayleigh 曲线

Norden 在硬件项目开发过程中观察到，Rayleigh 分布为各种硬件项目的开发过程提供了很好的人力曲线近似值。人员按照一条典型的 Rayleigh 曲线来配备，在项目开展期间缓慢上升，而在验收时急剧下降。Putnam 把这一结论引入到软件项目的开发中，用 Norden-Rayleigh 曲线把人力表述为时间的函数，在软件项目的不同生命周期阶段分别使用不同的曲线。

根据经验，软件开发的工作量仅占软件项目总工作量的 40%。Putnam 模型从规格说明开始估算工作量，不包括前期的系统定义。

2. Putnam 模型的方程

Putnam 模型包含两个方程：软件方程和人力增加方程。

1) 软件方程

根据生产率水平的一些经验性观察，Putnam 从 Rayleigh 曲线基本公式推导出如下软件方程：

$$S = C \times E^{\frac{1}{3}} \times t^{\frac{4}{3}} \tag{7-13}$$

式(7-13)中，S 是以 LOC 为单位的源代码行数，C 是技术因子，E 是以人年为单位的工作量，t 是以年为单位的耗费时间（直到产品交付所用的时间）。

技术因子 C 是有多个组成部分的复合成本驱动因子，主要反映总体过程成熟度和管理实践、切实可行的软件工程实践的施行程度、使用的编程语言的层次、软件环境状况、软件小组的技术和经验、应用软件的复杂性等。通过使用适当的技术对过去的项目进行评价，可以得到技术因子。如果待估算项目和历史数据库中某个项目用类似的方法在类似的环境中开

发,则可用已完成项目的历史数据(程序规模、开发时间和总工作量)计算出技术因子:

$$C = S \times E^{-\frac{1}{3}} \times t^{-\frac{4}{3}} \tag{7-14}$$

2) 人力增加方程

人力增加方程形式为:

$$D = E/t^3 \tag{7-15}$$

式(7-15)中,D 是被称为人员配备加速度的一个常数,E 和 t 的定义同软件方程。D 的取值如表 7-8 所示。

表 7-8 人员配备加速度常数 D

软 件 项 目	D
与其他系统有很多界面和互相作用的新软件	12.3
独立的系统	15
现有系统的重复实现	27

把软件方程和人员配备方程联立可以得到工作量计算方程:

$$E = S^{\frac{9}{7}} \times D^{\frac{4}{7}} / C^{\frac{9}{7}} \tag{7-16}$$

把 $D = E/t^3$ 代入式(7-15),还可以得到工作量计算方程的另一种形式:

$$E = S^3 / C^3 \times t^4 \tag{7-17}$$

3. 软件工具 SLCM

软件生命周期管理软件(Software Life Cycle Management,SLCM)是一个以 Putnam 模型为基础的专用软件费用估算工具,由美国弗吉尼亚的定量软件管理集团设计,以实用的形式体现了 Putnam 模型的思想。

7.4.5 成本估算步骤

虽然有一些不错的成本估算模型,但为得到更可靠的成本估算值,所要做的却不仅仅是把数值代入现成的公式直接求解,而是还需要软件成本估算模型的一套使用方法,以引导我们产生适当的成本模型的输入数据。下面介绍 Boehm 提出的一种方法,该方法分为七个步骤。该过程表明软件成本估算工作本身也是一种小型项目,需要相应的规划、复审和事后跟踪。

1. 建立目标

把建立成本估算目标作为成本估算的第一步,以此来制定以后工作的详细程度。帮助建立成本估算目标的主要因素是软件项目当前所处的生命周期阶段,它大致对应于对软件项目的认识程度和根据成本估算值而做的承诺程度。另外,为了决策的需要,有时候还要做出乐观估算和悲观估算,然后在随后的工作中逐步进行调节。

2. 规划需要的数据和资源

对软件项目进行成本估算,如果准备不充分的话,会做出不可变更的软件承诺。为避免这种情况发生,应该将软件成本估算看成一个小型项目,在初期就为解决该问题制定一份项目规划。

3. 确定软件需求

如果不知道要生产什么样的软件产品,则肯定无法很好地估算生产该产品的成本。这意味着软件需求说明书对于估算很重要。对于估算来说,软件需求说明书的价值是由它可检验的程度决定的,可检验性越好,则价值越高。如果在软件需求说明书中出现"该软件要对查询提供快速响应",则该说明书是不可检验的,因为没有定义多少算是"快速"。为达到可检验的目的,可把前面的描述改为"该软件对查询的响应要满足:A 类查询的响应时间不超过 2 秒;B 类查询的响应时间不超过 10 秒"。为此,往往要花费许多工作量以尽可能完成软件需求说明书从不可检验到可检验的转化工作。

4. 拟定可行的细节

这里的"可行"是对应于软件估算目标的,即尽可能做到软件估算目标所要求的细节。一般情况下,对成本估算工作做得越详细,估算值就越准确。

5. 运用多种独立的技术和原始资料

为了克服任何单一方法的缺点且充分利用其优点,综合使用各种方法是很重要的。

6. 比较并迭代各个估算值

综合应用各种估算方法的目的在于将各估算值进行比较,分析得到不同估算值的原因,从而找出可以改进估算的地方,提高估算的准确度。

7. 随访跟踪

软件项目开始之后,非常有必要进行的一项事情就是收集实际成本及其进展的数据并将它们和估算值进行比较。

7.4.6　成本模型的评价

1. 评价准则

Boehm 提出了下面 10 条评价成本模型的准则,可用于对成本模型进行评价。

- 定义:模型是否清楚定义了估算的成本和排除的成本。
- 正确性:估算是否接近于项目的实际成本。
- 客观性:模型是否避免将大部分软件成本的变化归纳为校准很差的主观因素,如复杂性;是否很难调整模型来获得想要的结果。
- 构造性:用户是否了解为什么模型能进行估计;是否有助于用户理解即将着手的软件项目。
- 细节:模型能否方便地对一个由很多子系统和单元组成的软件系统进行估算;是否能准确地分出阶段并相应地将活动分阶段。
- 稳定性:输入数据的微小变化是否产生输出成本估算值的微小变化,即输出对输入是否敏感。
- 范围:模型是否包含了需要你估算的软件项目类别。
- 易用性:模型的输入和选项是否易于理解和赋值。
- 可预期性:模型是否避免使用那些直到项目完成才能清楚了解的信息。
- 节约性:模型是否避免使用冗余的因素或对于结果没有重要影响的因素。

2. 现有模型存在的问题

许多学者对现有的模型进行了分析,总结起来有如下一些存在的问题。

1) 主观因素的存在

软件项目工作量与成本估算的方法都涉及参与人员的主观影响,即便是客观方法,其中的一些参数也需要主观确定。主观因素的存在是精确估计的障碍。

　　2）估算模型样本的有限性

　　估算模型的数据都是从有限的一些项目样本中得到的。基于有限数据集的模型往往将该数据的特性结合到模型中，使得模型在类似项目中使用时具有高精度。但应用于更普遍的情况时，效果不尽人意，限制了模型的应用。提取能反映尽可能多的类型项目共同特性的数据用于估算可为该问题的解决提供一个可行方案，但如何提取这些特性是有待研究的课题。

　　3）Norden-Rayleigh 曲线

　　Norden 的原始观点不是基于理论的，而是建立在观测的基础上，且其数据反映的是硬件项目，尚没有证明软件项目是按同样的方式配备人力的。软件项目的人力资源组成速度通常比硬件项目组成速度要快，有时候表现为快速的人力增长，此时 Putnam 模型在项目启动时无效。

　　4）估算模型的某些前期假定有悖于软件工程

　　估算模型是利用从过去的软件项目收集得到的数据进行分析而导出的，通常要做出一些假设。但软件工程的数据集经常违反这些假设，因为这些数据集是由历史数据得来的，而不是由实验得出的，这就使得这些模型的性能会受到挑战。

　　5）模型之间有矛盾的地方

　　各个成本模型之间会有矛盾出现，表明某些因素要么是不可预测的，要么模型的预测有误。

　　6）软件项目规模与其工作量的关系问题

　　尽管大多数研究人员和专业人员认同项目规模是工作量的主要决定因素，但项目规模和工作量之间的确切关系仍然是不清楚的。大多数模型认为，工作量与项目规模是成比例的，大项目需要比小项目拥有更多的工作量。从直观上看这是有意义的，因为大项目看来需要更多的工作量去应付复杂性的增加，但事实上几乎没有证据能证明这一点。

　　综上所述，软件成本估算模型有助于制定项目计划，但在使用时要谨慎，因为没有模型能完全反映软件组织及项目的特点、实际开发环境和很多相关的人为因素。对于软件成本估算模型，任何时候，我们都应该清楚认识到，一个模型也仅仅是一个模型，模型的目的是为决策者提供指导，但决不是取代决策过程，即当软件项目经理认为模型的估算结果不妥当时，他有权利不按照这一结果行事。到目前为止，还没有一种用于软件工作量估算的方法或模型能适用于所有的软件类型和开发环境，在具体使用这些估算方法时要根据实际项目的特征进行调整。

7.5　软件项目进度估算

7.5.1　基于规模的进度估算

　　基于规模的进度估算是根据项目规模估算的结果来推测进度的方法。

　　1. 定额估算法

　　定额估算法是比较基本的估算项目历时的方法，计算公式为：

$$T = Q/(R \times S) \tag{7-18}$$

其中,T 表示活动的持续时间,可以用小时、日、周等表示。Q 表示活动的工作量,可以用人月、人天等单位表示。R 表示人力或设备的数量,可以用人或设备数等表示。S 表示开发(生产)效率,以单位时间完成的工作量表示。此方法适合规模比较小的项目,比如说小于10 000 LOC 或者说小于 6 个人月的项目。此方法比较简单,而且容易计算。

2. 经验导出模型

经验导出模型是根据大量项目数据统计而得出的模型,经验导出模型为:

$$D = a \times E^b \tag{7-19}$$

其中,D 表示月进度,E 表示人月工作量,a 是 2~4 之间的参数,b 为 1/3 左右的参数,它们是依赖于项目自然属性的参数。经验导出模型有几种具体公式(参数略有差别)。这些模型中的参数值有不同的解释。经验导出模型可以根据项目的具体情况选择合适的参数。

7.5.2 工程评价技术

工程评价技术(PERT)最初发展于 1958 年,用来适应大型工程的需要,由于美国海军专门项目处关心大型军事项目的发展计划,因此在 1958 年将 PERT 引入到它的海军北极星导弹开发项目中,取得了不错的效果。它是利用网络顺序图的逻辑关系和加权历时估算来计算项目历时的,采用加权平均的算法是:

$$(O + 4M + P)/6 \tag{7-20}$$

其中,O 是活动(项目)完成的最小估算值,或者说是最乐观值;P 是活动(项目)完成的最大估算值,或者说是最悲观值;M 是活动(项目)完成的最大可能估算值。例如,在图 7-1 所示的网络图中,采用 PERT 方法分别估计任务 1 和任务 2 的历时,如表 7-9 所示,根据任务 1 和任务 2 的最乐观、最悲观和最可能的历时估计,得出任务 1 的历时估计是$(8+4\times10+24)/6=12$;任务 2 的历时估计是$(1+4\times5+9)/6=5$;一个路径上的所有活动(任务)的历时估计之和便是这个路径的历时估计,其值称为路径长度。

图 7-1 任务网络图

表 7-9 采用 PERT 方法估计项目历时情况

估计值项 任务	最乐观值	最可能值	最悲观值	RERT 估计值
任务 1	8	10	24	12
任务 2	1	5	9	5
项目	9	15	33	17

采用 PERT 方法估计历时存在一定的风险,因此有必要进一步给出风险分析结果。为了表示采用 PERT 方法估计历时的风险值或者保证率,引入了活动标准差和方差的概念。

- 标准差:$\delta = (P - O)/6$ $\tag{7-21}$
- 方差:$\delta^2 = [(P - O)/6]^2$ $\tag{7-22}$

其中,O 是最乐观的估计,P 是最悲观的估计。这两个值可以表示历时估计的可信度或者说项目完成的概率。如果一个项目路径中每个活动的标准差分别为 $\delta_1,\delta_2,\cdots\delta_n$,则这个路径的方差是路径上每个活动方差之和,即 $\delta^2=(\delta_1)^2+(\delta_2)^2+\cdots+(\delta_n)^2$,这个路径的标准差 $\delta=((\delta_1)^2+(\delta_2)^2+\cdots+(\delta_n)^2)^{1/2}$。表 7-10 中显示了任务 1 和任务 2 的标准差和方差以及这个路径的标准差和方差。

表 7-10　项目的标准差和方差

估值项 任务	标准差	方差
任务 1	2.67	7.13
任务 2	1.33	1.77
项目	2.98	8.90

根据概率理论,对于遵循正态概率分布的均值 E 而言,$E\pm1\delta$ 的概率分布是 68.3%,$E\pm2\delta$ 的概率分布是 95.5%,$E\pm3\delta$ 的概率分布是 99.7%。

7.5.3　关键路径法

关键路径法(Critical Path Method,CPM)是杜邦公司开发的技术,它是根据指定的网络图逻辑关系进行的单一的历时估算。首先计算每一个活动的单一的、最早和最晚开始和完成日期,然后计算网络图中的最长路径,以便确定项目的完成时间估计,采用此方法可以配合进行计划的编制。借助网络图和各活动所需时间(估计值),计算每一活动的最早或最晚开始和结束时间。CPM 法的关键是计算总时差,这样可决定哪一活动有最小时间弹性,可以为更好地进行项目计划编制提供依据。CPM 算法也在其他类型数学分析中得到应用。

关键路径法一般是在项目进度历时估计和进度编排过程中综合使用的一种方法。

7.6　软件项目进度计划

7.6.1　进度计划中的概念

项目管理机构指出:作为零售摊位,成功的关键要素是位置;而作为项目,成功的要素是计划。计划是通向项目成功的路线图,而进度计划是项目计划中最重要的部分,是项目计划的核心。

1. 软件项目进度定义

进度是对执行的活动和里程碑制定的工作计划日期表,它决定是否达到预期目的,它是跟踪和沟通项目进展状态的依据,也是跟踪变更对项目影响的依据。按时完成项目是对项目经理最大的挑战,因为时间是项目规划中灵活性最小的因素,进度问题又是项目冲突的主要原因,尤其是在项目的后期。

一般来说,进度安排有两种情况:一种情况是交付日期确定,然后安排计划;一种情况是使用资源确定,然后安排计划。项目计划就像一张地图,它告诉开发人员如何从一个地方到达另外一个地方,它是项目的起始点,是进一步开发的指南。编制计划需要做大量的工作:明确需求、任务分解、确定工作进度、分配资源等各方面的事情。初始计划需要经过细化、修改、再细化之后,才可以形成这张作为进度计划的地图。

2. 软件活动定义

软件活动定义是一个过程,它涉及确认和描述一些特定的活动。完成了这些活动就意味着完成了 WBS 结构中的项目细目和子细目。通过活动定义这一过程可使项目目标体现出来。任务分解是面向可提交物的,活动定义是面向活动的,是对 WBS 做进一步分解的结果,以便清楚应该完成的每个具体任务或者提交物应该执行的活动。有时也称"活动"为一个具体的"任务"。

3. 活动之间的关系

为了进一步制定切实可行的进度计划,必须对活动(任务)进行适当的顺序安排。项目各项活动之间存在相互联系与相互依赖的关系,根据这些关系安排各项活动的先后顺序。活动排序过程包括确认并编制活动间的相关性。活动必须被正确地加以排序以便今后制定现实的、可行的进度计划。排序可由计算机执行(利用计算机软件)或用手工排序。对于小型项目,手工排序很方便;对大型项目的早期(此时项目细节了解甚少),手工排序也是方便的;手工排序和计算机排序可以结合使用。A、B 两种活动之间的关系主要有如下四种情况。

开始→结束:表示 A 活动(任务)开始的时候,B 活动(任务)结束。

开始→开始:表示 A 活动(任务)开始的时候,B 活动(任务)也开始。

结束→结束:表示 A 活动(任务)结束的时候,B 活动(任务)也结束。

结束→开始:表示 A 活动(任务)结束的时候,B 活动(任务)开始。

结束→开始是最常见逻辑关系,开始→结束关系极少使用(也许只有职业进度计划工程师使用)。软件项目中活动之间的关系,如果用开始→开始、结束→结束或开始→结束关系,则会产生混乱的结果,因为很多管理软件在编制时并没有对这三种类型的相关性加以考虑。

4. 活动之间关系的依据

决定活动之间关系的依据有以下几种。

1) 强制性依赖关系

强制性依赖关系是工作任务中固有的依赖关系,是一种不可违背的逻辑关系,又称硬逻辑关系,它是因为客观规律和物质条件的限制造成的。有时,也称它为内在的相关性。例如需求分析一定要在软件设计之前完成,测试活动一定是在编码任务之后执行。

2) 软逻辑关系

软逻辑关系是由项目管理人员确定的项目活动之间的关系,是人为的、主观的,是一种根据主观意志去调整和确定的项目活动的关系,也可称为指定性相关或者偏软相关。例如,安排计划的时候,哪个模块应后做,哪些任务应先做,哪些任务应同时做,都可以由项目经理确定。有时也称它为软逻辑。

3) 外部依赖关系

外部依赖关系是项目活动与非项目活动之间的依赖关系,例如环境测试依赖于外部提供的环境设备等。

4) 里程碑

里程碑需要作为项目活动排序的一部分,以确保达到里程碑的要求。

7.6.2　进度计划方法

1. 制定项目计划

软件项目计划定义工作并确定完成工作的方式,对主要任务及需要的时间和资源进行估计,定义管理评审和控制的框架。将正确的文档化计划与项目实际的结果进行对比,能够使计划人员发现估计的错误从而改进估计过程,提高估计的准确性。

1)制定项目计划的原则

项目计划在项目开始的时候制定,并随着项目的进展不断发展。开始时,由于需求模糊,因此考虑的重点要放在需要更多知识的地方及如何去获取这些知识。否则,程序员将把注意力集中在他们熟悉的部分,而把不熟悉的部分往后推,但恰恰是不熟悉的部分将包含更多的风险,因此这样的进度通常会带来麻烦。

2)软件项目计划的要素

软件项目计划的要素包括目标、合理的概念设计、工作分解结构、规模估计、工作量估计和项目进度安排。除了定义工作外,项目计划还为管理者提供了根据计划定期评审和跟踪项目进展的基础。

3)软件项目计划的逻辑要点

* 需求分析。由于在项目开始时,需求总是模糊的,而高质量的项目必须建立在对需求的准确理解之上,因而项目计划的第一步就是把模糊的需求准确化。
* 项目的概念设计。概念设计是项目计划的基础,为工作的计划和实施提供组织框架。在这里一般要定义工作分解结构。
* 资源配置和进度安排。概念设计之后,进行资源配置和进度安排,但这些必须和需求同步更新。
* 需求足够清晰时,应进行详细设计,制定实现策略并纳入计划之中。
* 充分理解项目各部分后,确定实施细节并在下次计划更新时形成文档。
* 在整个项目周期中,项目计划为各种资源的配置提供框架。

4)软件项目计划周期

软件项目计划从初始需求开始,对用户需要的任何功能,都将根据目标制定一个计划。如果计划是可行的,则接受该需求;否则,就该需求与用户协商,要么取消这项功能,要么增加时间和资源。项目结束后,将实际开发的信息和计划进行比较,从而提高以后项目计划的准确性。

5)项目计划的内容

* 项目的目标:描述做什么、为谁做、何时做,以及项目成功结束的标准。
* 工作分解结构 WBS:WBS 把项目分解为可直接操作的元素。
* 资源配置:根据经验和相应的规则,确定各部分需要的资源。
* 进度安排:根据资源配置情况和项目的实际背景,制定项目的进度。

项目计划在定义项目工作的同时,也为项目的定期评审和跟踪项目进展提供了依据。

2. 分阶段交付

1)必要性

对于规模较大的软件项目,在制定项目计划时,项目的交付最好采用按阶段交付的形式。因为对于任何软件开发组织来说,最理想的情况是用户一开始就能给出清晰的需求,且以后不再改变。但在实际工作中,这只是天方夜谭,用户的需求总是在发生着变化,总是提出很多新的产品功能要求,不管这些要求是否可行。此时,软件组织最好的做法是在早期只对基本功能进行约定,其余问题的约定则被推迟。分阶段交付正是这种思想的实现。

在分阶段交付中,软件功能按照其重要程度的顺序进行交付,最重要的功能最先交付。这样项目在每个阶段都有明确的进展,使得开发组织和用户双方都比较放心。由于用户最想得到的功能,也就是最重要的功能很快得以交付,使用户的迫切需要得到满足,这似乎减少了交付软件所花费的时间,但实际却并非如此。分阶段交付并没有缩短软件开发的时间,只不过重要的功能在前期已经完成,后期只是完成一些非实质性的功能,从而降低了后期交付的计划进度压力。

经验表明,如果第一次发布的软件包括并非绝对需要的功能,则项目往往会超出预算,因而采用分阶段交付是必要的。

2) 分阶段交付的过程

分阶段交付不会自发产生,它要求稳固的体系结构、精心的管理和详细的技术计划。这是对软件项目的一个明智投资,因为它能够消除一般项目的下述风险:逾期交付、集成失败、软件特征的逐渐增加及客户、经理与开发人员之间的摩擦。

3) 如何分阶段

施行分阶段交付的关键是如何划分阶段,即每个阶段都包含哪些软件特征。就每一个软件特征和用户进行商榷以确定其迫切程度的方法固然可行,但这将耗费大量的时间。一个不错的方法是定义每一个阶段的主题,然后就主题和用户进行商榷,再根据主题把软件特征分配到各阶段。

3. 进度安排

1) 进度安排的整体过程

在确定了项目的资源(总成本及时间等)后,把其分配到各个项目开发阶段中,即确定项目的进度。这时候,软件组织在类似项目的历史经验数据很有借鉴价值。如果缺乏经验数据,则可以参考一些公开发表的数据,如表 7-11 给出了 Griffin 归纳的进度分解数据。注意这些数据只是经验的总结,不一定适于所有软件组织,因为不同组织、不同项目在相同的项目阶段所用的资源有时候差别很大。出现这种情况的可能原因有:

- 对项目阶段定义的不同。
- 涉及的资源类别不同。
- 使用的开发方法不同。
- 开发的产品类型不同。
- 程序员的技术水平不同。

表 7-11 项目各阶段的工作量

项 目 阶 段	工作量(%)	项 目 阶 段	工作量(%)
概念设计	3.49	集成测试	27.82
详细设计	11.05	软件验证	34.47
编码和单元测试	23.17		

- 项目的紧迫程度不同。

项目整体进度安排的过程如下：

(1) 根据项目总体进度目标，编制人员计划。

(2) 将各阶段所需要的资源和可以取得的资源进行比较，确定各阶段的初步进度，然后确定整个项目的初步进度。

(3) 对初步进度计划进行评审，确保该计划满足要求，否则就要重复上面的步骤。一般都需要多次调整。

进度安排的详细程度取决于相应工作分解结构的详细程度，而工作分解结构又取决于项目当前所处阶段与历史经验。进度安排计划随着项目的进展而动态调整，逐渐趋于更加详细准确。

2) 进度中的并行性

一般软件项目经常是很多人同时参加工作，因而项目工作中就会出现并行的情形。软件开发过程中设置了若干里程碑。里程碑为项目管理人员提供了考察项目进度的可靠依据。当一个软件任务成功地通过了评审并产生了相应文档之后，就完成了一个里程碑。在软件项目过程中，首先要进行需求分析和评审，这为以后的并行工作奠定了基础。需求通过评审后，就可以并行开展概要设计工作和测试计划制定工作。概要设计通过评审、建立系统模块结构之后，又可以并行地对各个模块进行详细设计、编码、单元测试。所有模块都调试通过后，将它们组合在一起，进行集成测试。而后再为软件交付进行最后的确认测试。

软件项目的并行性提出了一系列进度要求。因为并行任务同时发生，所以进度计划必须确定各任务之间的从属关系、各任务的先后次序和衔接以及各个任务的持续时间，以保证所有的任务都能够按进度完成。

3) 进度安排的方法

进度是计划的时间表。软件项目的进度安排与任何一个多重任务工作的进度安排类似。在进度安排中，为了清楚地表达各项任务之间进度的相互依赖关系，采用了图示方法。常用的有甘特图和网络图。

(1) 甘特图。甘特图(Gantt Chart)，又称横道图，是各种任务活动与日历表的对照图。它用水平线段来表示任务的工作阶段，其中线段的长度表示完成任务所需要的时间，起点和终点分别表示任务的开始和结束时间。

在甘特图中，每一任务的完成不以能否继续下一阶段的任务为标准，其标准是是否交付相应文档和通过评审。甘特图清楚地表明了项目的计划进度，并能动态反映当前开发进展状况，但其不足之处在于不能表达出各任务之间复杂的逻辑关系。

(2) 网络图。用网络分析的方法编制的进度计划称为网络图，它是 20 世纪 50 年代末发展起来的一种编制大型工程进度计划的有效方法。计划评审技术 PERT 和关键路径法都采用网络图来表示项目的任务，下面结合这些具体方法对网络图进度计划进行详细阐述。

① 网络图。设 $G = (V, E, g)$ 是一个 n 阶无回路的有向加权图，其中 g 是 E 到非负实数集的函数。若 G 中存在两个 V 的不相交非空子集 X、Y，其中对任意 $v_i \in X$，没有一条有向边以 v_i 为终点；对任意 $v_i \in X$，没有一条有向边以 v_i 为起点，则称 G 是一个网络图，X、Y 中的顶点分别称为 G 的发点、收点。

② PERT 图。设 $G = (V, E, g)$ 是一个网络图。若 G 中只有一个发点和一个收点，其中

权函数表示为时间函数,则网络图 G 常称为 PERT 图(也即计划评审图)。

对于用网络图表示的软件项目进度计划,网络图中的有向边表示软件项目的任务,有向边的起点和终点分别表示软件任务的开始和结束,对应的权则表示任务的持续时间。若存在从节点 i 到节点 j 的有向边,则称 i 为 j 的前驱节点,j 为 i 的后继节点。

③ 路径与关键路径。路径:在网络图中,从发点开始,按照各个任务的顺序,连续不断地到达收点的一条通路称为路径。

关键路径:在各条路径上,完成各个任务的时间之和是不完全相等的。其中,完成各个任务需要时间最长的路径称为关键路径。

④ PERT 图的关键路径。设 G 是一个 PERT 图,G 中从发点到收点的所有路径中,权最大的路径称为 PERT 图的关键路径。

⑤ 关键任务。组成关键路径的任务称为关键任务。

如果能够缩短关键任务所需的时间,就可以缩短项目的完工时间。而缩短非关键路径上的各个任务所需要的时间,却不能使项目完工时间提前。即使是在一定范围内适当地延长非关键路径上各个任务所需要的时间,也不至于影响项目的完工时间。编制网络计划的基本思想就是在一个庞大的网络图中找出关键路径。对各关键任务,优先安排资源,挖掘潜力,采取相应措施,尽量压缩需要的时间;而对非关键路径上的各个任务,只要在不影响项目完工时间的条件下,抽出适当的人力、物力等资源,用在关键任务上,以达到缩短项目开发时间,合理利用资源等目的。在执行计划过程中,可以明确工作重点,对各个关键任务加以有效控制和调度。

⑥ 任务持续时间。为完成某一软件任务所需要的时间,用 T_{ij} 表示,指节点 i 和节点 j 之间的有向边表示的任务持续的时间。确定任务时间有两种方法:其一是"一点时间估计法",即确定一个时间值作为完成任务需要的时间;其二是"三点时间估计法",在未知的和难以估计的因素较多的条件下,对任务估计三种时间:乐观时间(在顺利的情况下,完成任务所需要的最短时间,常用符号 a 表示)、最可能时间(在正常情况下,完成任务所需要的时间,常用符号 m 表示)、悲观时间(在不顺利的情况下,完成任务所需要的最长时间,常用符号 b 表示),然后按公式计算任务时间:

$$T = (a + 4m + b)/6 \tag{7-23}$$

⑦ 任务的最早开始时间、最晚开始时间及缓冲时间。设 $G = (V, E, g)$ 是一个 n 阶 PERT 图,其中 $V = \{v_1, v_2, \cdots, v_n\}$,且 v_1、v_n 分别为发点和收点,则对任意 $v_i (i = 1, 2, \cdots, n)$,分为以下两种情况。

任务最早开始时间:v_1 到 v_i 的所有路径的权中,最大的权称为以 v_i 为起点的任务的最早开始时间,记为 $E(v_i)$。因为发点的最早开始时间可以设定为 0,此时计时开始,因而通过从左向右计算出所有任务的最早开始时间,即:

$$E(V_1) = 0$$
$$E(v_i) = \text{MAX}(E(v_k) + T_{ki}), \quad i \in \{2, 3, \cdots, n\} \tag{7-24}$$

式中,v_k 是 v_i 的前驱节点,$E(v_k)$ 指 v_k 的最早开始时间,T_{ki} 指 v_k 和 v_i 之间任务持续的时间。

任务最晚开始时间:要求解最晚开始时间必须首先求出最晚结束时间。软件项目的最终提交时间是确定的,设定为 T,则以收点 v_n 为终点的任务的最晚结束时间为 T。从右向

左就可以计算出所有任务的最晚结束时间,即:

$$L(v_n) = T$$

$$L(v_i) = \text{MIN}(L(v_j) - T_{ij}), \quad i \in \{1,2,3,\cdots,n-1\} \tag{7-25}$$

$L(v_i)$ 是以 v_i 为终点的任务的最晚结束时间,$L(v_j)$ 是以 v_j 为终点的任务的最晚结束时间,v_j 是 v_i 的后继节点,T_{ij} 指 v_i 和 v_j 之间任务持续的时间。任务的最晚结束时间减去任务的持续时间就是其最晚开始时间。

缓冲时间:任务的最晚开始时间和最早开始时间的差值就是其缓冲时间。

定理　在 PERT 图的关键路径中,各任务的缓冲时间均为 0。

⑧ 网络优化。对给定的软件项目绘制网络图,就得到一个初始的进度计划方案。但通常还要对初始计划方案进行调整和完善,确定最优计划方案。

时间优化:根据对计划进度的要求,缩短项目完成时间。有如下两种方式:采取技术措施,缩短关键任务的持续时间。采取组织措施,充分利用非关键任务的总时差,合理调配技术力量及人、财、物力等资源,缩短关键任务的持续时间。

时间-费用优化:时间-费用优化所要解决的问题,是在编制网络计划过程中,研究如何使得项目交付时间短,费用少;或者在保证既定交付时间的条件下,所需的费用最少;或者在限制费用的条件下,交付时间最短。在进行时间-费用优化时,需要计算在采取各种技术组织措施之后,项目不同的交付时间所对应的总费用。使得项目费用最低的交付时间称为最低成本日程。编制网络计划,无论是以降低费用为主要目标,还是以尽量缩短项目交付时间为主要目标,都要计算最低成本日程,从而提出时间-费用的优化方案。

网络优化的思路与方法应贯穿网络计划的编制、调整与执行的全过程。

⑨ 用网络图安排进度的步骤。在明确了网络图的一系列基本概念之后,我们给出用网络图安排进度的过程。

- 把项目分解为一些小的软件任务,确定任务之间的逻辑关系,即确定其先后次序。
- 确定任务持续时间、单位时间内资源需要量等基本数据。
- 绘制网络图,计算网络时间和确定关键路径,得到初始进度计划方案。
- 对初始方案进行调整和完善,得到优化的进度计划方案。

4. 已获值分析

已获值分析(Earned Value Analysis,EVA)是计算实际花费在一个项目上的工作量与预计项目总成本及完成时间的一种方法,主要依赖于被称为"已获值"的一种度量。通过使用该方法,可以计算出成本和进度表的性能指标,并能了解项目与原定项目计划相比的执行情况及预测未来的执行情况。

采用 EVA 考虑进度要定期对项目进行测量和分析,时间间隔可以根据实际情况来确定,通常是一月或一周。

1) 基本度量

EVA 使用三个基本度量:已完成工作的预算成本(Budgeted Cost of Work Performed,BCWP)、计划完成工作的预算成本(Budgeted Cost of Work Scheduled,BCWS)和已完成工作的实际成本(Actual Cost of Work Performed,ACWP)。

2) 确定进度和预算情况

在某一分析日期得到项目的三个基本度量之后,就可以确定到目前为止项目的进度和预算情况。进度和预算情况通过下面四个导出度量来反应。

- 进度偏差(Schedule Variance,SV)：SV=BCWP-BCWS。

若SV=0,说明项目正在按进度进行；若SV<0,说明项目已落后于进度；若SV>0,说明项目已超前进度。

- 进度效能指标(Schedule Performance Index,SPI)：SPI=BCWP/BCWS。

若SPI=1,说明项目正在按进度进行；若SPI<1,说明项目已落后于进度；若SPI>1,说明项目已超前进度。

- 成本偏差(Cost Variance,CV)：CV=BCWP-ACWP。

若CV=0,说明项目正在按预算进行；若CV<0,说明项目已超出预算；若CV>0,说明项目花费低于预算。

- 成本状况指标(Cost Performance Index,CPI)：CPI=BCWP/ACWP。

若CPI=1,说明项目正在按预算进行；若CPI<1,说明项目已超出预算；若CPI>1,说明项目花费低于预算。

3) 利用EVA进行预测

明确了项目当前的进度和预算情况后,可以在此基础上对项目进行预测。预测中用到的几个导出度量,下面给予定义。

- 项目完成时的预算(Budget At Completion,BAC),即总的预算成本。
- 项目完成时的成本估计值(Estimate At Completion,EAC),即预计的项目总成本,可通过公式EAC=BAC/CPI计算。
- 项目完成时的进度(Schedule At Completion,SAC),即预计的项目持续时间,可通过公式SAC=(初始计划的项目持续时间)/SPI计算。
- 完成时的偏差(Variance At Completion,VAC),即预计的最终成本偏差,可通过公式VAC=BAC-EAC计算。

7.7　案例分析

当软件任务细化到可以用工作日或周来分配工作量时,就可以采用EVA对项目的执行情况进行分析。下面结合具体例子说明EVA如何用于软件项目。

1. 制定软件开发计划

表7-12描述了一个由软件开发人员制定的进度计划。

表 7-12　小型软件任务的开发计划

任　　务	工作量(日)	预计完成日期(第几周内)
确立任务	3	1
规格说明	2	2
设计输出	10	5
计划测试	3	6
编码实现	5	7
单元测试	3	8

续表

任　务	工作量（日）	预计完成日期（第几周内）
集成测试	2	9
确认测试	3	10
总计	31	

2. 计划工作量 BCWS 的计算

根据软件开发计划，计算每个分析时间间隔之后按计划要完成的工作量。表 7-13 是本例中的 BCWS。

表 7-13　计划工作量

周次	到该周为止计划获取的工作量	周次	到该周为止计划获取的工作量
1	3	6	18
2	5	7	23
3	7（设计输出在进展中）	8	26
4	11（设计输出在进展中）	9	28
5	15	10	31

3. 定期收集已获值

在每一时间间隔结束时，收集已获值。本例中是在每个周末收集已获值，不失一般性，表 7-14 给出了在第三周结束时收集的数据。

表 7-14　在第三周结束时的已获值

任　务	工作量（日）	完成的百分比（%）	已 获 得 值
确立任务	3	100	3
规格说明	2	50	1
设计输出	10	25	2.5
计划测试	3	0	0
编码实现	5	0	0
单元测试	3	0	0
集成测试	2	0	0
确认测试	3	0	0
总计	31		0.65（BCWP）

4. 分析项目数据

根据某个时间间隔收集的已获值，可以确定当时项目的进度和预算情况。下面分析本例中的软件项目在第三周结束时的情况。

假设本项目的开发人员并非全职从事该项目，到第三周结束时，实际投入的工作量为 10 个工作日。

1）基本度量的计算

- BCWP＝6.5 工作日
- BCWS＝7 工作日
- ACWP＝10 工作日

2）进度和预算情况

- 进度偏差 SV＝BCWP－BCWS＝－0.5，说明已经落后于进度。
- 进度效能指标 SPI ＝ BCWP/BCWS ＝ 0.928，目前以进度计划 92.8％的效能在工作。
- 成本偏差 CV ＝ BCWP－ACWP＝－3.5 工作日，说明已超出预算 3.5 个工作日。
- 成本状况指标 CPI ＝ BCWP/ACWP ＝ 0.65，说明项目在以超出预算 35％的状态工作。

3）预测

- 完成项目需要的时间为：

$$SAC ＝（初始计划的项目持续时间）/SPI ＝ 10.7 周 ≈ 11 周$$

- 完成项目需要的费用为：

$$EAC ＝ /CPI ＝ 47.7 工作日 ≈ 48 工作日$$

- 完成项目的成本偏差为：

$$VAC ＝ 总的预算成本－EAC ＝ －17 工作日（超出预算 17 个工作日）$$

4）分析项目的状况

有了预测结果后，就可以针对结果进行分析。如果项目没有超出预算，在进度计划内运行，则说明项目运作良好，可以按目前的状况继续下去。否则，就要找出可能妨碍项目的因素，然后尽可能加以改进。当然，也会出现无法调整的情形，导致项目失败。

在本例中，从第三周结束时的预测结果可以看出，如果项目这样进行下去的话，其完成将推迟一周，且费用超出预算 35％。此时，需要认真考虑一些问题以保证项目的顺利进行。

7.8　本 章 小 结

软件项目成本估算及进度管理是在软件项目的早期要开展的一项重要工作，也是软件项目管理的重要内容之一。成本估算和进度管理是制定软件项目计划的依据，对于软件项目的整个运行过程有重要意义。

本章对软件项目估算和进度计划分别进行了介绍。

对于软件项目估算，首先给出了估算的基本概念、估算进行的时间、估算人员应具备的品质等内容；接着，介绍了软件项目成本估算的基础——软件规模，给出了软件规模度量的常用标准——代码行及功能点，并给出了软件规模度量的方法；然后，介绍了软件成本估算的方法和常用模型，详细描述了两种估算模型——COCOMO Ⅱ模型和 Putnam 模型；最后是对成本模型的评价。

项目规模成本估算是项目规划的基础，也是项目成本管理的核心。通过成本估算方法，分析并确定项目的估算成本，并以此为基础进行项目成本预算和计划编排，开展项目成本控制等管理活动。软件项目成本估算常用的三种估算方法是：类比估算法、参数估算法和自下而上估算法。在实际应用中，可以综合使用上述方法。不要盲目地认为存在一个最科学的或最先进的数学模型可用于进行项目的估算，如果企业没有足够多的历史数据，就不可能存在有效的数学模型。

对于进度计划,我们首先论述了进度计划在制定软件项目计划中的重要作用,并分析了采用分阶段的方式交付软件的优势;接着,详细描述软件项目进度安排的方法,包括甘特图和网络图,并给出了一个网络图的实例;最后,介绍了一种称为已获值分析的评价软件项目执行情况的方法,该方法以定期对项目进行的测量和分析为基础,可以计算出成本和进度表的性能指标,从而能够了解软件项目与原定项目计划相比的执行情况及预测未来的执行情况。

7.9　复习思考题

1. 软件项目规模成本估算的基本方法有几种?
2. 根据某项目的任务分解结构,对项目进行规模成本估算。
3. 有几种常用的网络图?
4. 画出第 6 章习题 2 中项目的网络图。
5. 用微软的 Project 工具,编制第 6 章习题 2 中项目的进度计划表。

第8章　软件项目风险管理

项目风险管理贯穿于项目开发过程中的一系列管理步骤。风险管理人员通过风险识别、风险分析,合理使用多种风险管理方法、技术与手段对项目风险实施有效的控制,以尽可能少的成本保证安全可靠地实现项目目标。

8.1　软件项目风险管理概述

8.1.1　风险定义与分类

美国软件工程研究所将风险定义为损失的可能性。风险与人们有目的的活动有关,与未来的活动有关,与人们变化的行为方式有关。风险具有两大属性:可能性和损失。可能性是风险发生的概率,损失是指预期与后果之间的差异。我们用可能性(Likelihood)和损失(Loss)的乘积来记录风险损失。风险的根源在于事物的不确定性,虽然无法避免不确定性,但是可以通过适当的方法对其进行控制与管理。

从范围角度上看,风险主要分为下述三种类型:项目风险、技术风险和商业风险。

(1) 项目风险:项目风险是指潜在的预算、进度、个人(包括人员和组织)、资源、用户和需求方面的问题。例如时间和资源分配的不合理、项目计划质量的不足、项目管理原理使用不当、资金不足、缺乏必要的项目优先级等所导致的风险。项目的复杂性、规模的不确定性和结构的不确定性也是构成项目风险的因素。

(2) 技术风险:技术风险是指潜在的设计、实现、接口、检验和维护方面的问题。规格说明的多义性、技术上的不确定性、技术陈旧也是技术风险因素。复杂的技术、项目执行过程中使用技术或者行业标准发生变化所导致的风险也是技术风险。

(3) 商业风险:商业风险主要包括市场风险、策略风险、管理风险、预算风险等。

软件风险是有关软件项目、软件开发过程和软件产品损失的可能性。软件风险又可区分为软件项目风险、软件过程风险和软件产品风险。

(1) 软件项目风险:这类风险涉及操作过程、组织过程、合同等相关参数。软件项目风险主要是管理责任。软件项目风险包括资源制约、外界因素、供应商关系或合同制约。其他风险还包括不负责任的厂商和缺乏组织支持。缺乏对项目外界因素的掌握与控制会加大项目风险管理的难度。

(2) 软件过程风险:这类风险包括管理与技术工作规程。在管理规程中,可能在一些活动中发现过程风险,如计划、人员分配、跟踪、质量保证和配置管理。在技术过程中,可能在工程活动中发现过程风险,如需求分析、设计、编码和测试。计划是风险评估中最常见的管理过程风险。开发过程风险是最常见的技术过程风险。

(3) 软件产品风险:这类风险包括中间及最终产品特征。产品风险主要是技术责任风险。可能在需求稳定性、设计性能、编码复杂度和测试明细单中发现产品风险。因为软件需求的灵活性,导致产品风险难于管理。需求是风险评估中最重要的产品风险。

8.1.2　风险管理

风险管理是指在项目进行过程中不断对风险进行识别、评估,制定策略,监控风险的过程。通过风险识别、风险分析和风险评价认识项目的风险,并以此为基础合理地使用各种风险应对措施、管理方法、技术和手段对项目的风险进行有效控制,妥善处理风险事件造成的不利后果,以最小的成本保证项目总体目标的实现。风险管理是一系列对未来的预测,伴随着一系列的活动和处理过程以控制风险,减少其对项目的影响。

风险管理是项目管理的一个重要组成部分,贯穿于项目生存期的始终。

(1) 从项目进度、质量和成本目标看,项目管理与风险管理的目标是一致的。通过风险管理来降低项目进度、质量、成本方面的风险,实现项目目标。

(2) 从计划的职能看,项目计划考虑的是未来,而未来存在不确定因素,风险管理的职能之一是减少项目整个过程中的不确定性,有利于计划的准确性。

(3) 从项目实施过程看,不少风险是在项目实施过程中由潜在变成现实的,风险管理就是在风险分析的基础上拟定具体措施来消除、缓和及转移风险,并避免产生新的风险。

风险管理可以分为四个层次。

* 危机管理:是在风险已经造成麻烦后才着手处理它们。
* 风险缓解:事先制定好风险发生后的补救措施,但不制定任何防范措施。
* 着力预防:将风险识别与风险防范作为软件项目的一部分加以规划和执行。
* 消灭根源:识别和消灭可能产生风险的根源。
* 风险管理策略有两种:救火模式和主动模式。

8.1.3　风险管理的意义

项目实施风险管理的意义可归纳如下。

* 通过风险分析,可加深对项目和风险的认识和理解,澄清各个方案的利弊,了解风险对项目的影响,以减少或分散风险。
* 为以后的规划与设计工作提供反馈,以便采取措施防止与避免风险损失。
* 通过风险管理可以使决策更科学,从总体上减少项目风险,保证项目的实现。
* 推动项目管理层和项目组织积累风险资料,以便改进将来的项目管理。

8.2　风　险　识　别

8.2.1　风险识别过程

风险识别,或称风险辨识,是寻找可能影响项目的风险以及确认风险特性的过程。风险的基本性质有客观性、不确定性、不利性、可变性、相对性和风险与利益的对称性。风险识别的目标是辨识项目面临的风险,揭示风险和风险来源,以文档及数据库的形式记录风险。风险识别要识别内在风险及外在风险。

为了识别特定性风险,必须检查项目计划及软件范围说明,从而了解本项目中有什么特性可能会威胁到项目计划。项目风险识别应凭借对"因"和"果"(将会发生什么和导致什么)的认定来实现,或通过对"果"和"因"(什么样的结果需要予以避免或促使其发生以及怎样发生)的认定来完成。风险识别不是一次性行为,而应有规律地贯穿整个项目中。

风险识别的输入可能是项目的 WBS、工作的陈述(Statement Of Work,SOW)、项目相关信息、项目计划假设、历史项目数据,其他项目经验文件、评审报告、公司目标等。风险识别的输出是风险列表。它包括以下活动。

1. 风险识别方法的确定

风险识别有很多行之有效的方法。常用方法是建立"风险条目检查表",利用一组提问来帮助项目风险管理者了解在项目和技术方面有哪些风险。此外,还有德尔菲(Delphi)方法、头脑风暴法、情景分析法、会议法、SWOT 分析法和匿名风险报告机制等。主要的方法包括:核对清单、头脑风暴法、德尔菲法、会议法、匿名风险报告机制等。

2. 风险定义及分类

一个问题被识别出来以后,可通过定义可能性及结果这两个风险的主要属性来判断它是否是风险。我们知道风险就是对项目成本、进度、技术的影响因素,因此分析风险属性必须紧密联系项目,以期得到准确的风险结果。同时,风险管理人员要对大量的风险识别结果进行分类整理。

3. 风险文档编写

在说明风险时,最简便的方法是使用主观的措辞写一个风险陈述。包括风险问题的简要陈述、可能性和结果。拥有标准形式的结果可增强可读性,使风险更易理解。通过编写风险陈述和详细说明风险场景来记录已知风险。对大型项目要同时将风险信息记入数据库系统。最后要填写风险管理表。每一个风险对应一个风险管理表。

风险识别的结果可以是一个风险清单表,如表 8-1 所示。

表 8-1　风险识别列表

经 营 风 险	类　别
规模估算可能非常低	产品规模
用户数量大大超出计划	产品规模
复用程度低于计划	产品规模
最终用户抵制该计划	商业规模
交付期限将被紧缩	商业规模
资金将会流失	客户特性
用户将改变需求	产品规模
技术达不到预期的效果	技术情况
缺少对工具的培训	开发环境
人员缺乏经验	人员数目及其经验
人员流动频繁	人员数目及其经验

8.2.2 风险识别的方法

1. 风险条目检查表

"风险条目检查表"是最常用的、也是比较简单的风险识别方法,它是利用一组提问来帮助管理者了解项目在各个方面有哪些风险。在"风险条目检查表"中,列出了所有可能的、与每一个风险因素有关的提问,使得风险管理者集中来识别常见的、已知的和可预测的风险(如产品规模风险、依赖性风险、需求风险、管理风险及技术风险等)。"风险条目检查表"可以以不同的方式组织,通过判定分析或假设分析,给出这些问题的答案,就可以帮助管理或计划人员估算风险的影响。

"风险条目检查表"一般根据风险要素进行编写,包括项目的环境、管理层的重视度、技术情况以及内部因素(如团队成员的技能或技能缺陷等)。风险识别中的风险条目是项目经验的积累,"风险条目检查表"可以不同的方式组织。一般,项目经理可以将主要的精力放在以下几个方面:产品规模、商业影响、项目需求、客户特性、过程定义、技术情况、开发环境、人员数目及其经验。其中每一方面包含很多的风险检查条目,通过对每个条目的回答,可以识别项目可能存在的风险。

当然,检查表的类别和条目可以根据企业或者项目的具体情况来选择或者开发。例如,美国软件工程研究所的一份研究报告提出,对于软件风险用 Class、Element、Attribute 三个层次描述风险列表。对于 Class(类)层分三组,即 Product Engineering、Development Environment 和 Program Constraints。每个 Class 组下包含若干 Element,每个 Element 组下又包含若干 Attribute。它们共同构成了风险检查表条目,通过 Attribute 属性值来识别和评估风险。具体条目要素如表 8-2 所示。

表 8-2 三层风险检查表

类(Class)	元素(Element)	属性(Attribute)
产品工程 (Product Engineering)	需求(Requirement)	稳定性(Stability) 完整性(Completeness) 清晰性(Clarity) 有效性(Validity) 可行性(Feasibility) 前瞻性(Precedent) 衡量性(Scale)
	设计(Design)	功能性(Functionality) 难度(Difficulty) 接口(Interfaces) 性能(Performance) 易测性(Testability) 硬件的限制(Hardware Constraints) 非开发软件(Non Developmental software)
	编码和单元测试 (Code and Unit Test)	可行性(Feasibility) 可测性(Testing) 编码/实现(Coding/Implementation)

续表

类(Class)	元素(Element)	属性(Attribute)
产品工程 (Product Engineering)	集成和测试 (Integration and Test)	环境(Environment) 产品(Product) 系统(System)
	工程特点 (Engineering Specialty)	可维护性(Maintainability) 可靠性(Reliability) 安全性(Security) 人为因素(Human Factors) 规范(Specification)
开发环境 (Development Environment)	开发过程 (Development Process)	正规性(Formality) 适合性(Suitability) 过程控制(ProcessControl) 了解程度(Familiarity) 产品控制(Productcontrol)
	开发系统 (Development System)	容量(Capacity) 适合性(Suitability) 可用性(Usability) 了解程度(Familiarity) 可靠性(Reliability) 系统的支持性(System Support) 供应能力(Deliverability)
	管理过程 (Management Process)	计划性(Planning) 项目组织(Project Organization) 管理经验(Management Experience) 管理程序之间的接口(Program Interfaces)
	管理方法 (Management Method)	监控(Monitoring) 人员管理(Personnel Management) 质量保证(Quality Assurance) 配置管理(Configuration Management)
	工作环境 (Work Environment)	质量的态度(Quality Attitude) 合作性(Cooperation) 沟通(Communication) 团队士气(Morale)
项目限制 (Program Constraint)	资源(Resource)	进度(Schedule) 人员(Staff) 预算(Budget) 设备(Facility)
	合同(Contract)	合同类型(Type of Contract) 约束条件(Restriction) 前提(Dependence)
	项目接口(Program Interface)	客户(Customer) 相关合同人(Associate Contractors) 子合同(Subcontractors) 总承包人(Prime Contractor) 公司管理机构(Corporate Management) 供方(Vendor) 合同条款(Politics)

项目工作细分结构 WBS 提供了识别具体项目风险的框架。要识别项目的不确定性，就要弄清项目的组成，各组成部分的性质，它们间的相互关系以及项目与外部因素的关系等。WBS 就是完成这一任务的有利工具。WBS 通过将项目分解为更小的、更便于管理的部件，直至每一个项目元素都以支持项目开发活动（计划、执行、控制等）的细节方式被定义。WBS 减少了项目的不透明度，使项目结构清晰。先前项目的 WBS 通常可以作为新项目的模板。虽然每个项目都是不同的，但是 WBS 通常可以重复使用，因为软件产品拥有相似性。

2. 德尔菲法

德尔菲法又称专家调查法，它起源于 20 世纪 40 年代末期，最初是美国兰德公司首先使用的，很快就在世界上盛行起来，目前此法的应用已遍及经济、社会、工程技术等各领域。我们在进行成本估算的时候也用到了这种方法。用德尔菲法进行项目风险识别的过程，是由项目风险小组选定与该项目有关的领域专家，并与这些适当数量的专家建立直接的函询联系，通过函询收集专家意见，然后加以综合整理，再匿名反馈给各位专家，再次征询意见。这样反复经过四五轮，逐步使专家的意见趋向一致，作为最后预测和识别的根据。

3. 情景分析法

情景分析法是根据项目发展趋势的多样性，通过对系统内外相关问题进行系统分析，设计出多种可能的未来前景，然后用类似于撰写电影剧本的手法，对系统发展态势做出自始至终的情景和画面的描述。当一个项目持续的时间较长时，往往要考虑各种技术、经济和社会因素的影响，对这种项目进行风险预测和识别，就可用情景分析法来预测和识别关键风险因素及其影响程度。情景分析法对以下情况是特别适用的：提醒决策者注意某种措施或政策可能引起的风险或危机性的后果；建议需要进行监视的风险范围；研究某些关键性因素对未来过程的影响；提醒注意某种技术的发展会给人们带来哪些风险。情景分析法是一种适用于对可变因素较多的项目进行风险预测和识别的系统技术，它在假定关键影响因素有可能发生的基础上，构造多重情景，提出多种未来的可能结果，以便采取适当措施防患于未然。

4. 会议法

定期的项目组会议，如项目转折点或重要变更时举行的会议、项目月（或季度）总结会、项目专家会议都适宜于谈论风险信息，将风险讨论列为会议议题。

8.3　风险评估

8.3.1　风险评估过程

风险评估又称风险预测，就是对识别出的风险做进一步分析，对风险发生的概率，风险后果的严重程度，风险影响范围，以及风险发生时间进行估计和评价。通常把风险评估的结果用风险发生的概率以及风险发生后对项目目标的影响来表示，风险 R 是该风险发生的概率 P 和影响程度 I 的函数：即 $R = f(P, I)$。然后建立风险表，按风险的严重性排序，确定最需要关注的前几个，一般来讲是前 10 个风险，简称 TOP10（具体多少个可以视项目的具体情况而定）。风险评估可采用定性风险评估和定量风险评估。风险评估过程如下：

（1）确定风险类别。通过整理已辨识风险，将类似的风险归为一组。应该排除冗余的风险,但是应记录冗余的个数。同一风险被多次识别可能在一定程度上反映了该风险的重要性。

(2) 确定风险驱动因素。风险驱动因素是引起软件风险的可能性和后果剧烈波动的变量。可通过将风险背景输入相关模型得到,如通过软件成本估计模型可发现成本驱动因素对成本风险的影响。进度的驱动因素通常包括在项目关键路径上的节点当中。

(3) 判定风险来源。风险来源是引起风险的内在原因。

(4) 定义风险度量准则。风险度量准则是按照重要性对风险进行排序的最基本依据。定义度量准则的目的是利用已知准绳衡量每一个风险。风险度量准则包括可能性、后果和行动时间框架。

(5) 预测风险影响。我们用风险发生的可能性与风险后果的乘积来度量风险的影响:

$$风险影响(RE) = 可能性(P) \times 后果(C)$$

可能性定义为大于 0,小于 1。后果由风险对成本、进度和技术目标的影响来决定。它可以是经济的损失,也可以是时间的损失等。

(6) 评估风险。项目中各个风险的严重程度是随着时间而动态变化的。时间框架是度量风险的又一个变量,它是指何时采取行动才能阻止风险的发生。风险影响和行动时间框架决定了风险的相对严重程度。风险严重程度有利于区分当前风险的优先级别。随着时间的推移,风险严重程度将发生变化。

(7) 对风险进行排序。依据评估标准确定风险排序,这样可保证高风险影响和短行动时间框架的风险能被最先处理。对风险进行排序,以有效集中项目资源,并考虑时间框架以得到一个最终的、按优先顺序排列的风险评估单。表 8-3 是一个非常重要的风险报告。

表 8-3　前 10 位首要风险列表

风　　险	当前优先级别	以前优先级别	进入前 10 名的周数	行动计划状态	风险等级
不断增长的用户需求	1	1	5	利用用户界面原型收集高质量的需求	
无法按进度表完成	2	6	2	将需求置于明确的变更控制之下,要避免在完成需求分析之前对进度做出约定 早期进行评审,以发现并解决问题 在项目进行过程中,要对进度表反复估计	高
项目分包商无法提供合格产品	3 4 5 6 7 8 9 10	5	1	增加项目组成员要对分包商的技术实力与信誉度充分评估; 合同一定要明确双方的责、权、利	高

(8) 将风险分析结果归档。将风险分析结果归档,使相关人员共享。同时填写风险管理表。

通过量化风险分析,可以得到量化的、明确的、需要关注的风险管理清单,见表 8-4。它是重要的风险管理工具,清单中列出了风险名称、类别、概率、该风险所产生的影响以及风险的排序。其中,整体影响值可对四个风险因素(性能、支持、成本及进度)的影响类别求平均值(有时也采用加权平均值)。应该从风险清单中选择排序靠前的几个风险(简称 TOP 10)作为风险评估的最终结果。

表 8-4　风险评估结果

风　　险	类　　别	概率/%	影　响	排　序
用户变更需求	产品规模	80	5	1
规模估算可能非常低	产品规模	60	5	2
人员流动	人员数目及其经验	60	4	3
最终用户抵制该计划	商业影响	50	4	4
交付期限将被紧缩	商业影响	50	3	5
用户数量大大超出计划	产品规模	30	4	6
技术达不到预期的效果	技术情况	30	2	7
缺少对工具的培训	开发环境	40	1	8
人员缺乏经验	人员数目及其经验	10	3	9
……				

8.3.2　风险评估的方法

1. 定性风险评估

定性风险评估主要是针对风险概率及后果进行定性的评估,例如采用历史资料法、概率分布法、风险后果估计法等。历史资料法主要是应用历史数据进行评估的方法,通过同类历史项目的风险发生情况,进行本项目的估算。概率分布法主要是按照理论或者主观调整后的概率进行评估的一种方法。每个风险的概率值可以由项目组成员个别估算,然后将这些值平均,得到一个有代表性的概率值。另外,可以对风险事件后果进行定性的评估,按其特点划分为相对的等级,形成风险评价矩阵,并赋一定的加权值来定性地衡量风险大小。例如,根据风险事件发生的概率度,将风险事件发生的可能性定性地分为若干等级。风险概率值是介于没有可能(>0)和确定(<1)之间的。风险概率度量也可以采用高、中、低或者极高、高、中、低、极低,以及不可能、不一定、可能和极可能等不同方式表达。风险后果是风险影响项目目标的严重程度,可以从无影响到无穷大影响。风险后果的影响度量可以采用高、中、低或者极高、高、中、低、极低,以及灾难、严重、轻度、轻微等方式表达。如表 8-5 所示,将风险发生的概率分为五个等级。同时可以将风险的影响程度分为若干等级,如表 8-6 所示,将风险后果的影响程度分为四个等级。

表 8-5　风险发生概率的定性等级

等　　级	等级说明
A	极高
B	高
C	中
D	低
E	极低

表 8-6　风险后果影响的定性等级

等　　级	等级说明
I	灾难性的
II	严重的
III	轻度的
IV	轻微

　　将上述风险后果的影响和发生概率等级编制成矩阵并分别给以定性的加权指数,可形成风险评价指数矩阵。表 8-7 为一种定性风险评估指数矩阵的实例。

表 8-7　风险评估指数矩阵实例

影响等级 概率等级	Ⅰ(灾难的)	Ⅱ(严重的)	Ⅲ(轻度的)	Ⅳ(轻微的)
A(极高)	1	3	7	13
B(高)	2	5	9	16
C(中)	4	6	11	18
D(低)	8	10	14	19
E(极低)	12	15	17	20

　　矩阵中的加权指数称为风险评估指数,指数 1~20 是根据风险事件可能性和严重性水平综合而确定的。通常,将最高风险指数定为 1,对应于风险事件是频繁发生的并是有灾难性的后果;最低风险指数定为 20,对应于风险事件几乎不可能发生并且后果是轻微的。数字等级的划分具有随意性,但要便于区别各种风险的档次,划分得过细或过粗都不便于风险的决策,因此需要根据具体对象制定。

　　项目管理者可以根据项目的具体情况确定风险接受准则,这个准则没有统一的标准。例如可以对风险矩阵中的指数给出四种不同类别的决策结果:指数 1~5,是不可接受的风险;指数 6~9,是不希望有的风险,需由项目管理者们决策;指数 9~17,是有控制的接受的风险,需要项目管理者们评审后方可接受;指数 18~20,是不经评审即可接受的风险。

　　由于这种风险评估指数通常是主观制定的,而且定性的指标有时没有实际意义。因此这是定性评估的一大缺点。因为无论是对风险后果的严重性或是风险发生的概率做出严格的定性量度都是很困难的。

　　当然,定性风险评估可以采用更为简单的方法。表 8-8 给出一种简易的定性评估的表格。其中,将风险发生的概率分为高、中、低三个等级,将风险后果的影响也分为高、中、低三个等级。表 8-8 可定性地确定风险的评估结果。

表 8-8　简易的定性风险评估表

概率 影响	低	中	高
高	低	高	高
中	低	高	高
低	低	中	中

　　风险后果影响和发生概率从风险管理的角度来看各有不同的作用。一个具有高影响但低概率的风险因素不应当占用太多的风险管理时间,而具有中到高概率、高影响的风险和具有高概率及低影响的风险就应该进行风险分析。

　　2. 定量风险评估

　　通过定性风险评估,人们能对项目风险有大致了解,可以了解项目的薄弱环节。但是,有时需要了解风险发生的可能性到底有多大,后果到底有多严重等。回答这些问题,就需要对风险进行定量的评价分析。定量风险评估是广泛使用的管理决策支持技术。一般,在定性风险分析之后就可以进行定量风险分析。定量风险分析过程的目标是量化分析每一个风险的概率及其对项目目标造成的后果，也要分析项目总体风险的程度。定量风险评估可以包括访谈、盈亏平衡分析、决策树分析、模拟法等方法。

（1）访谈。访谈技术用于量化对项目目标造成影响的风险概率和后果。采用访谈方式，可以邀请以前参加过与本项目相类似项目的专家，这些专家运用他们的经验做出风险度量，其结果会相当准确和可靠，甚至有时比通过数学计算与模拟仿真的结果还要准确和可靠。如果风险损失后果的大小不容易直接估计出来，可以将损失分解为更小的部分，再对其进行评估，然后将各部分评估结果累加，形成一个合计评估值。例如，如果使用三种新编程工具，可以单独评估每种工具未达到预期效果的损失，然后再把损失加到一起，这要比总体评估容易得多。

（2）盈亏平衡分析。盈亏平衡分析就是要确定项目的盈亏平衡点。在平衡点收入等于成本，此点是用来标志项目不亏不盈的开发量，用来确定项目的最低生产量。盈亏平衡点越低，项目盈利的机会就越大，亏损的风险就越小。因此，盈亏平衡点表达了项目生产能力的最低允许利用程度。

一种对风险进行评估的常用技术是定义风险的参照水准。对绝大多数软件项目来讲，风险因素——成本、性能、支持和进度——就是典型的风险参照系。也就是说，对成本超支、性能下降、支持困难、进度延迟都有一个导致项目终止的水平值。如果风险的组合所产生的问题超出了一个或多个参照水平值，就应该终止该项目的工作。在项目分析中，风险水平参考值是由一系列的点构成的，每一个单独的点被称为参照点或临界点。如果某风险落在临界点上，可以利用性能分析、成本分析、质量分析等来判断该项目是否继续工作。

（3）决策树分析。决策树分析是一种形象化的图表分析方法，它提供项目所有可供选择的行动方案和行动方案之间的关系、行动方案的后果以及发生的概率，为项目经理提供选择最佳方案的依据。决策树分析采用损益期望值（Expected Monetary Value，EMV）作为决策树的计算值，它是根据风险发生的概率计算出期望的损益。

决策树是以一种便于决策者理解的，能说明不同决策之间和相关偶发事件之间相互作用的图表来表达的。决策树的分支或代表决策或代表偶发事件，是对实施某计划的风险分析。它用逐级逼近的计算方法，从出发点开始不断产生分支以表示所分析问题的各种发展可能性，并以各分支的损益期望值中最大者（如求极小，则为最小者）作为选择的依据。

（4）模拟法。模拟法是运用概率论及数理统计方法来预测和研究各种不确定因素对软件项目投资价值指标影响的一种定量分析。通过概率分析，可以对项目的风险情况做出比较准确的判断。例如蒙特卡罗（Monte Carlo）技术。大多模拟项目日程表是建立在某种形式的"蒙特卡罗"分析基础上的。这种技术往往在全局管理中采用，对项目"预演"多次以得出计算结果的数据统计。"蒙特卡罗"分析也可能用来估算项目成本可能的变化范围。

8.4　风险计划

项目管理永远不能消除所有的风险，但是通过一定的风险规划并采取必要的风险控制策略常常可以消除特定的风险事件。风险计划的输出是项目风险管理的计划。

　　风险计划是针对风险分析的结果,为提高实现项目目标的机会并降低风险的负面影响而制定风险应对策略和应对措施的过程,即通过制定一系列的行动和策略来应对、减少以至于消灭风险事件。风险计划是规划和设计如何进行风险管理活动的过程,包括界定项目组织及成员风险管理的行动方案、选择合适的风险管理方法、确定风险判断的依据。

　　计划降低风险的主要策略是回避风险、转移风险、损失控制以及自留风险。风险事件常常可以通过及时改变计划来制止或避免。回避风险是对可能发生的风险尽可能地规避,可以采取主动放弃或拒绝使用导致风险的方案来规避风险,这样可以直接消除风险损失。回避风险具有简单、易行、全面、彻底的优点,能将风险的发生概率保持为零,因为已经将风险的起因消除了,从而保证了项目的安全运行。回避风险也称替代战略。排除特定风险往往依靠排除风险起源。项目管理组不可能排除所有风险,但特定的风险事件往往是可以排除的。

　　转移风险是指一些单位或个人为避免承担风险损失,而有意识地将损失或与损失有关的财务后果转嫁给另外的单位或个人去承担。例如,将有风险的一个软件项目分包给其他的分包商,或者通过免责合同等开脱手段说明不对后果负责。

　　转移风险有时也称通过采购转移风险,即从本项目组织外采购产品和服务,它常常是针对某些种类风险的有效对策。比如,与使用特殊科技相关的风险就可以通过与有此种技术经验的组织签订合同来减免风险。采购行为往往将一种风险置换为另一种风险。比如,如果销售商不能够顺利销售产品,那么用制定固定价格的合同来减免成本风险会造成项目时间进程受延误的风险;而相同情形下,将技术风险转嫁给销售商又会造成难以接受的成本风险。投保也是一种转移风险的策略,保险或类似保险的操作(如证券投资)常常对一些风险类别是行之有效的。在不同的应用领域,险种的类别和险种的成本也相应不同。

　　损失控制是指在风险发生前消除风险可能发生的根源并降低风险事件发生的概率,在风险事件发生后降低损失的程度。因此,损失控制的基本点是消除风险因素和减少风险损失。损失控制根据目的不同,分为损失预防和损失抑制。损失预防是指损失发生前为了消除或减少可能引起风险的各种因素而采取的各种具体措施。损失抑制(也称风险减缓)是指风险发生时或风险发生后为了减小损失幅度所采用的各项措施。

　　自留风险又称承担风险,它是一种由项目组织自己承担风险事件所致损失的措施。这种承担可以是积极的(如制定预防性计划来防备风险事件的发生),一般是经过合理判断和谨慎研究后决定承担风险;这种承担也可以是消极的,即不知道风险因素的存在而承担下来(如某些工程运营超支则接受低于预期的利润,或者由于疏忽而承担的风险)。

　　风险计划的结果是生成一个项目风险计划或者说风险管理方案。在整个项目进程中都应将管理风险的程序记录在风险管理方案里。除了记录风险识别和风险量化程序的结果外,还应记录谁对处理某些风险负责,怎样保留初步风险识别和风险量化的输出项,预防性计划怎样实施,以及储备如何分配等。储备是为了减免成本风险和日程风险而在项目方案中提出的预先准备,往往要在这个词前边使用一个修饰语,如管理储备、预防性储备、日程储备,以提供细节便于阐明需要缓解的是哪类风险。

　　风险管理方案可以是正式的或非正式的,可以是细致入微的或框架性的,这主要依据项目而定。它是整个项目方案的一个辅助方案。

　　风险计划的结果应该提供一个风险分析表,包括项目风险的来源和类型,项目风险发生的可能时间和范围,项目风险事件带来的损失,以及项目风险可能影响的范围等。见表 8-3 所示的例子,它是一个项目的风险分析的结果,通过输入风险识别项,对风险进行分析,得出风险值,然后按照风险值的大小排序,给出需要关注的 TOP 10 风险表。

8.5　风险控制与管理

　　风险控制就是通过对风险的规划和对项目全过程的控制,保证风险管理能达到预期的目标。风险控制是项目实施过程的一个重要工作,其目的是核对风险管理的策略和实施的实际效果是否与预期相同,同时获取反馈信息,改善风险计划和管理。

　　风险管理描述的是整个项目生存期中风险识别、风险评估、风险规划和风险控制是如何架构和执行的。在项目的进行过程中,需要不断地进行风险识别、风险评估、风险规划和风险控制。

8.6　案 例 分 析

　　以一个教育管理系统项目为例。某教育管理系统项目是基于 J2EE 技术的 Web 应用项目。它主要为一个公司或者一个部门的所有员工提供教育培训的管理。这个项目的需求来自一家大型公司,要在规定期限内提交产品,并保证软件的质量。这里将探讨软件项目风险管理等内容在软件项目管理中的具体应用,总结出一些有价值的软件项目管理经验,为以后在软件项目中实施项目管理提供有益的借鉴。教育管理系统项目被划分成多个较小的模块或单元,分配给项目的各个小组的成员,每个小组成员承担一个或几个任务。首先是子系统和模块的分解。子系统和模块的分解着重于功能,本系统的分解,依据需求所要求的三个角色的不同操作进行划分。系统被划分为员工操作子系统、部门领导管理子系统以及系统管理员子系统。然后,根据功能,将各个子系统又划分成几个模块。整个教育管理系统的功能划分如图 8-1 所示。

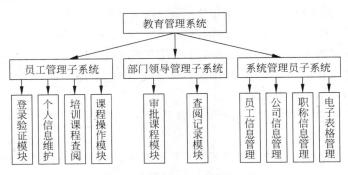

图 8-1　教育管理系统模块划分

　　由于风险是在项目开始之后才开始对项目的开发起负面的影响,所以风险分析的不足,或是风险回避措施不得力,都很有可能造成软件开发的失败。风险分析是在事前的一种估计,凭借一定的技术手段和丰富的经验,基本能够对项目的风险做出比较准确的估计,经过慎重的考虑提出可行的风险回避措施,是避免损失的重要环节。下面主要关注软件开发中的主要风险,但这只是项目风险中的一部分,在资金、预算、合同等方面都存在风险。

8.6.1 项目各开发阶段的风险

几乎项目过程中的每个阶段都会出现风险。因此,正确评估每个阶段可能的风险是保证项目按时按质完成的重要环节。软件在需求分析阶段、设计阶段、实现阶段以及测试维护阶段等,会出现不同的风险。

1. 需求分析阶段的风险

需求分析阶段的工作主要包括可行性分析、需求分析、部分业务模型设计、软件开发计划制定等。该阶段的风险主要有项目范围描述不清、界限和目标不明确、对业务和需求不了解、对系统认识不清、进度和计划安排混乱等,这些风险一般属于高级别的风险,有可能导致开发失败甚至取消。

需求分析阶段的风险一般属于高级别的风险,有可能导致开发的失败甚至取消。而该阶段最重要的风险就是有关需求的风险。软件开发从用户需求开始,多数情况下,用户需求要靠软件开发方的引导才能保证需求分析的质量。需求的主要风险体现在如下几个方面。

- 需求定义不明确:表现在需求目标和范围不明确、需求未细化、需求描述不清晰、需求描述不准确、需求遗漏、需求不一致等。
- 需求频繁变更:表现在需求虽然已成为项目基准,但仍在不断变化,特别是不断增加新的需求。

在软件开发各阶段中,需求风险对项目的影响最大,必须尽早解决。可采用让用户多参与需求分析、业务模型建设、请用户多方面交流、开发并演示原型给用户(请用户提意见)等方法,具体措施包括以下几个。

- 需求讨论会议。对于用户分布广、用户量大的项目,往往难以全面收集用户需求,通常采取需求研讨会议方式进行需求确认。在会议前几周调查各地、各部门用户需求意见,然后集中各地或各部门的用户代表,举办需求研讨会,以会议方式收集需求。
- 强化需求分析。应为需求分析分配充足的时间和人力,让有经验的系统分析员负责,需求分析不仅应清楚描述用户需求,更应开发和挖掘用户潜在需求。最好能尽快给用户一个原型来启发用户的需求。
- 强化需求评审。尽可能让用户参与需求评审,而非流于形式。评审通过后的需求规格说明书应让用户方签字,并作为项目合同的附件。公司内部则将评审通过的需求规格说明书纳入配置管理。
- 架构的扩展性。架构和设计都要考虑是为变更而设计,而不仅仅是满足当前需求。

2. 设计阶段的风险

设计的主要目的在于软件的功能正确地反映需求。可见需求的不完整和对需求分析的不完整和错误,在设计阶段被成倍地放大。设计阶段的主要任务是完成系统体系结构的定义,使之能够完成需求阶段的既定目标;另一方面也是检验需求的一致性和需求分析的完整性和正确性。

系统设计阶段的主要工作包括软件架构设计、系统功能设计、系统约束、测试方案设计等,还可能包含少量编码,以验证部分设计。

该阶段的风险主要有:

- 设计过于简单,对系统功能和架构考虑不周全、不仔细,导致需要多次反复修改设计和实现。
- 设计过于灵活和通用,增大软件实现的难度,导致不必要的工作,影响效率,并给系统实现和测试带来风险,影响系统稳定性。
- 设计质量低下、过于定制、系统可扩展性弱,给后期维护带来巨大负担和维护成本的激增,导致重新设计和实现。
- 使用不熟悉的方法,导致需要额外的培训时间。
- 分别开发的模块无法有效集成,需要重新设计和实现。
- 设计缺少用户或相关验证,导致需要再修改。
- 缺乏变更控制,随意地按照用户或系统的需要来修改设计,导致破坏整体性。
- 文档不健全,造成实现阶段的困难,并可能在后期的测试和维护中造成灾难性后果。

相对需求分析阶段而言,设计阶段的风险应比较明确,但需要更多专业人员进行。如进行设计评审和确认,进行变更控制等。然而,设计中的有些风险属于灾难性的,其埋下的设计问题,可能导致整个项目全部无效,浪费了资源和时间。

3. 编码测试阶段的风险

编码测试阶段的主要工作包括根据系统设计进行代码的编写并执行测试,以及部分设计变更、设计补充等内容。

软件的实现从某种意义上讲是软件代码的生产。源代码本身也是文档的一部分,同时又是将来运行于计算机系统之上的实体。因此,该阶段中与编码相关的主要风险是围绕开发人员生成源代码的过程而产生的,具体体现在如下方面。

- 由于设计错误而导致无法进行编码实现。
- 使用低级语言编写,导致效率较低。
- 因设计或开发人员的理解和沟通问题,导致分别开发的模块无法有效集成。
- 开发团队的纪律性差、缺乏激励措施,导致开发人员难以全身心投入项目开发工作,无法实现和达到所需的产品功能和性能要求。
- 开发团队缺乏必要的规范,增加工作失误、工作重复、降低工作质量。
- 开发团队沟通不畅,各开发人员对设计的理解不一致。
- 开发人员自身技术能力不高,导致编码工作进度缓慢,代码质量低下甚至部分功能难以实现。

为了发现源代码中的缺陷,需要进行测试,在编码测试阶段中与测试相关的主要风险有:

- 测试人员对被测产品的业务流程不熟悉,导致对需求理解不透彻,甚至发生错误,造成测试方案和用例难以深入反映产品的问题。
- 测试人员对同区域的反复测试缺乏耐心和兴趣,导致遗漏缺陷。
- 测试人员经长时间测试后,失去从用户角度出发的测试观点。
- 测试人员自身技术能力不高,导致测试用例或测试数据设计不充分、测试方法效率不高、测试场景缺失,造成测试不充分,甚至发生错误。

- 测试人员与开发人员未就质量标准达成一致,造成理解偏差。
- 受时间限制,测试用例实施不充分。
- 被测软件产品版本、测试环境软硬件配置不一致。
- 测试时间不足,导致无法对软件产品进行充分测试。

编码测试阶段的风险大都属于中等风险,但需要专业人员才能解决。例如,可进行编码培训防止编码混乱带来的风险,或者召开沟通会议以消除设计理解的不一致等。

4. 维护阶段的风险

产品交付给用户后就进入维护阶段,该阶段的主要工作包括进行产品化包装部署、客户实施安装维护等。

该阶段的主要风险有客户不满意、维护性差等。从软件工程的角度看,软件维护费用约占总费用的 $55\%\sim70\%$,系统越大,该费用越高。对系统可维护性的轻视是大型软件系统的最大风险。而在软件系统运营期间,主要的风险源自于技术支持体系的无效运转。

针对以上这些情况,可行的措施是在前面的各个阶段中进行更好的控制,从而减轻本阶段的风险。同时,保证客户支持队伍不断收集运行中发现的问题,并将解决问题的方法传授给软件系统的所有使用者。另外,还需要不断对软件系统进行修改(例如打补丁)和版本升级,在确保可维护性的前提下随着业务规则和外部环境的变化而逐步扩展系统。

该阶段发生风险的可能性较小,属中度或轻微风险。但本阶段所发生的风险在刚开始出现的时候对开发和项目的成败影响立刻达到最大化,然后开始减少。因此,若不及时加以控制,很容易造成不可挽回的损失。

图 8-2 表示了在软件开发各阶段通过测试发现各种问题的代价风险。

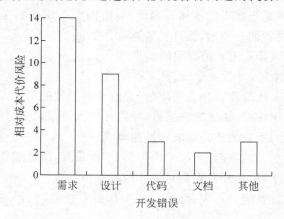

图 8-2　软件开发各阶段通过测试发现各种问题的代价风险

8.6.2　本系统开发过程中需考虑的其他风险

1. 体系结构方面的风险

本项目采用 J2EE 技术和三层结构,从技术的成熟度上来说,不存在风险。但在实现上,对开发人员的技术要求,以及在实现良好的软件构架和稳定的组件方面,是存在风险性的。

软件体系结构影响到软件的如下质量因素。

（1）软件的可伸缩性。它是指软件在不进行修改的情况下适应不同的工作环境的能力。由于硬件的飞速发展和软件开发周期较长的矛盾，软件升级的需要显得非常迫切。如果软件的升级和移植非常困难，软件的生命期必定很短，使得花费巨大人力物力开发出的软件系统只能在低性能的硬件或网络上运行，甚至被废弃不用，造成巨大的浪费。

（2）软件的可维护性。对软件的维护是必然的，为了保证软件的较长使用寿命，软件就必须适应业务需求的不断变化，根据业务需求的变化相关人员对软件进行修改。修改的成本和周期都直接和软件的体系结构相关。一个好的软件体系结构可以尽可能地将系统的变化放在系统的配置上，即无需修改软件代码，仅仅是在系统提供的配置文件中进行适当修改，然后软件重新加载进入运行状态，就完成了系统部分功能和性能要求的变化。对于重大改动，需要修改的源代码，也仅仅是先继承的原先的代码，然后用新的功能接替原先的调用接口，这样将把软件改动量减小到最低。

（3）软件易用性。软件的易用性是影响软件是否被用户接受的最关键的因素。在软件产品中，设计复杂、功能强大而完备，但因为操作复杂而被搁置者屡见不鲜。

主要原因在于缺乏软件开发中软件体系结构的宏观把握能力，缺乏有效的手段进行软件需求的确定和对潜在需求的挖掘。

2. 项目管理中的风险

在项目管理中主要考虑的风险问题包括以下四个。

（1）软件是否能够按工期的要求完成。软件的工期常常是制约软件质量的主要因素。很多情况下，软件开发商在工期的压力下，放弃文档的书写、组织，结果在工程的晚期，需要大量文档进行协调工作时，软件进度越来越慢。软件的开发不同于其他的工程，在不同的工程阶段，需要的人员不同，需要配合的方面也不同，所有这些都需要行之有效的软件管理的保证。

（2）软件需求的调研是否深入透彻。软件的需求是确保软件正确反映用户对软件使用的重要文档，探讨软件需求是软件开发的起始点。但软件的需求却会贯穿整个软件的开发过程，软件管理需要对软件需求的变化进行控制和管理。一方面保证软件需求的变化不至于造成软件工程的一改再改而无法按期完成，另一方面又要保证开发的软件能够为用户所接受。软件管理需要控制软件的每个阶段进行的程度，不能过细造成时间的浪费，也不能过粗，造成软件缺陷。

（3）软件的实现技术手段是否能够同时满足性能要求。软件的构造需要对软件构造过程中使用的各种技术进行评估。软件构造技术通常是最成熟的技术，往往不能体现最好的软件性能；先进的技术，往往人员对其熟悉程度不够，对其中隐含的缺陷不够明了。软件管理在制定软件开发计划和定义里程碑时必须考虑这些因素，并做出合理的权衡决策。

（4）是否能够有效地保证软件的质量体系。任何软件管理如果忽略软件质量监督环节都将对软件的生产构成巨大的风险。而制定卓有成效的软件质量监督体系，是任何软件开发组织必不可少的。软件质量保证体系是软件开发成为可控制过程的基础，也是开发商和用户进行交流的基础和依据。

8.6.3　某教育管理系统的风险管理

风险管理贯穿于整个项目生命周期。风险管理包括三个阶段：风险识别、风险量化以及风险规避。和其他的软件项目一样,在教育管理系统项目中也存在着许多风险。我们将风险影响划分为四级,从高到低为一级、二级、三级、四级。级别越高,表示风险发生后带来的影响越大。同时我们也将风险发生率分为四级,一级最高。级别越高,表示风险发生的几率越大。表 8-9 显示了本项目一部分风险的风险分析表格。

表 8-9　风险分析表

风　　险	发生率	影响程度	结　　果	规　避　方　案
需求变动频率	二级	二级	工作计划经常变动	进行合同评审;制订变更控制机制;严格执行配置管理;良好的客户关系
			超工期完成项目	
			最终工作结果与计划相差甚远	
人员技术水平不足	三级	三级	项目不能按时按质完成	对项目小组人员进行项目前培训
项目规模估计过低	二级	一级	项目不能按计划完成	评审项目计划;对有关细节请专家评审
软件体系结构不合理	三级	一级	影响项目进度	设计组成员选择有经验人员进行评审设计
			维护成本升高	
人员流失	三级	二级	项目进度延迟 专长人员流失将影响质量	采取更高水平的人力资源管理;制定更好的专长人员流失政策;提高开发人员整体素质,降低对专长人员的依赖程度;文档化有关过程
质量保证体系实施不力	二级	二级	软件产品质量低	严格执行质量政策;评审每个与质量保证相关的活动和文档

8.7　本章小结

本章首先论述了风险及风险管理的概念,提出软件风险是导致软件项目进度延迟、预算超支、项目部分(或整体)失败的因素。不确定性和损失是风险的两大属性。软件项目是即将或正在进行的生产过程,既然是未来的事情,要在项目计划中确定项目的进度、预算以及采用的技术等,势必与实际情况有所出入,这种不确定性就是项目的风险成分。风险是项目的固有属性,风险管理就是在蕴含着风险和契机的环境中演绎成功的行为准则。

风险是伴随着软件项目过程而产生的,在软件项目中必须进行风险管理,软件项目风险管理过程是一个不断识别风险、分析风险、跟踪风险和应对风险的过程。如果忽略了风险,风险就会导致项目的失败。"风险条目检查表"是风险识别和风险评估中常用的一种方法。为保证风险管理过程的完整性,还介绍了风险管理计划与风险管理验证。

风险管理计划包括确定风险管理的目标、制定风险管理策略、定义风险管理过程以及风险管理验证等。它是软件项目计划的一个非常重要的部分,是项目经理在软件项目进行过程中需要不断监视的依据,是行动过程的指南与依据。对任何一个软件项目,可以有最佳的期望值,但更应该有最坏的准备。"最坏的准备"在项目管理中就是进行项目的风险分析。

核对清单、德尔菲(Delphi)法、会议法是风险识别的主要工具与技术。对识别出的项目风险进行分析,可提炼出项目优先风险列表和风险的详细背景信息。风险分析采用的技术有因果关系分析法、决策分析法、差距分析法、帕雷托分析法、敏感度分析法等。风险计划包括为每一个项目风险确定应对策略。风险应对策略包括避免、转移、缓解、接受、研究、储备、退避等。同时风险计划还提出项目风险的示警阈值。风险跟踪实时度量项目风险、监视风险阈值,启动风险应对活动。

为了克服风险管理计划的缺陷和风险管理实践的不完善,需要实施风险管理验证活动。本章描述了如何通过独立审计,来检验风险管理活动与计划的一致性,同时还描述了如何保证项目实践遵循风险管理计划。监督与验证是保证活动质量的准则,因此,风险管理验证是必需的。

8.8　复习思考题

1. 根据检查表制作一个风险分析工具,根据检查表的条目的输入,确定风险分析的结果,给出需要关注的 TOP 10 风险表。

2. 针对第 7 章习题中的项目,编制项目的风险分析计划(给出 TOP 10 风险表即可)。

第9章　软件项目跟踪控制

项目跟踪控制就是为了保证项目能够按照预先设定的计划轨道行驶,使项目不要偏离预定的发展进程。跟踪控制是一个反馈过程,需要在项目实施的全过程对项目进行跟踪控制。

项目跟踪是项目控制的前提和条件,项目控制是项目跟踪的目的和服务对象。跟踪工作做得不好,控制工作也难以取得理想的成效;控制工作做得不好,跟踪工作也难以有效率。

9.1　软件项目跟踪控制概述

项目跟踪控制是项目管理的关键环节,同时也是最能体现项目经验的阶段。在项目执行过程中,项目经理的作用至关重要,一个好的项目经理是项目获得成功的关键。

对于项目组来说,最好是通过设置偏差的警戒线和底线的方法来控制项目,警戒线和底线可以以时间和阶段成果为标志。警戒线是为了认清发生拖延的标志,就像水位的警戒线一样,当警戒信号出现后,就应该执行应急措施。在警戒线上应该设置必要的解决或缓解问题的活动。底线本身是一种预测,预测可能的拖延时间。

建立偏差的准则要因项目而异。对于风险高、有很大不确定性的项目,接受偏差的准则可以高一些。

为了控制好项目,必须做好以下事情:

(1) 充分了解项目当前的状态;

(2) 依据所期望的状态、当前的状态和目标做出一些决策。其中,项目经理的分析能力、经验和悟性都决定了做出的决策的质量。

当然决策主要是受到所了解信息的限制,如果掌握的项目状态数据不够准确或者不够完整,就不能做出最好的决策。进行项目跟踪控制的基本步骤如下:

(1) 建立标准,即建立项目正确完成应该达到的目标。

(2) 观察项目的性能,建立项目监控和报告体系,确定为控制项目所必需的数据。

(3) 测量和分析结果,将项目的实际结果与计划进行比较。

(4) 采取必要措施,当实际的结果与计划有偏差时,在必要时可以修正项目计划。

(5) 控制反馈,如果修正计划,应该通知有关人员和部门。

下面几节将详细进行说明。

9.2　软件项目跟踪控制的标准

基准计划是优化后并被批准的计划,它作为项目实施考核的依据而存在,一般在项目计划实施之前保存,以便在整个项目的实施过程中进行对照。项目跟踪控制是对项目规划过的所有过程进行跟踪控制,包括规模、进度、成本、质量、风险等环节。

在对项目进行跟踪控制的时候,应该确定偏差的接受准则,比如进度、成本、质量等计划与实际的偏差比例等。

9.3　软件项目监控和报告体系

为了确定项目的状态,必须指定相应的监控系统和报告系统。项目经理需要了解项目进展和产品质量的反馈,以确保项目的各个环节都按计划进行。

建立项目监控和报告体系的首要任务是项目信息跟踪采集,跟踪采集是依据规定的规范对项目开发过程中的有关数据进行收集和记录,作为观察分析项目性能、标识偏差的依据。

9.3.1　跟踪采集的过程

跟踪采集过程主要是在项目生存期内根据项目计划中规定的跟踪频率,按照规定的步骤对项目管理、技术开发和质量保证活动进行跟踪。目的是监控项目实际情况,记录反映当前项目状态的数据(如进度、资源、成本、性能、质量等),用于对项目计划的执行情况进行比较分析,属于项目度量实施过程。

9.3.2　建立跟踪采集对象

从上面的跟踪采集过程看,首先要建立采集的对象。采集对象主要是对项目有重要影响的内部和外部因素。内部因素是指项目基本可以控制的因素,例如变更、范围、进度、成本、资源、风险等。外部因素是指项目无法控制的因素,比如法律法规、市场价格、外汇牌价等。一般要根据项目的具体情况选择采集对象。如果项目比较小,可以集中在进度、成本、资源、产品质量等内部因素。只有项目比较大的时候才可以考虑外部因素。跟踪采集的具体对象可以参见度量计划中的相关度量指标。

9.4　软件项目跟踪控制过程

软件项目跟踪控制的主要对象是项目范围、项目成本、项目进度、项目资源、项目质量、项目风险等。

当项目组按照计划执行任务时,应主动和不断地监控工作的状态,确保它们能够实现自身的目标和整体的目标。在实际中,可能发生各种各样的问题,例如任务估计不准确、需求发生变化、软件工具或者方法无法适应新的环境、设备和资源在需要时不可用、设计和实现发生错误、开发人员流动等。如果没有主动的项目跟踪控制,上述的问题也许不能及时发现,而产生负面的影响。项目跟踪控制本身的工作也应该合理,否则会占有很多的资源和成本。对于很小的项目,项目经理可以自己完成其中的大部分工作;对于大型项目(或者规模较大的组织),应该指定相关的人员协助项目经理完成。

项目经理根据采集的项目数据,进行项目性能分析。性能分析主要是确定项目是否满足其计划和目标。将计划的性能与实际的性能进行比较(相当于项目计划与实际执行的一个减法),如果出现偏离计划的情况,就需要识别产生偏离的原因,采取必要的措施以确保项目成功。性能分析的结果为决策提供信息。在项目的执行过程中,应该定期进行性能分析,以保证项目正常进行。

9.4.1　对软件项目范围的跟踪控制

项目范围的跟踪过程如图 9-1 所示,其输入是软件项目的计划需求范围(即需求规格)和实际执行过程中的范围及其控制标准。在项目范围控制过程中,通过与计划的需求规格比较,如果出现范围变化,即出现增加、修改、删除部分需求范围,就需要通过范围变更控制系统来实现变更,以保证项目范围在可以接受的范围内进行。

图 9-1　范围跟踪控制过程

在跟踪控制范围变更时,应避免出现两种情况:范围蔓延(Scope Creeping)和镀金(Gold-Plating)。范围蔓延是客户无限制地增加需求,镀金是开发人员无限制地美化功能。范围蔓延是指在客户的要求下,没有经过正常的范围变更控制系统而直接扩大项目范围,通常这部分扩大的工作内容是无法得到经济补偿的。镀金是指在范围定义的工作内容以外,项目团队主动增加的额外工作,这部分工作同样会增加额外工作,也无法得到经济补偿。

9.4.2　对软件项目的进度、成本和资源的跟踪控制

项目计划中的进度和成本是项目跟踪控制的主要内容。图 9-2 是项目进度、成本和资源的跟踪控制过程。根据跟踪采集的进度、成本、资源等数据,并与原来的基准计划比较,对项目的进展情况进行分析,以保证项目在可以控制的进度、成本和资源内完成。常用的项目性能分析方法有图解控制法、挣值分析法(即已获取价值分析法)等。

图 9-2　进度、成本和资源跟踪控制

1. 图解控制法

图解控制方法是利用表示进度的甘特图、表示成本的累计费用曲线图和表示资源的资源载荷图共同对项目的性能进行分析的过程。

从甘特图可以看出计划中各项任务的开始时间、结束时间,还可以看出计划进度和实际

进度的比较结果。

累计费用曲线是项目累计成本图,将项目各个阶段的费用进行累计,得到平滑的、递增的计划成本和实际成本的曲线。累计费用曲线对于监视费用偏差是很有用的,计划成本曲线和实际成本曲线之间的高度差表示成本偏差,在理想情况下,两条曲线应当很相似。

资源荷载图显示项目生存期的资源消耗。项目早期处于启动阶段,资源使用得少;到了中期,项目全面展开,资源大量被使用;而在结束阶段,资源消耗再次减少。利用资源分配表的总数很容易构造资源荷载图,资源荷载图围住的面积代表某段工作时间的资源消耗。

用图解控制方法进行项目分析的时候应该利用甘特图、累计费用曲线图和资源载荷图来共同监控项目。这个方法可以给项目经理提供项目进展的直接的信息。

2. 挣值分析法

图解控制方法的优点是可以一目了然地确定项目状况,采用这种易于理解的方法,既可以向上级管理层,也可以向项目人员报告项目的状况。它的最大缺点是只能提供视觉印象,但本身并不能提供其他重要的量化信息。例如相对于完成的工作量预算支出的速度,每项工作的预算和进度中所占的份额或者完成工作的百分比等。而挣值分析(也称为已获取价值分析)可以提供这方面的功能,而且还可以提供更多量化的信息,无论是大型项目还是小型项目都可以采用这个挣值分析法。

挣值分析法是对项目实施的进度、成本状态进行绩效评估的有效方法,是估算实际花费在一个项目上的工作量以及预计该项目所需成本和完成该项目的日期的一种方法。

挣值分析法是利用成本会计的概念评估项目进展情况的一种方法。传统的项目性能统计是将实际的值与计划的值比较,计算差值,判断差值的情况。实际的执行情况可能不是这样简单,如果实际完成的任务量超过了计划的任务量,那么实际的花费可能会大于计划的成本,但不能说超出成本了。所以,应该计算实际完成结果的价值,这样就引出了已获取价值的概念,即到目前为止项目实际完成的价值。有了"已获取价值"就可以避免只用实际值与计划值进行简单减法而产生的不一致性。

3. 偏差管理

项目经理在做项目计划的时候已经对项目进行了预算,而且经常是按照预算内完成、低于预算完成或者超预算完成来评价项目的成败。超预算会给项目经理以及公司带来很严重的后果,根据合同得到经费的项目,经费超支可能会导致经济损失。看到预算的重要性,就不难理解为什么很多的软件企业都很重视对这方面的管理。项目管理上面临的一个尴尬的现实是项目常常受到超支的威胁,为了预防这个威胁,项目经理经常在成本估算的时候添加水分。一般是先做出一个比较实际的估计,然后乘上一个系数来应付不可预测的问题。然而有的专家反对这种做法,认为这样反而会招致经费超支,削弱财务纪律。因此,控制预算是一个非常重要的管理过程。对于超出控制允许偏差范围的情况,要引起重视,应该调查偏差发生的原因。

进度问题更是项目经理关注的问题。进度冲突常常是项目管理过程中最主要的冲突,进度落后是危及项目成功的一项非常重要的因素。所以,一般在安排进度的时候,很多的项目经理对团队成员的要求是先紧后松。先让开发人员有一定的紧张感,然后在实施的过程中做适度的调节,以预防过度的紧张。记住一个经验教训:最会误导项目发展、伤害产品质量的事情就是过分重视进度,这不仅会打击人员的士气,而且还会逼迫组员做出愚昧的决定。对上层管理者或者客户进行进度沟通,基本上是先松后紧,给项目留出一定的余地,然后在实施过程中紧密控制。保证进度的偏差在可以控制的范围内。

如果偏差超出一定的范围,可能需要提出变更申请,对进度或者成本等基准计划进行变更。

9.4.3　软件项目质量的跟踪控制

在软件项目的开发过程中必须及时跟踪项目的质量计划,对软件质量的特性进行跟踪度量,以测定软件是否达到要求的质量标准,图9-3是质量跟踪控制的过程。通过质量跟踪的结果来判断项目执行过程的质量情况,决定产品是可以接受的,还是需要返工或者放弃的。

图9-3　质量跟踪过程

如果发现开发过程存在有待改善的部分,应该对过程进行调整。项目质量跟踪控制的方法有质量度量、控制图法、趋势分析法等。

软件质量度量主要有两类:预测型和验收型。预测型度量是利用定量或者定性的方法,对软件质量的评价值进行估计,以便得到软件质量的比较精确的估算值,它是运用在软件开发过程中的。而验收型度量是在软件开发各个阶段的检查点,对软件的要求质量进行确认性检查的具体评价。它相当于对预测型度量的一种确认,对开发过程中的预测进行评价。

质量度量方法主要有两种。第一种度量是尺度度量,它是一种定量度量,适用一些可以直接度量的特性(例如缺陷率等)。第二种度量是二元度量,它是一种定性度量,适用能间接度量的质量特性(例如使用性、灵活性等)。一般可以制定检查表来实现质量度量。

目前还不能精确地做到定量评价软件的质量,一般可以采取由若干位软件专家进行打分来评价。在评分的时候,可以对每一阶段的质量指标列出检查表,同时列出质量指标应该达到的标准。有的检查表是针对子系统或者模块的。然后,根据评分的结果,对照评估指标,检查所有的指标特性是否达到了要求的质量标准。如果某个质量特性不符合规定的标准,就应当分析这个质量特性,找出原因。

控制图法是一种图形的控制方法,它显示软件产品的质量随着时间变化的情况,在控制图法中标识出质量控制的偏差标准。

趋势分析法是指运用数字技巧,依据过去的成果预测将来的产品。趋势分析常用来监测:技术上的绩效——有多少错误和缺陷已被指出以及有多少错误和缺陷仍未被纠正;成本和进度绩效——每个阶段完成活动的数量有明显的变动。

Pareto图分析就是一种趋势分析方法,它是源自于Pareto规则。Pareto规则是一个很常用的项目管理法则:80%的问题是由20%的原因引起的(即80%的财富掌握在20%人的手里)。

有关软件质量的控制和管理在本书第 4 章中有详细的说明,在此不再赘述。

9.4.4　软件项目风险的跟踪控制

在项目实施过程中,项目经理应该定期回顾和维护风险计划,及时更新风险清单,对风险进行重新排序,并更新风险的解决情况。这些活动应该包含在项目计划中,以防遗忘。只有这样才能使项目经理们经常思考这些风险,居安思危,对风险的严重程度保持警惕。为了保证项目的透明性,风险清单应该向项目组的所有人公开,同时鼓励所有人员拥有风险意识,随时上报发现的问题。但是,报告好的消息很少会发现问题,报告坏的消息则不然。项目组应当建立一个匿名交流渠道,这样,项目组的所有成员可以利用这个渠道报告项目进展和风险消息。

风险跟踪控制是实施和监控风险管理计划,保证风险计划的执行,评估和削减风险的有效性;针对一个预测的风险,监视它事实上是否发生了,确保针对某个风险而制定的风险消除步骤正在合理使用;同时监视剩余的风险和识别新的风险,收集可用于将来的风险分析信息的过程。风险跟踪控制包括建立风险监控体系,进行项目风险审核、挣值分析、风险评价等方法。图 9-4 是风险跟踪控制的过程。风险跟踪控制是贯穿项目始终的,当变更发生时,需要重复进行风险识别、风险评估以及风险对策以研究出一整套基本措施。就算是最彻底和最复杂的分析也不可能准确识别所有风险及其发生概率,理解这一点是很重要的。因此,控制和重复是必要的。

图 9-4　风险跟踪控制的过程

1. 建立项目风险监控体系

项目风险监控体系的建立,包括制定项目风险的方针、程序、责任制度、报告制度、预警制度、沟通程序等方式,以此来控制项目的风险。

2. 项目风险审核

项目风险审核是确定项目风险监控活动和有关结果是否符合项目风险计划,以及风险计划是否有效地实施并达到预定目标。系统地进行项目风险审核是开展项目风险监控的有效手段,也可以作为改进项目风险监控活动的一种有效的机制。

如果风险事件未被预料到,或后果远大于预料,那么计划的风险策略是不充分的,这时就有必要再次重复进行风险对策研究甚至风险管理程序,需要增加附加风险策略研究。

3. 挣值分析

通过挣值分析可以显示项目在成本和进度上的偏差。如果偏差较大,需要进一步对项目风险进行识别和分析。

4. 风险评价

进行软件项目管理会面临很多已知的和未知的问题,尤其是没有管理经验的项目经理更应该及早预防。风险评价按照阶段不同可以分为事前评价、事中评价、事后评价、跟踪评价等；按照评价方法不同可以分为定性评价、定量评价、综合评价等。

　　5．风险分析结果

　　通过风险跟踪控制可以实时调整风险计划，监控一个预料之中的风险事件发生或没发生，对风险事件后果进行评估，对风险概率进行评估，对风险管理方案的其他方面都应进行实时的更新调整。针对风险清单，可以定时追加新的风险，更新风险的排序。表 9-1 是一个更新过的风险清单。

表 9-1　风险跟踪控制表

本周排名	上周排名	总周数	风　　险	风险处理情况
1	1	6	需求的逐渐增加	• 利用原型界面收集高质量的需求，将确认的需求纳入变更控制之下，用户签字 • 采用分阶段提交的方式让用户逐步接受
2	5	3	总体设计出现问题	• 聘请专家评审总体设计，提出修改建议 • 使用符合要求的开发过程
3	2	5	开发工具不理想	• 尽可能采用熟悉的工具 • 加强培训
4	7	3	计划过于乐观	• 避免在完成需求规格前对进度做出约定 • 早期评审，发现问题 • 及时评估项目状况，必要时修订计划
5	3	6	关键人员离职	• 挽留关键人员 • 启动备份的开发人员 • 再招聘其他人员
6	4	5	开发人员与客户产生沟通矛盾	• 与客户共同组织活动，增进感情 • 让用户参与部分开发
7	6	4	承包商开发的子系统延迟交付	要求开发商指定负责的联络人

9.4.5　其他方面的监控

　　在项目的跟踪控制过程中，还应该按照计划跟踪控制项目的其他方面，例如配置管理、人员管理、团队的工作士气等。人员流失是软件项目非常突出的问题。所以，作为项目经理应该随时了解人员的情况，加强团队的管理和沟通，保证大家在一个和谐愉快的环境中工作。如果没有很好的配置管理，就无法保证产品的完整性和一致性，所以加强配置管理等环境的监控也是必不可少的。当然，作为项目经理，应该时时监控项目计划安排的所有工作，保证项目的顺利进行。

　　可以利用工具分析项目进展，这个分析工具可以是商用软件(例如微软的 Project)，也可以是自行开发的项目管理信息系统(PMIS)。这个系统主要包括四个环节：建立基准计划、信息采集、信息处理和信息输出。

9.5　软件项目评审

项目评审是项目管理中一个重要的手段。技术评审的对象主要是规范和设计,而项目管理的管理评审关注的是项目规划和报告。

9.5.1　软件项目评审概述

项目评审是通过一定的方式对项目进行评价和审核的过程,通过项目评审,可以明确项目的执行状况,并确定采取的管理措施。评审时,需要对进度计划、成本计划、风险计划、质量计划、配置计划等的执行情况进行评价,确认计划中各项任务的完成情况,重新评估风险,更新风险表,明确是否所有的质量、配置活动都在执行以及团队的沟通情况如何等,给出到目前为止项目的执行结论。项目评审包括评审准备、评审过程以及评审报告三个过程。按照评审活动的类型,可以将项目评审分为如下几种:商务评审、技术评审、管理评审、质量评审、产品评审等。按照评审的时间,可以将项目评审分为定期评审、阶段评审和事件评审。

9.5.2　评审准备

评审准备主要是评审负责人确定评审内容并向评审参与者发送评审内容及有关评审资料,评审参与者审阅评审内容及有关评审资料的过程。

评审准备要素可能包括评审目的、评审内容、文档或产品的名称、评审方式、评审依据的规范和标准、评审议程、评审负责人、评审进入条件和完成标志、评审参加人员的姓名、角色和责任、评审地点、评审时间安排、评审争议的解决方式、评审报告分发的对象(包括人员、角色和职责)等。

9.5.3　评审过程

评审过程的制定,为项目的评审活动能够有计划、有步骤地进行提供了指南,其中包括评审过程中所要进行的各项基本活动。

评审依据是先前开发的各种项目计划:WBS 计划、进度计划、成本计划、质量计划、配置计划、风险计划、沟通计划等。评审采取的类型按照时间属性,可以分为定期评审、阶段评审和事件评审。

1. 定期评审

定期评审主要是根据项目计划和跟踪采集的数据定期对项目执行的状态进行评审,跟踪项目的实际结果和执行情况,检查任务规模是否合理,项目进度是否得以保证,资源调配是否合理,责任是否落实等。根据数据分析结果和评审情况及时发现项目计划的问题,评审相关责任落实情况,对于出现的偏差采取纠正措施。

在软件构建阶段,项目经理应该每周进行定期评审,以便及时了解项目的状况,评审的主要内容有:

- 从项目计划工具、缺陷跟踪工具、时间统计工具等处收集项目信息。
- 将完成的情况与计划进行比较。

- 将实际的缺陷情况与计划进行比较。
- 将实际的项目规模进度与计划进行比较。
- 评审并更新风险计划。
- 评审通过匿名渠道反馈上来的信息。
- 评审建议的变更和软件配置管理委员会(Software Configuration Control Board, SCCB)批准的变更,同时评审这些变更对项目计划的整体影响。

基于上述评审,项目经理可以将项目实际执行结果与计划进行比较,如果出现明显偏差,就需要采取纠正措施。

2. 阶段评审

阶段评审(里程碑评审)主要是在项目计划中规定的阶段点(里程碑),由项目管理者组织,根据项目计划、定期评审报告、技术评审报告和 SQA 评审报告对该阶段任务完成情况和产品进行评审。目的是检查当前计划执行情况,检查产品与计划的偏差,并对项目风险进行分析处理,判断是否可以对产品进行基线冻结。一个好的计划应该是渐进完善和细化的,所以阶段评审之后应该对下一阶段项目计划进行必要的修正。阶段评审一般采用会议形式。

3. 事件评审

在项目进展过程中可能会出现一些意想不到的事件,需要项目经理及时解决。事件评审主要是根据项目进行过程中相关人员提交的事件报告(这里的事件主要是指对项目进度和投入成本产生影响的技术事件、质量保证事件、项目管理事件和项目支持事件),对该事件组织相关人员进行评审,目的是通过分析事件性质和影响范围,讨论事件处理方案并判断该事件是否影响项目计划,必要时应采取纠正措施,从而保证整个项目的顺利进行。

9.5.4　评审报告过程

项目评审结束后需要将评审的结果以评审报告的形式发布。评审报告的过程是根据评审记录的结果整理评审报告,并根据评审结果和要求整理项目简报和计划修改请求,将以上文档向有关人员报告并归档的过程。评审报告包括定期评审报告、事件评审报告和阶段(里程碑)评审报告。

9.5.5　问题跟踪列表

发现和解决问题是项目管理工作中非常重要的方面,也是项目沟通过程要完成的任务。解决问题包括明确问题和制定解决方案两方面的组合。它所关注的是那些已经出现的问题,与风险管理相反(风险管理涉及的是潜在的问题)。明确问题要求将原因和现象进行区分,问题可能出自内部,也可能源于外部;问题可能出在技术上,也可能出在管理上或是人员上。

一般来说,项目经理经常要面对沟通的问题、计划偏差的问题、超预算的问题、客户需求的问题、范围变更的问题、质量的问题、相关支持的问题、资源的问题、角色和职责的问题、骨干人员流失的问题等。

项目经理应该时时监控潜在的问题,及早做好预防,将隐患消灭在萌芽状态。一旦明确了问题的解决方案,就必须予以实行,解决方案是具有时间性的。如果解决方案制定得太早或太晚,即使是正确的解决方案也不一定是最好的解决方案。

　　项目评审后,如果没有问题,一切按照计划进行,项目经理就会很轻松;但如果有了问题,就需要有一个问题跟踪列表,而这个问题跟踪列表正是需要项目经理关注和跟踪的事项。

9.6　软件项目计划修改

　　计划不是“固定化”,常有人说,“计划赶不上变化”,但“要跟上变化”,就需要对计划进行调整。项目计划以里程碑为界限,将整个开发周期划分为若干阶段。根据里程碑的完成情况,适当地调整每一个较小阶段的任务量和完成任务的时间,这种方式非常有利于对整个项目计划的动态调整。如果项目评审发现项目进展不符合计划且必须调整,就必须进行项目计划的修改。这个调整一定是经过软件配置控制委员会的审议和批准的。这里有两种情况,一种情况是项目计划中有不合理的地方需要修正,另外一种情况是在项目实施过程中,由于种种原因导致实际进展与计划产生了差距,不得不对计划进行重新安排。这时,项目经理需要对计划进行修改。

　　项目经理根据项目计划修改请求,组织相关人员进行分析以确定计划修改的范围,然后参照项目规划过程对修改引起的规模变化、人力变化、时间变化、风险因素、责任变化等进行估算并记录结果。对于修改后的计划,项目经理负责参照计划确认过程与相关各方进行确认。

9.7　案 例 分 析

　　软件工程项目是否成功的主要因素在于项目管理,而项目是否能有效地进行管理的关键在于项目过程的可见性。由于软件项目过程是一个逻辑活动过程的组合,因此,它不具备一个物理过程那样的可见性。软件项目跟踪与监控的目的就是为项目实际过程提供充分的可见性,以保证当项目执行偏离项目计划时能采取有效的解决手段。

　　软件项目跟踪跟踪软件工作产品的规模(或者软件工程产品更改的规模),必要时采取纠正措施;跟踪项目的软件工作量和成本,必要时采取纠正措施;跟踪项目的关键计算机资源,必要时采取纠正措施;跟踪项目的软件进度,必要时采取纠正措施;跟踪软件工程技术活动,必要时采取纠正措施;跟踪与项目的成本、资源、进度及技术方面相关联的软件风险。

　　软件项目控制包括进度控制、成本控制、质量控制、风险控制等方面。具体的控制措施包括周会、周报、里程碑报告、提交物审计、过程审计、配置审计、风险跟踪,乃至一些技术相关性很强的活动,比如测试和同行评审,也可能被归入控制范畴。这里我们将软件项目跟踪与监控应用到第 8 章的教育管理系统项目中。

9.7.1　软件项目跟踪与监控的目标和步骤

　　跟踪监控的目的是确保项目按照软件项目计划进行,如果出现偏差,就需要安排适当的

中间纠正措施。具体步骤如下:

(1) 对照软件计划,跟踪实际结果和性能。

(2) 当实际结果和性能明显偏离软件计划时,应采取纠正措施并加以管理,直到结束。

(3) 对软件承诺的更改得到受到影响的组和个人的认可。

软件项目跟踪是基于计划的,对一个项目要设定适当的检查点。例如里程碑就是较明显的检查点。在检查点上要将执行结果、执行状态和软件项目计划进行比较。若发现较大的差异,则应采取适当的步骤进行调整。在必要的情况下,也需对计划本身进行修改和维护。若在修改计划时,改变了某些项目的责任,那么这些改变必须得到有关责任方的重新认同。

软件项目跟踪与监控的基本流程包括软件项目组根据文档化的估计、承诺、计划跟踪和审查软件成果,并基于实际调整计划。文档化的软件项目计划用作跟踪软件活动、了解状态和修正计划的基础。项目经理根据项目开发计划跟踪项目的执行情况,定期形成项目进度报告,并与项目开发计划进行对比,发现问题,根据实际情况对软件开发计划进行修正。

9.7.2　软件项目跟踪、控制的实现

增加软件项目跟踪有效性的措施包括分析状态报告、里程碑审核、更新项目计划等。

1. 分析状态报告

状态报告用来跟踪项目的进展,它是按照事先决定的计划周期(本项目为每周)给出的。这是组织中每一级对该级下属项目的进度进行持续评估的方法。通常,状态报告是给管理级别较高的管理者阅读的。因此,报告应该有一定程度的抽象和汇集。不必十分详细地深入所有技术问题。定期的状态报告起到事情一偏离就能及早给出警告信号的作用。状态报告中包含以下内容:开始日期、结束日期、报告人、报告期间计划并且已经做了的事情、报告期间计划但是没有做的内容(要包括未做的原因分析)、报告期间没有计划但是做了的内容、下个周期的计划内容。

2. 里程碑审核

在项目进行到一个阶段时,项目经理要就前一个阶段产生的输出做审核。一个阶段可以由作业分解结果中的里程碑来确定。项目经理要依照软件项目计划对本阶段产生的文档、代码等进行比较,发现计划与实际进度的差异,并纠正这种偏差。纠正结果应写入项目计划中,即对项目计划进行更新。

3. 更新项目计划

当项目实际进度与软件项目计划的偏离超过预定的范围,或环境、需求发生改变时,就需要更新项目计划。但是,对每个改变都去修改项目计划是不切实际和浪费资源的。因此,我们认为在下列条件下,需要修改软件开发计划:延迟交付产品;客户提出的需求改变了;客户认可的工作约定改变了;工作依赖计划改变了。

重新计划是重新安排资源和重新协商工作约定,这都需要尽早与客户沟通。并且针对计划的更改,修改其他一系列相关的文档和代码,重新估计项目的风险、资源、工作量等。

9.7.3　软件项目中的跟踪监控方针

我们在对项目实施前就确定了对项目的跟踪监控方针,具体内容如下:

（1）指定一名项目经理负责项目的软件活动和结果。软件项目的软件开发计划应形成文件并得到批准。项目经理针对软件工作产品和活动明确地分配责任，项目组成员随时向项目经理报告软件项目的状态和问题。提供足够的用于跟踪软件项目的资源和资金。在管理软件项目的技术和人员方面，项目经理应受到培训。

（2）将文档化的软件开发计划用于跟踪软件活动和通报状态。按照文档化的规程，修订项目的软件开发计划。高级管理者参与按照文档化的规程，评审那些对组织外部的个人和组织所做的软件项目承诺和承诺的更改。将经批准的、影响软件项目承诺的更改通报给软件工程组和其他软件相关成员。

（3）跟踪软件工作产品的规模或者软件工程产品更改的规模，必要时应采取纠正措施；跟踪项目的软件工作量和成本，必要时应采取纠正措施；跟踪项目的软件进度，必要时应采取纠正措施；跟踪项目的关键计算机资源，必要时应采取纠正措施；跟踪软件工程技术活动，必要时应采取纠正措施；跟踪与项目的成本、资源、进度及技术方面相关联的软件风险。记录软件项目的实际测量数据和重新策划的数据。

（4）软件工程组进行定期的内部评审以便对照软件开发计划，跟踪技术进展、计划、性能和问题。按照文档化的规程，在所选择的项目里程碑处进行评审，以评价软件项目的完成情况和结果。然后进行测量，并将测量结果用于确定软件跟踪和监控活动的状态。由高级管理者定期评审软件项目跟踪和监控的活动。由项目经理定期地，并在事件驱动下，评审软件项目跟踪和监控的活动。软件质量保证组将评审和审计软件项目跟踪和监控的活动和工作产品，并报告其结果。

9.8　本章小结

跟踪控制是软件项目管理过程中的一个非常重要的管理过程，它直接决定着软件项目的成功与否，也是体现软件项目管理水平的关键。跟踪和控制是两个重要的环节。跟踪是采集软件项目运行过程中的原始数据信息；控制是根据采集的跟踪数据，与原始项目计划进行比较，从而判断项目的性能，对出现的偏差给予纠正，必要时会修改项目计划。项目的跟踪控制包括项目范围、进度、成本、资源、质量、风险等。本章重点介绍分析项目进展性能的两种方法：图解控制法和挣值分析法。图解控制方法是综合甘特图、费用曲线以及资源载荷图来分析项目的方法。挣值分析法是利用成本会计的方法评价项目进展情况的方法，它是从新的角度看待成本和进度差异的一种方法。

9.9　复习思考题

1. 针对某一项目的实施情况，在用微软的 Project 工具编制的开发计划的基础上，对项目进行跟踪，并给出跟踪的结果数据和相应的视图。

2. 针对某一项目的实施情况，提交项目的定期评审报告。

3. 针对某一项目的实施情况，提交项目问题跟踪列表的结果。

第10章　软件项目配置管理

在项目计划制定完毕并得到利益相关者的认可后,接下来的工作就是项目经理带领项目团队共同执行计划,并根据实际情况对计划进行适当的调整,保证项目成功地实施。项目目标能否有效地实现,关键在于这一阶段的工作做得如何,项目所需资源也是大量地消耗在这一阶段。

10.1　软件项目范围核实

为了保证软件项目实施过程中不将项目资源花费在不必要的工作上、将注意力集中在有价值的问题上、满足利益相关者的期望,需要对项目范围进行管理,使得整个项目范围既无溢出,也无缩水。

软件项目范围包括项目的最终产品或服务,以及实现该产品所需要执行的全部工作。作为管理项目范围的主要方法,范围核实是指利益相关者对项目范围的正式接受,包括项目最终产品和评估程序,以及这些产品的满意程度和评估的正确性。项目范围核实的实质是依据项目范围说明书对项目完成情况进行对比和确认的过程,即项目有关工作结果的验收问题。验收的内容主要包括工作成果和生产文件。工作成果主要是指项目阶段性的交付物是否已经完成或者部分完成,以及已经发生的或将要发生的成本等;生产文件是指对研究整个项目有帮助的、描述软件项目产品的文件。主要利益相关者,如项目客户和项目发起人要在此时正式接受项目可交付成果。为了能使项目范围得以正式认可,项目团队必须提供明确的正式验收文件,说明项目产品及其评估程序,以及评估是否正确地完成了项目产品。项目范围核实过程是在项目范围确定后,执行实施前各方相关人员的承诺。同时也是控制变更,有效配置管理的依据。

10.2　软件项目配置管理概念

在软件项目进行过程中,变更是不可避免的。如项目本身版本的升级,项目的不同阶段需求、设计、技术实施等的变化等。从某种角度上讲,软件项目开发就是一个变更的过程,其中有些变更是有益的、具有创造性的,但也有些变更是有害的,会导致混乱。配置管理是有效管理变更的手段,它贯穿于几乎软件的整个生命周期。成功的配置管理系统可以提高产品的质量、项目开发效率,而且能最大限度地减少对个别"英雄"式人员的依赖。虽然采用软件配置管理会增加一定的开销,但却能减少许多问题,从而提高软件生产率。

1. 配置管理定义、目标及作用

(1) 软件配置管理的定义。软件配置管理(Software Configuration Management,SCM)是

对产品进行标志、存储和控制,以维护其完整性、可追溯性以及正确性,它为软件开发提供了一套管理办法和活动原则。

(2) 软件配置管理的目标。软件配置管理是在整个系统周期中对一个系统中的配置项进行标志和定义的过程,这个过程通过控制某个配置项及其后续变更,记录并报告配置项的状态以及变更要求,证明配置项的完整性和正确性。其目标是:①标志变更;②已标志的软件工作产品的变更是受控的;③确保变更正确实现;④向受影响的组织和个人报告变更。

(3) 配置管理的作用。很多软件项目遇到的问题都是因配置管理不善而造成的。随着软件项目的规模日益庞大和复杂,经常会面临着以下问题:①开发人员未经授权修改代码或文档;②产品复制、人员流动可能造成企业的软件核心技术泄密;③找不到某个文件的历史版本或无法重新编译某个历史版本,维护工作十分困难;④软件系统复杂,由于编译速度慢等特性无法按期完成而影响整个项目的进度或导致整个项目失败;⑤已经解决的缺陷在新版本中又出现错误;⑥开发团队,尤其是分处异地的开发团队难于协同工作,可能会造成重复工作,并导致系统集成困难。软件配置管理工作能够很好地解决上述问题,它以整个软件过程的改进为目标,为软件项目管理和软件工程的其他领域打好基础,以便于稳步推进整个软件企业的能力成熟度。做好软件配置管理是迈向软件开发规范化管理的第一步。

2. 配置管理的相关概念

(1) 配置项。配置管理的对象称为软件配置项。软件配置项是特定的、可文档化的工作产品集,这些工作产品是生存期中产生或者使用的,每个项目的配置项也许会有所不同。表 10-1 列出了一些可以作为软件项目配置的配置项。

表 10-1　软件配置项的分类、特征和举例

分类	特征	举例
环境类	软件开发环境及软件维护环境	编译器、操作系统、编辑器、数据库管理系统、开发工具(如测试工具)、项目管理工具、文档编辑工具
定义类	需求分析及定义阶段完成后得到的工作产品	需求规格说明书、项目开发计划、设计标准或设计准则、验收测试计划
设计类	设计阶段结束后得到的产品	系统设计规格说明、程序规格说明、数据库设计、编码标准、用户界面标准、测试标准、系统测试计划、用户手册
编码类	编码及单元测试后得到的工作产品	源代码、目标码、单元测试数据、单元测试结果
测试类	系统测试完成后的工作产品	系统测试数据、系统测试结果、操作手册、安装手册
维护类	进入维护阶段以后产生的工作产品	以上任何需要变更的软件配置项

(2) 基线。根据 IEEE 的定义,基线是指已经正式通过复审和批准的某规约或产品,它因此可作为进一步开发的基础,并且只能通过正式的变化控制过程改变。在软件开发过程中,无论是需求分析、设计、测试都需要在完成时建立基线,以作为下一步工作的基础。

按照基线的定义可以把在软件的开发流程中所有需加以控制的配置项分为基线配置项和非基线配置项两类。

基线是软件生存期各开发阶段末尾的特定点,也称为里程碑。它是一个或者多个配置

项的集合,它们的内容和状态已经通过技术的复审,并在生存期的某一阶段被接受了。

功能基线、分配基线和产品基线是比较常用的三种基线。功能基线是指在系统分析和软件定义阶段结束时,经过正式评审和批准的系统设计规格说明中对被开发软件系统的规格说明;经过项目委托单位和项目承办单位双方签字同意的协议书或合同中所规定的对被开发软件系统的规格说明;由下级申请及上级同意或直接由上级下达的项目任务书中所规定的对待开发软件系统的规格说明。分配基线是指在软件需求分析阶段结束时,经正式评审和批准的软件需求规格说明。产品基线是指在软件组装与系统测试阶段结束时,经正式评审和批准的、有关所开发的软件产品的、全部配置项的规格说明。

(3) 配置管理委员会。配置管理委员会(Software Configuration Control Board,SCCB)是实现有序、及时和正确处理软件配置项的基本机制,主要负责评估变更,批准变更申请,在生存期内规范变更申请流程,对变更进行反馈,与项目管理层沟通。对于一个新的变更申请,首先应该依据配置项和基线,将相关的配置项分配给适当的 SCCB,SCCB 根据技术的、逻辑的、策略的、经济的和组织的角度,以及基线的层次,评估基线的变更对项目的影响,并决定是否变更。

10.3　软件项目配置管理过程

1. 配置管理的基本活动

一般来讲,配置管理至少要包括配置管理计划、配置项标志、配置项控制、状态状况报告和配置项审核五项活动。

(1) 配置管理计划。配置管理计划是开展配置活动工作的基础,及时制定一份可行的配置管理计划在一定程度上是配置成功的重要保证措施之一。

(2) 配置项标志。包括识别相关信息的需求(如配置管理的目的、范围、目标、策略和程序);与配置项所有者一起识别和标志配置项,有效的文档、版本及相互关系;以及在配置管理数据库(CMDB)中记录配置项。

(3) 配置项控制。建立程序和文档标准以确保只有被授权及可辨别的记录和可追溯的历史记录是有效的。

(4) 状态状况报告。记录并报告配置项和修改请求的状态,并收集关于产品构件的重要统计信息,主要是为了确保数据的永久状态。

(5) 配置项审核。对配置管理数据库中记录的配置项进行审验,确认产品的完整性并维护构件间的一致性。

2. 配置管理过程

配置管理基本是围绕着配置管理的五项活动进行的。为了更好地管理这五项活动,定义配置管理的基本过程如下。

(1) 配置管理计划。配置管理计划过程就是确定软件配置管理的解决方案,其涉及面很广,会影响软件开发环境、软件过程模型、配置管理系统的使用者、软件产品的质量和用户的组织机构。

配置管理的实施需要消耗人力和工具两方面的资源,这两方面需要预先规划。配置管理计划由配置管理者负责制定,是软件配置管理规划过程的产品,并且在整个软件项目开发过程中作为配置管理活动的依据加以使用和维护。其流程通常是首先由项目经理确定配置管理者,配置管理者通过参与项目规划过程,确定配置管理的策略,并制定详细的配置管理计划,交配置管理委员会审核,配置管理委员会通过配置管理计划后交项目经理批准,发布实施。具体来讲,配置管理计划的一个关键任务是确定要控制哪些文档。建立了要管理的文档后,配置管理计划必须定义以下几个问题:①文档命名约定;②项目计划书、需求定义、设计报告、测试报告等正式文档的关系;③确定负责验证正式文档的人员;④确定负责提交配置管理计划的人员。最后,制定配置管理计划还需定义以下问题:①根据已文档化的规程为每个软件项目制定软件配置计划;②将已文档化并且经批准的软件配置管理计划作为执行配置管理活动的基础。

(2) 配置项标志和跟踪。一个项目通常会生成很多的过程文件,并经历不同的阶段和版本。标志和跟踪配置项过程用于将软件项目中需要进行控制的部分拆分成配置项,建立相互间的对应关系,进行系统的跟踪和版本控制,以确保项目过程中的产品与需求相一致,最终可根据要求将配置项组合生成适用于不同应用环境的、正确的软件产品评估版本。

所有配置项都应按照相关规定统一编号,按照相应的模板生成,并在文档中的规定部分记录对象的标志信息。在引入软件配置管理工具进行管理后,这些配置项都应以一定的目录结构保存在配置库中。一个项目可能有一种也可能有多种配置项标志定义(例如文档类的、代码类的、工具类的配置项标志定义等),也可能有一个统一规范定义。

所有配置项的操作权都应当严格管理,基本原则是基线配置项向软件开发人员开放读取权限;非基线配置项向项目经理、配置管理委员会和相关人员开放。

在确定配置标志时需要开展以下活动。①建立一个配置管理库作为存放软件基线的仓库。当软件基线生成时,就将软件基线放入软件基线库中。存取软件基线内容的工具和规程就是配置管理库系统。②给置于配置管理下的软件工作产品做标态。置于配置管理下的软件工作产品主要包括可交付给客户的软件产品(如软件需求文档和代码等)以及与这些软件产品等同的产品项或者生成这些软件产品所需要的产品项(如编译程序、运行平台等)。配置标志就是为系统选择配置项,并在技术文档中记录其功能特征和物理特性。③根据文档化的规程,提出、记录、批准和跟踪所有配置项/配置单元的更改要求和问题报告。④根据文档化的规程记录配置项/配置单元的状态,该规程一般规定详细地记录配置管理活动,让每个成员都知道每个配置项/配置单元的内容和状态,并且能够恢复以前的版本;保存每个配置项/配置单元的历史,并维护其当前状态。

(3) 配置管理环境的建立。配置管理环境是用于更好地进行软件配置管理的系统环境,包括建立配置管理的软件环境和硬件环境,同时还要建立存储库的操作说明和操作权限。其中最重要的是建立配置管理库,简称配置库。

一般来说,存储软件项目过程的库分为开发库、受控库和产品库。开发库是动态库,用于存储与开发周期某个阶段工作有关的信息。开发库也称为工作空间,为开发人员提供了独立的工作空间,防止开发人员之间的相互干扰。受控库是在开发周期的某个阶段结束时,存放该阶段产品及其相关信息的库。产品库是静态库,是存放最终产品的软件库。受控库和产品库虽然在逻辑上是两个库,但在物理上可以是一个库。

经常提到的配置库就是受控库,配置管理对受控库的信息进行管理。从效果上来说,配置库是集中控制的文件库,提供对所存储文件的版本控制。从受控库导出的文件自动锁定直到文件重新被导入,一个版本号自动与新版本文件相关联。配置库中的文件不能更改,任何更改都被视为创建了一个新版本的文件。文件的所有配置管理信息和文件的内容都存储在配置库中。

(4) 基线变更管理。在软件项目开发过程中,许多原因都有可能导致项目的基线产生变更,如需求、进度、成本、质量、风险和人员的变更等,一个变更还有可能导致其他的变更。因此变更发生后要综合考虑,权衡关系。变更管理也称为配置控制,应该经过 SCCB 授权,并需要一个包括变更请求、变更评估、变更批准或驳回、已批准后的变更实现的严格流程。从而确保只有被批准的变更才能予以实现,并被放入相应的基线中,而且要确保所有被批准的变更均被实现。基线变更与进度和成本控制系统一起,提供了技术活动和项目进展的可见性。

① 变更请求。变更请求是变更控制的起始点,它很少来自配置管理活动本身,通常来自系统之外的事件触发,比如软件测试报告等。变更请求需要准备一个变更申请表,如表10-2 所示。变更申请表是提交给 SCCB 的正式文档。

表 10-2　变更申请表

项目名称			
变更申请人		提交时间	
变更题目		紧急程度	
变更具体内容			
变更影响分析			
变更确认			
处理结果			
签字			

② 变更评估。变更申请提交给 SCCB 后,必须验证其完整性、正确性和清晰性。如果在验证中发现变更是不完整的、无效的或者已经评估的,那么就应该拒绝这一请求,并创建拒绝原因的文档,返回给提交变更申请的人。不论什么情况,都要保留该变更请求和相关的处理结果。

在验证了变更请求后,由 SCCB 组织相关人员首先对新的、有效的变更进行分类。接下来分析变更的影响,包括范围、规模、成本、进度、接口和技术的影响等,对变更进行评估。

③ 变更批准或拒绝。根据变更评估的结果,SCCB 对变更请求做出决策。决策通常包括以下几个方面:直接实现变更、挂起或者延迟变更、拒绝变更。

④ 变更实现。当变更被批准后,项目人员可以使用 SCCB 给予的权限,遵循 SCCB 的指导,从受控库中取出基线的副本,实现被批准的变更,并对已经实现的变更实施验证。一旦 SCCB 认为正确实现并验证了一个变更,就可以将更新的基线放入配置库中,以更新该基线的版本标志等。

⑤ 配置审核。配置审核作为变更控制的补充手段,目的是为了确保某一变更请求已被确切实现。配置审核主要包括两方面的内容:配置管理活动审核和基线审核。

审核机制保证修改的动作被完整地记录,即记录谁修改了这个工件,什么时候做的修改,为什么做出这个改动以及修改了哪些地方。

基线审核主要是要保证基线化软件工作产品的完整性和一致性,以及基线的配置项被正确地构造并正确地实现,并满足功能要求。

(5)配置状态统计。检查配置管理系统和内容,检测配置项变更历史的过程称为配置状态统计。要求定期检测软件配置管理系统的运行情况以及配置项本身的变更历史记录,并且将这些结果以报告的形式给出。

配置状态报告着重反映当前基线配置项的状态,以作为对开发进度报告的参照,同时可以从中根据开发人员对配置项的操作记录来分析开发团队及成员之间的工作关系。

10.4　配置管理组织与实施

10.4.1　配置管理组织

要实施软件开发项目的配置管理,必须有相关的组织机构和规章制度来保证配置活动的完全执行。在典型的软件项目中,配置管理组织大多由相应管理层和职能层共同组成。一般包括项目经理、软件配置控制委员会、软件配置小组、开发人员等。各组织机构的职责如表 10-3 所示。

表 10-3　配置管理组织职责

组 织 机 构	责　　任	具 体 职 责
项目经理	负责整个软件项目的研发活动,根据 SCCB 的建议,批准配置管理的各项活动并控制它们的进程	• 制定和修改项目的组织结构和配置管理策略 • 批准、发布配置管理计划 • 决定项目起始基线和开发里程碑 • 接收并审阅 SCCB 的报告
软件配置控制委员会(SCCB)	管理软件基线,承担变更控制的所有责任	• 授权建立软件基线和标志配置/配置单元 • 代表项目经理和受到基线影响的质量保证组、配置管理组、工程组、系统测试组、合同管理组、文档支持组等小组的利益 • 审查和审定对软件基线的更改 • 审定由软件基线数据库中产生的产品和报告
软件配置小组(SCM 小组)	负责协调和实施项目	• 创建和管理项目的软件基线库 • 制定,维护和发布 SCM 计划、标准和规程 • 标志置于配置管理下的软件工作产品集合 • 管理软件基线的库的使用 • 更新软件基线 • 生成基于软件基线的产品 • 记录 SCM 活动 • 生成和发布 SCM 报告
开发人员	负责开发任务	根据组织内确定的软件配置管理计划和相关规定,按照软件配置管理工具的使用模型来完成开发任务

10.4.2　配置管理实施

1. 软件项目实施阶段的配置管理

在软件项目的实施阶段,软件配置管理活动分为三个层面:由配置人员完成的管理和维护工作;由系统集成人员和开发人员具体执行软件配置管理策略;变更流程。这三个层面既相互独立又相互联系,构成了有机的整体。

具体来讲,在项目实施阶段配置管理主要包括的活动有以下六个。

(1) 确定初始基线:由 SCCB 确定研发活动的初始基线。

(2) 配置库管理:配置人员根据软件配置管理规划设立配置库和工作空间,为执行软件配置管理做好准备,并定期执行备份和清理工作。

(3) 授权开发:开发人员按照统一的软件配置管理策略,根据获得的授权的资源进行项目的研发工作。

(4) 集成:系统集成人员按照项目的进度,集成组内开发人员的工作成果,构建系统,推进版本的演进。

(5) 管理基线:SCCB 根据项目的进展情况,并适时地建立基线,批准基线变更,保证开发和维护工作有序地进行。

(6) 产品开发:系统集成人员进行产品集成,由 SCCB 批准,进行发布。

2. 配置管理工具

近年来出现了分布、多层次软件系统,以及基于大粒度软件构件技术的软件开发方法的软件配置管理工具。目前配置管理工具可以分为三个级别。

- 第一个级别:版本控制工具,它是入门级的工具,例如,CVS 和 Visual Source Safe。
- 第二个级别:项目级配置管理工具,它适合管理中小型的项目,在版本管理的基础上增加变更控制、状态统计的功能,例如,CLEARCASE 和 PVCS。
- 第三个级别:企业级配置管理工具,在实现传统意义的配置管理的基础上又具有比较强的过程管理功能,例如,ALLFUSION HARVEST。

在建立自己的配置管理实施方案时,一定要根据管理需要,选择适合的工具,从而搭建一个最适合自己的管理平台。如果管理目标是建立组织级配置管理架构,并且要实现配置管理的所有功能,为以后的过程管理行为提供基础数据,那么建议选择专用的配置管理工具。

在选择配置工具时,除了配置管理工具本身的功能和特性外,经费也是要考虑的主要因素。选择开放源代码的自由软件,还是选择商业软件(如果选择商业软件,选择哪个档次的商业软件),都取决于可获得的经费。在选择商业软件时,还要考虑工具的市场占有率以及厂商的支持能力等因素。

10.5　案 例 分 析

我们以一高校毕业设计管理系统为例来阐述配置管理案例。某高校毕业设计管理系统是为毕业设计管理服务的系统,为了便于团队成员的协作开发,同时保证有效控制由毕业设计管理流程的变化,教务管理人员、毕业指导教师和毕业生需求的变化而带来的变更,制定配置管理计划如下。

1. 引言

为了便于团队成员的协作开发,有效地控制各种变化带来项目实施的变更,特制定本配置管理计划。

2. 组织及职责

(1) 根据《项目计划》中的角色分配,确定配置管理者和 SCCB 成员。

(2) 项目经理是 SCCB 的负责人。

(3) 配置管理者的角色和职责如表 10-4 所示。

表 10-4　配置管理角色职责表

角　色	人　员	职责和工作范围
配置管理者	人员 1	• 制定配置管理计划 • 创建和维护配置库
SCCB 负责人	人员 2	• 审批配置管理计划 • 审批重大的变更
SCCB 成员	项目经理——人员 2 质量保证人员——人员 3 配置管理者——人员 1	审批某些配置项或基线的变更

3. 配置管理环境

本项目属于中小型项目,工期不是很长,可以采用大家比较熟悉的 CVS 作为配置工具。

(1) 目录结构(见表 10-5)。

表 10-5　配置库的目录结构

内容	说　明		路　径
TCM	技术合同管理		\$ \grad-management\TCM
RM	需求管理		\$ \grad-management\RM
SPP	软件项目规划		\$ \grad-management\SPP
SPTO	软件项目跟踪与管理		\$ \grad-management\SPTO
SCM	软件配置管理		\$ \grad-management\SCM
SQA	软件质量保证		\$ \grad-management\SQA
SPE	软件产品工程	设计	\$ \grad-management\SPE\DESIGN
		源代码	\$ \grad-management\SPE\SOURCECODE
		目标代码	\$ \grad-management\SPE\BUILD
		测试	\$ \grad-management\SPE\TEST
		发布	\$ \grad-management\SPE\RELEASE

（2）用户权限（见表 10-6）。

表 10-6　配置库的用户权限

类　　别	人　　员	权 限 说 明
配置管理者	人员 1	负责项目配置权限、对库拥有所有权限
项目管理	人员 2	访问、读
质量保证人员	人员 3	访问、读
开发人员	人员 4 和人员 5	访问、读
高层管理		访问、读

4. 配置管理活动

1）配置项标志

（1）命名规范。命名规范适用于过程文档，生存期中各阶段的计划、需求、设计、代码、测试、手册等文件。

本项目文件命名规范由五个字段组成，从左到右依次为公司、项目、类型、编号和版本号。其中公司最长为三个字符，项目最长为十个字符，类型最长为五个字符，编号最长为八位数字，版本号表示为 $vm.n$。字段之间用横线(-)分隔。

（2）主要配置项（见表 10-7）。

表 10-7　配置项列表

类型	主要配置项	标 志 符	预计正式发表时间
技术合同	《合同》	QTD-grad-management-TCM-Contact-V1.0	2007-5-8
	SOW	QTD-grad-management-TCM-SOW-V1.0	2007-5-8
计划	《项目计划》	QTD-grad-management-SPP-PP-V1.0	2007-5-8
	《质量保证计划》	QTD-grad-management-SPP-SQA-V1.0	2007-5-8
	《配置管理计划》	QTD-grad-management-SPP-SCM-V1.0	2007-5-8
需求	《需求规格说明书》	QTD-grad-management -RM-SRS-V1.0	2007-5-15
	用户 DEMO	QTD-grad-management -RM-Demo-V1.0	2007-5-15
设计	《总体设计说明书》	QTD-grad-management-Design-HL-V1.0	2007-5-19
	《数据库设计》	QTD-grad-management-Design-DB-V1.0	2007-5-19
	《详细设计说明书》	QTD-grad-management-Design-LL-V1.0	2007-5-22
	《设计术语及规范》	QTD-grad-management-Design-STD-V1.0	2007-5-19
编程	源程序	QTD-grad-management-Code-ModuleName-V1.0	2007-5-30
	编码规则	QTD-grad-management-Code-V1.0	2007-5-19
测试	《测试计划》	QTD-grad-management-Test-Plan-V1.0	2007-6-30
	《测试用例》	QTD-grad-management-Test-Case-V1.0	2007-6-30
	《测试报告》	QTD-grad-management-Test-Report-V1.0	2007-7-2
提交	运行产品	QTD-grad-management- Product-Exe-V1.0	2007-7-3
	《验收报告》	QTD-grad-management- Product-Report-V1.0	2007-7-5
	《用户手册》	QTD-grad-management-Product-Manual-V1.0	2007-7-5

（3）项目基线（见表 10-8）。基线管理由项目执行负责人确认、SCCB 授权、配置管理员执行。

表 10-8　基线发布计划

基线名称/标志符	基线所包含的主要配置项	预计建立时间
需求	《需求规格说明书》和用户 DEMO	2007-5-15
总体设计	《总体设计说明书》和《数据库设计》	2007-6-9
项目实现	软件源代码和编码规则	2007-6-30
系统测试	《测试用例》和《测试报告》	2007-7-2

（4）配置项的版本管理。配置项可能包含的分支从逻辑上可以划分成四个不同功能的分支,让它们分别对应四类工作空间。

- 主干分支。
- 私有分支。
- 小组分支。
- 集成分支。

上面定义的四类工作空间（分支）由项目负责人统一管理,根据各开发阶段的实际情况定制相应的版本选择规则,来保证开发活动的正常运作。在变更发生时,应及时做好基线的推进工作。

对配置项的版本管理在不同分支具有不同的策略:①主干分支。系统默认自动建立的物理分支——主干分支(main),基线以标签方式出现在主干分支上。②私有分支。如果多个开发工程师维护一个配置项,建议建立自己的私有分支,配置管理员对其基本不予管理。如个别私有空间上的版本树过于冗余,将对其冗余版本进行限制。③小组分支。如果出现小组共同开发该配置项,该分支可视为项目组内部分组的私有空间,存放代码开发过程中的版本分支,由项目组内部控制。④集成分支。在集成测试时,在主干分支的特定版本上建立集成分支,测试工作在集成分支上完成。

私有分支和小组分支均为可选,可在必要时创建。

2）变更管理

变更管理的流程如下。

（1）由请求者提交变更申请,SCCB 会召开复审会议对变更请求进行复审,以确定该请求是否为有效请求。典型的变更请求管理包括需求变更管理、缺陷追踪等。

（2）配置管理者收到基线修改请求后,在配置库中生成与此配置项相关的关系表。

（3）配置管理者将基线波及关系表提交给 SCCB,由 SCCB 确定是否需要修改。如果需要修改,SCCB 应根据相关的关系表,确定需要修改的具体文件,并在相关的分析表中标志出来。

（4）配置管理者按照出库程序从配置库中取出需要修改的文件。

（5）项目人员将修改后的文件提交给配置管理者。

（6）配置管理者将修改后的配置项按入库程序放入配置库。

（7）配置管理者按 SCCB 标志出的修改文件,由相关的关系表生成基线变更记录表,并按入库程序将配置项放入配置库。

3）配置状态统计

利用配置状态统计,可以记录和跟踪配置项的改变。状态统计可用于评估项目风险,在开发过程中跟踪更改,并且提供统计数据以确保所有必需的更改已被执行。

为跟踪工作产品基线,配置管理者需要收集下列信息:

- 基线类型。
- 配置项名称/标志符。
- 更改日期/时间。
- 需要更改的配置项。
- 当前状态发生日期。
- 工作产品名称。
- 版本号。
- 更改请求列表。
- 当前状态。

项目组每周提交配置项清单及其当前版本。配置管理人员每半个月提交变更请求的状态统计。

10.6　本 章 小 结

如果说成功的项目计划是项目成功的一半,那么按照计划实施就是项目成功的另外一半。随着软件项目进入实施控制阶段,资源利用随之增加,控制力度也需要不断加强。项目实施的过程虽然是执行计划的过程,但同时也是检验项目计划的一个过程。在项目实施时会面临更多实际情况和变化,变化并不是人们最害怕的,最怕的是跟不上变化的步伐。只有对项目的范围、进度、质量、成本和风险这些重要方面进行跟踪,才能及时掌握项目的变化,有效地管理和控制,保证项目按照预期的目标顺利完成。

本章主要介绍了在软件项目实施过程中,项目范围的核实、配置管理策略的执行、变更的有效控制等。

10.7　复习思考题

1. 什么是范围核实? 范围核实的实质是什么?
2. 在实施阶段配置管理主要包括哪些活动?
3. 在实施阶段配置管理主要包括哪些过程?
4. 目前配置管理工具分为哪几个级别?

第11章　软件项目收尾

软件项目收尾是将项目或项目阶段的可交付成果交付的过程,或者是取消项目的过程。软件项目收尾过程的完成表明该项目或该项目阶段已经完成,项目团队以及项目利益相关者可以终止他们对于本项目所承担的责任和义务,并从项目中获取相应的权益。所以,项目收尾的管理和实施过程与项目的其他过程和阶段一样重要。

11.1　软件项目收尾概述

当一个项目的目标已经实现或明确看到该项目的目标已经不可能实现时,项目就应该终止,使项目进入结束收尾阶段。软件项目收尾过程是实施软件项目管理计划中的最后阶段,这一阶段我们仍然需要进行有效管理,适时做出正确决策,总结分析项目的经验教训,为今后的项目管理提供有益的经验。

软件项目收尾前应该完成的任务包括:

- 客户正式接受这个项目。
- 项目文档记录完整。
- 产品的最后版本必须满足完整的条件。
- 保留必要的项目文档。
- 准备经验学习资料。
- 转移必要的权限。

11.2　软件项目收尾过程

11.2.1　项目文件整理

在项目的收尾阶段,项目的人力和资金投入水平与项目的中、前期相比已大大下降,对于项目进度安排和各类资源使用的协调工作量也相应减少,而对于项目信息和资料分析、整理和归档的工作量则大大增加。这个阶段的主要工作有:(1)鉴别未完成的工作和工序;(2)核对所有任务和活动的相关记录是否准确、齐备;(3)确认所有与项目收尾相关的资料是否完整;(4)检查项目管理计划中的工作是否实际完成。完成资料的整理工作,为项目的最终移交做准备。

11.2.2　项目结束过程

结束项目的主要类型有:正常完成项目、未全部完成项目和失败项目。

当项目接近生命周期末期时,项目资源开始转向其他活动或项目,项目经理和项目团队成员所面临的工作也开始转向项目收尾活动。

1. 项目结束计划

结束项目的过程往往也是琐碎繁重的任务(例如,处理财务决算和工作单决算、撰写完成项目最终报告等),所以,项目经理应该高度重视项目结束过程的管理工作。结束项目过程的主要任务是制定项目结束计划、确定结束项目的责任人、进行项目成果的交流和评价。

项目结束计划其实已经包含在原来制定的项目计划中,只是在项目即将结束时,需要重新评审和细化项目结束计划,确保项目的正常结束。典型的项目结束计划包括:(1)项目结束要达到的目标;(2)项目结束的责任人;(3)项目结束程序;(4)项目结束工作的分解结构。

2. 项目收尾工作的内容

软件项目收尾工作至少包括以下内容。(1)范围确认。项目接收前,重新审核工作成果,检验项目的各项工作范围是否完成,或者完成到何种程度。最后,双方确认签字。(2)质量验收。质量验收是控制项目最终质量的重要手段,依据质量计划和相关的质量标准进行验收,若不合格则不予接收。(3)费用决算。费用决算是指对从项目开始到项目结束全过程所支付的全部费用进行核算,编制项目决算表的过程。(4)合同终结。整理并存档各种合同文件。(5)资料验收。检查项目过程中的所有文件是否齐全,然后进行归档。

3. 项目最后评审

项目结束过程中一个重要的过程是对项目的最后评审,它是对项目进行全面的评价和审核,主要工作包括:确定是否实现项目目标,是否遵循项目进度计划,是否在预算成本内完成项目,项目过程中出现的突发问题以及解决措施是否合适,问题是否得到解决,对特殊成绩的讨论和认识,回顾客户和上层经理人员的评论,从该项目的实践中可以得到哪些经验和教训等事项。在评审会议上,项目成员可以畅所欲言,发表自己的想法,而且这些想法对企业也可能很有好处。

4. 项目总结

项目结束的最后一个过程是项目总结。很多项目没有能进行很好的总结,推脱的理由有:项目总结时项目人员已经不全了,有新的项目要做,没有时间写总结,等等。这些理由都不充分,无论如何也要进行总结;只有总结当前的项目,才能提高以后项目的质量。项目的成员应当在项目完成后,为取得的经验和教训写一个《项目总结报告》,总结在本项目中哪些方法和事情使项目进行得更好,哪些为项目制造了麻烦,以后应在项目中避免什么情况等。总结成功的经验和失败的教训,会为以后的项目人员更好地工作提供一个极好的资源和依据。无论项目是成功还是失败,项目结束后可以根据项目的规模大小,适当地款待项目成员,比如可以设宴款待项目团队、给他们放假等。最后,要对软件项目过程文件进行总结,将项目中的有用信息进行总结分类,并将其放入信息库。

11.3　软件项目验收

项目验收是指项目结束或项目阶段结束时,项目团队将其成果交付给使用者之前,项目接收方会与项目团队、项目监理等有关方面对项目的工作成果进行审查。核查项目计划规定范围内的各项工作或活动是否已经完成,应交付的成果是否令人满意。若审查合格,项目成果由项目接收方及时接收并转入使用。

11.3.1　项目验收的意义

当项目结束时,及时地对项目进行验收,无论对项目团队(项目承担方)、项目业主(项目接收方),还是对项目本身都有非常重要的意义和作用,主要表现在以下几个方面。(1)项目的验收标志着项目的结束(或阶段性结束)。(2)若项目顺利地通过验收,项目的当事人就可以终止各自的义务和责任,从而获得相应的权益。同时,也意味着项目团队的全部或部分任务的完成,项目团队可以总结经验,接受新的项目任务;项目成员可以回到各自的工作岗位或被安排新的工作。(3)项目验收是保证合同任务完成,提高质量水平的最后关口。(4)通过项目验收,整理档案资料,可为项目最终交付成果的正常使用提供全面系统的技术文档和资料。

11.3.2　项目验收标准和依据

1. 项目验收的一般标准

项目验收标准是判断项目成果是否达到目标要求的依据,因而应具有科学性和权威性。只有制定科学的标准,才能有效地验收项目结果。作为项目验收的标准,一般可选用项目合同书;也可选用国标、行业标准和相关的政策法规、国际惯例等。

2. 项目验收的主要依据

在对项目进行验收时,主要依据项目的工作成果和成果文档。工作成果是项目实施后的结果,在项目结束时,应当提供一个令人满意的工作成果。因此,项目验收重点是针对工作成果进行检验和接收。工作成果验收合格,项目实施才可能最终完结。同时在进行项目验收时,项目团队必须向接收方出示说明项目(或项目阶段)成果的文档,如项目计划、技术要求说明书、技术文件等,以供审查。对不同类型的项目,成果文档包含的文件不同。

11.3.3　项目验收流程

项目验收的组织是指对项目成果进行验收的组成人员及其组织。一般由项目接收方、项目团队和项目监理人员构成。但由于项目性质的不同,项目验收的组织构成差异较大。如对一般小型服务性项目,只由项目接收人验收即可;甚至对内部项目,仅由项目经理验收即可。

项目验收依项目的大小、性质、特点的不同,其程序也不尽相同。对大型软件项目而言,由于验收环节较多、内容繁杂,因而验收的程序也相对复杂。对一般软件开发项目或咨询等小项目,验收也相对简单一些。但项目验收一般应由以下过程组成,如图 11-1 所示。

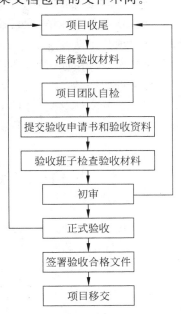

图 11-1　项目验收程序

11.3.4　项目验收范围

从项目验收的内容划分,项目验收范围通常包括质量验收和文件验收。

1. 项目质量验收

项目质量永远是考查和评价项目成功与否的重要方面。一个项目的最终目的是满足客户的需求,这种需求是以质量保证为前提的,必须从项目计划、项目控制、项目验收等不同环节严把质量关。只有搞好质量验收,项目才能圆满移交。

2. 项目文件验收

项目文件是项目整个生命周期的详细记录,是项目成果的重要展示形式。项目文件既作为项目评价和验收的标准,也是项目移交、维护和后期评价的重要原始凭证。因而,项目文件在项目验收工作中起着十分重要的作用。

在项目验收过程中,项目团队必须将整理好的、真实的项目文件交给项目验收方,项目验收方只有在对文件验收合格后,才能开始项目验收工作。项目文件验收是项目验收的前提。项目验收合格后,接收方应将项目成果及项目文件一起接收,并将其妥善保管,以备查阅和参考。

11.3.5　项目验收收尾与移交

1. 项目验收收尾

项目验收完成后,如果验收的成果符合项目目标规定的标准和相关的合同条款及法律法规,参加验收的项目团队和项目接收方人员应在事先准备好的文件上签字,表示接收方已正式认可并验收全部或部分阶段性成果。一般情况下,这种认可和验收可以附有条件,如软件开发项目在移交和验收时,可规定若在使用中发现软件有问题,软件使用者仍可以要求该软件项目开发人员协助解决。验收委员会在进行正式全部验收工作后,有关负责人须在项目验收鉴定书中签署姓名和意见。

2. 项目移交

当项目通过验收后,项目团队将项目成果的所有权交给项目接收方,这个过程就是项目的移交。项目移交完毕,项目接收方有责任对整个项目进行管理,有权力对项目成果进行使用。这时项目团队与项目业主的项目合同关系基本结束,项目团队的任务转入对项目的支持和服务阶段。由此可见,项目验收是项目移交的前提,移交是项目收尾的最后工作内容,是项目管理的完结。

当项目的实体移交、文件资料移交和项目款项结清后,项目移交方和项目接收方将在项目移交报告上签字,形成项目移交报告。项目移交报告即构成项目移交的结果。

11.4　成功的软件项目收尾的特点

一个成功的软件项目收尾通常应具有如下特点。

(1) 通过正式验收。这是软件项目收尾成功的一个基本前提条件。

(2) 项目资金落实到位。项目运作的目的是要使软件企业赢利,保证项目各种资金周转顺畅,必须进行认真核算。从客户方面来说,客户项目应付款必须结清。从开发方来说,项目班子的开发实施费用要盘结清楚,该签字的应签字认可。即做好软件项目资金的"出入账管理",保证合作双方或多方共赢。

（3）对项目认真总结。这是项目可持续发展的必要，也是对项目和项目组成员的尊重。当前的项目经验对其他项目、特别是对类似软件项目，将起到很好的借鉴意义，应针对管理、技术、开发过程等方面及时进行总结，并形成相关书面形式的总结材料。需要整理和存储的内容包括：程序代码、相关数据、对所有相关文档资料（包括合同、开发文档、测试文档、总结文档等）进行归档。

（4）保持良好的客户关系。随着软件用户业务的不断增长和变化，软件要进行维护和升级，或者在其他相关业务方面提出开发需求，带来更多合作空间，这也是软件企业的收益增长点。良好的客户关系可以使软件企业和客户保持长期稳定的合作关系，为今后的软件项目和双方的发展带来更多机会。

11.5　案例分析

我们以一个教学管理信息系统项目为例来阐述项目总结案例。项目总结如下所示。

1．项目总体信息

包括项目总时间、总成本、总人力、总规模等信息。

- 项目总时间：45 天，比计划多 3 天。
- 项目总成本：85 528.00 元。
- 项目总人力：5 人。
- 项目总规模：157.80 人天。
- 项目规模比例如图 11-2 所示。

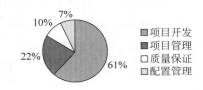

图 11-2　规模比例图

2．项目评审记录

- 总评审：23 次。
  - 项目计划评审：1 次。
  - 设计评审：2 次。
  - 质量评审：2 次。
  - 定期评审：8 次。
  - 阶段评审：8 次。
  - 事件评审：2 次。

3．实际与计划的差异分析（见表 11-1～表 11-3）

表 11-1　项目总时间差异表　　　　　　单位：人天

计划工期	实际工期	时间差异
42	45	－3

表 11-2　项目总规模差异表　　　　　　单位：人天

计划规模	实际规模	时间差异
138	157.8	－19.8

表 11-3　项目总成本差异表　　　　　　　　　　单位：人天

计划成本	实际成本	成本差异
90 660	85 528	5132

结论：从项目时间、规模、成本差异表来看，尽管略有差异，但基本上控制在范围以内。

4. 项目管理的评估总结和建议

(1) 基本遵循企业的质量体系实施项目管理过程。

(2) 由于大家对项目管理的认识不同，项目管理的磨合时间较长。

(3) 建议：项目计划期间，管理、开发、质量保证三方应相互明确各自任务和职责，以提高项目计划的准确性和透明度，为项目实施过程的相互协作打下基础。

5. 质量保证的评估总结和建议

(1) 质量保证在项目中基本按计划进行，达到了预期的效果。

(2) 在系统测试阶段，质量保证人员的参与，对产品的验错起到了很好的作用。

(3) 建议：以后的功能测试应增加质量保证人员。

6. 技术开发的评估总结和建议

(1) 开发人员具有一定的敬业精神和实施能力。

(2) 开发人员对项目计划的时间概念不强。

(3) 建议：增强项目计划的时间观念。

11.6　本 章 小 结

本章介绍了项目结束应该执行的过程。项目结束过程包括：制定结束计划、完成收尾工作、进行最后评审、编写项目总结报告等。

项目结束过程也非常重要，尽管它常常不被重视，俗话说"编筐编篓，全在收口"。往往在整个项目接近完成的收尾阶段，项目团队成员的注意力开始转移到新的项目任务上去，并且项目收尾阶段的工作一般也比较耗时而琐碎。因此，更应当特别强调项目收尾的重要性，只有完满完成项目收尾工作，才会为项目真正画上一个圆满的句号。

11.7　复习思考题

1. 什么是项目收尾？

2. 简述项目收尾过程的输入和输出内容。

3. 简述项目收尾资料整理的主要工作内容。

4. 简述结束项目的过程。

5. 如何结束失败项目？

6. 简述项目验收的意义。

7. 简述项目验收的标准及依据。

8. 简述项目验收的程序。

9. 简述项目验收的结果。

第 12 章　综合案例分析

12.1　AMFI 案例研究综述

　　某金融领域公司是一个价值几十亿美元的金融机构。为了与时代同步,它于几年前开始开发基于 Web 的应用,并希望实现网上开户和账户跟踪业务。因为在早些时候,某国际软件公司(以下简称为 A 公司)在一个称为 Synergy(化名)的项目中已经成功地为该公司建立了某些电子业务,所以它聘请 A 公司来分析问题。该工作以时间加材料(Time and Material,T&M)合同模式进行执行,即客户根据 A 公司在分析时所做的工作量进行支付。基于分析结果,A 公司成功地竞标得到了该 Web 项目,从而开始了 AMFI 案例研究。该项目按时成功地推出了新业务,并且软件在运行中从未出现过任何问题。

　　AMFI 项目说明了 A 公司在执行一个项目时必须承担的各种项目规划和监督任务。与 AMFI 项目管理相关的结果已在相关的章节中进行过讨论。这些结果包括:

- Synergy 项目的数据,AMFI 项目经理在进行规划时使用。
- 需求变更申请的影响分析。
- 工作量估计和高水平的进度计划,以及如何对它们进行描述。
- 质量计划,包含质量目标和实现它们的计划,包括故障预防和评审的计划。
- 风险管理计划,描述主要风险、它们的危险程度和影响、它们的优先权,以及高优先级风险的缓和计划。
- 度量和跟踪计划。
- 完整的项目管理计划,包括团队管理计划与客户沟通及提交计划。
- 项目跟踪文档,包括故障日志、问题日志、状态报告和里程碑报告。
- 完整的项目收尾报告,包括关于质量、生产率、质量成本、故障排除效率等度量标准数据。

12.2　AMFI 项目的过程规划

　　因为 AMFI 项目是一个开发项目,所以遵循标准的 Infosys 开发过程。然而,因为向客户承诺使用 RUP,对它进行了裁剪以满足 Rational 统一过程(Rational Unified Process,RUP)方法的需求。RUP 是一种迭代式开发方法。A 公司采用的过程裁剪指南支持迭代式地执行不同阶段,但要在每次迭代中执行分析、设计、编码和测试任务。除了进行迭代式开发外,为了满足 RUP 方法,需对标准过程做如下主要修改:

- 只有那些在一个特定的迭代中开始使用的用例才在迭代中进行详细描述。
- 在最初几次迭代中,增量式地开发逻辑对象模型和物理对象模型。

- 物理数据库设计可以在以后的迭代中进行细化。
- 每次迭代将开发一个单元测试计划。
- 记录每次迭代过程发现的故障。

此外,不准备用标准的可跟踪性矩阵机制进行需求跟踪。相反,将用 Requisite Pro 工具跟踪需求,该工具是开发环境的一部分。

需求变更管理将使用标准过程。尽管在每次申请时都进行影响分析,但如果在一个变更申请可能要占总工作量的 2% 以上时,则必须对影响进行重新估计。过程规划结果在项目管理计划中进行记录。

12.3　AMFI 项目的质量计划

现在,讨论 AMFI 案例研究项目的质量计划。为了设定其目标和故障估计,AMFI 项目经理借鉴了 Synergy 项目的数据,这是更早些时候为同一个客户开发的同类项目。Synergy 的故障引入率是 0.036 个故障/人时(通过总故障数除以总工作量而求得——总故障数和总工作量都可以在 Synergy 过程数据库中找到)。AMFI 项目经理希望比 Synergy 项目做得更好,并希望将故障引入率减少 10%,以显著地好于组织的标准。根据计划的故障引入率,引入的故障数等于 $501 \times 8.75 \times 0.033$(工作量(以人日为单位)、每人每天的工作时间(以小时为单位)以及期望的故障引入率的乘积)。即,估计整个生命期引入的总故障数在 145 个左右。

质量被定义为验收测试期间的故障密度,或者验收测试前的总故障排除效率。Synergy 在验收测试期间发现 5% 的故障,AMFI 项目旨在将它减少到 3%,因此验收测试期间发现的故障数为 $145 \times 0.03 = 5$(近似)。

生产率目标与 Synergy 相比略微有所提高。进度目标是按时交货,并且期望的质量成本是 32%,这与 Synergy 和组织能力基准相同。表 12-1 给出了 AMFI 项目中的所有相关目标。

表 12-1　AMFI 项目目标

目　　标	值	目标设置基础	组织范围的标准
总故障数	145	0.033 个故障/人时;这比 Synergy 好 10%,后者为 0.036 个故障/人时	0.052 个故障/人时
质量(验收故障数)	5	估计的总故障数的 3% 或以下	估计的总故障数的 6%
生产率(FP/人月)	57	生产率比 Synergy 提高 3.4%	50%
进度计划	按时交付		10%
质量成本	32%	31.5%	32%

为了监督和控制项目,AMFI 项目经理需要得到各阶段检测到的故障数的估计数值。然后,他就能够将这些估计数值与实际发现的故障数做比较,并用它们来监督项目的进展。有了引入的总故障数的估计值之后,就可以用故障分布率求得上述每个阶段的故障数估计值。

为了求得故障分布率,可以选择使用能力基准数据或者 Synergy 数据。因为 Synergy 没有需求分析阶段,所以对其分布率做了调整以适应当前的生命期。本质上,将单元测试阶段发现的故障百分比从 45% 减少到 40%,验收测试阶段的故障百分比减少到 3%(因为这是质量目标),并将需求分析和设计评审阶段的故障百分比增加到 20%。这些百分比与能力基准中给定的分布率是一致的。表 12-2 给出了各阶段检测到的故障数估计值。

表 12-2 各阶段检测到的故障数估计值

评审/测试阶段	估计被检测到的总故障数	占估计的总故障数的百分比	估 计 基 础
需求和设计评审	29	20%	同类项目(Synergy)和 PCB
代码评审	29	20%	同类项目(Synergy)和 PCB
单元测试	57	40%	同类项目(Synergy)和 PCB
集成测试和回归测试	25	17%	同类项目(Synergy)和 PCB
验收测试	5	3%	同类项目(Synergy)和 PCB
估计检测到的故障数	143	100%	同类项目(Synergy)和 PCB

因为质量目标高于 Synergy 和组织范围的标准,并且因为生产率目标也有所提高,所以 AMFI 项目经理必须设计一种实现这些目标的策略,因为标准过程不能实现它们。基本策略具有如下三重目的:(1)采用故障预防;(2)对规范和程序员编写的第一个程序执行小组评审;(3)使用 RUP 方法。即与 Synergy 采用的过程相比较,AMFI 项目采用的过程有所改变,并将实现更高的目标。

基于其他项目的数据,项目经理期望故障预防能够将故障减少 10%~20%。这将减少测试和评审后的返工工作量,在生产率方面大约提高了 2%(根据 Synergy 的返工工作量的百分比)。表 12-3 给出了有关的策略和期望的效益。注意,尽管对每个策略期望的效益分别加以描述,但是很难单独地监督各策略的效果。

表 12-3 AMFI 项目实现更高目标的策略

策 略	期 望 的 效 益
用标准的故障预防指南和过程预防故障:使用 Synergy 制定的标准进行编码; 小组评审前面几个程序规范和逻辑上复杂的用例; 小组评审设计文档和第一个程序代码; 引入 RUP 方法,迭代式地实现项目,在每次迭代后执行里程碑分析和故障预防任务	故障引入率减少 10%~20%,生产率大约提高了 2%; 质量提高,由于总的故障排除效率提高了,在生产率方面也有某些效益,因为故障被较早地检测到; 故障引入率大约减少了 5%,而总体生产率大约提高了 1%

因为评审是质量过程的一个关键问题,所以应在质量计划中单独描述它们。质量计划应规定开发生命期中执行评审的时机、评审工作产品的时机以及评审的性质。表 12-4 说明了 AMFI 项目中的这些评审。

表 12-4　AMFI 项目的评审

评 审 时 机	评 审 项 目	评 审 类 型
项目规划结束时	项目计划 故障控制系统计划 项目进度计划	小组评审 软件质量顾问评审 软件质量顾问评审
项目规划结束时	CM 计划	小组评审
90％需求分析结束时(这必须在第一次细化迭代结束时)	业务分析和需求规范文档 用例目录	小组评审
90％设计结束时(这必须在第二次细化迭代结束时)	设计文档 对象模型	小组评审
每次迭代开始时	迭代计划	个人评审
详细设计结束时	复杂的程序规范和第一次产生的程序规范,包括测试案例和交互图	个人评审
前面几个程序编码以后 自我测试一个过程以后 单元测试计划结束时 集成测试开始时	代码 代码 单元测试计划 集成测试计划	小组评审 个人评审 小组评审 个人评审

12.4　AMFI 项目的度量和跟踪计划

　　AMFI 项目对规模、工作量、故障和进度的标准指标都进行了度量。该计划对规模度量使用行计数器,对工作量度量使用 WAR 系统,对故障度量使用一个被称为 BugsBunny 的故障控制系统,而对进度度量使用 MSP。

　　项目经理计划用 MSP 进行任务跟踪,并定期举行会议以监督各种任务的状态。问题分别被分类为联机问题、客户问题、业务经理问题和支持服务问题,并分别对它们进行跟踪。客户反馈信息(投诉以及表扬)都被记录下来。

　　每周向业务经理和客户发送状态报告。对于前五个里程碑处的偏差极限,将工作量和进度设为 10％而将故障设为 20％。对于其余里程碑处的偏差极限,将工作量和进度设为 5％而将故障设为 20％。里程碑报告也发给业务经理和客户。跟踪和度量规划的最终结果包括在 AMFI 项目的项目管理计划中。

12.5　AMFI 项目计划

　　本节介绍案例研究 AMFI 项目的项目计划。PMP 的第 1 部分给出主要参与者、里程碑和一个项目综述。

　　第 2 部分包含关于规划的详情。首先,它列出了过程规划的结果。计划表明将要使用的"开发过程"以及为项目所做的裁剪工作。这个项目将使用 Rational Rose 统一过程

(Rational Rose Unified Process,RUP),因为这是客户的要求。RUP 包含四个主要阶段:初始阶段、细化阶段、构造阶段和移交阶段。细化和构造阶段通常迭代式地完成。细化阶段的主要任务是分析与设计,而构造阶段的主要任务是编码和测试。项目将进行两次细化迭代和三次构造迭代。为了满足这种方法,需要对 A 公司采用的标准开发过程进行裁剪。裁剪备注规定了对标准过程进行的裁剪工作。

对于需求变更管理,计划规定将变更申请记录在哪里以及处理它们的过程。它还规定,如果任何一种变更申请需要总工作量的 2% 以上,则需要对它重新进行估计。

工作量估计子部分给出了工作量估计及估计的基础。它与工作量估计一起,规定了项目的进度(这与客户要求的里程碑相同)以及满足进度要求所需的人员。人员需求还将根据技能进行规定。还给出了团队的培训计划,以及延迟某人进行培训的条件。

质量计划子部分给出了质量目标和故障的中间目标。因为项目本身设定了更高的目标,所以同时也给出了实现那些目标的策略,以及项目准备执行的评审。

规划部分也规定了所需的硬件资源和软件资源以及风险管理计划。

第 3 部分(项目跟踪部分)提到将用 MSP(Microsoft Project)进行任务调度、工作分配和状态监督。BugsBunny 是一个内部开发的工具,将用来跟踪项目所属的问题。项目经理负责评审这些问题并确保解决它们,但是不涉及与业务经理相关的问题。BugsBunny 还将用来跟踪客户投诉和反馈信息。状态报告每两周发送一次,并且客户将在每个里程碑处收到一个报告。在里程碑处,计划进行详细分析。给双方都建立了问题的提交渠道。

第 4 部分规定团队结构。团队由项目领导(Project Leader,PL)负责(本书别的章节称为项目经理),他管理一个故障预防(Defect Prevention,DP)团队、一个模块领导及配置控制人员。DP 团队负责分析故障并建议预防它们的方案。团队结构规定:软件质量顾问与团队有关,但他不向 PL 报告。该计划还规定了团队中每个人员的角色和责任。

12.6　AMFI 项目的配置管理计划

这里介绍的 CM 计划规定 CM 环境和 AMFI 项目所遵循的目录结构。AMFI 项目的CM 计划表明了目录结构在项目区域下,由 Visual Source Safe(VSS)工具管理,所有需要被管理的文档都保存在这里。源代码文件由 Visual Age for Java(VAJ)工具管理。在 VSS 目录下,规定了各种各样的目录;目录名明确地表明了这些目录将保存些什么。用户区域未受管理,但也对它进行了规定;每个用户一个目录,并且每个团队成员应该遵循其区域的目录指南。同样,也对评审区域进行了规定,这是保存要被评审的项目的目录。

该计划列出了配置项、它们的名字以及它们的存储位置。这里只列出受控的配置项。诸如测试结果、评审结果、消息、模板、标准等未受控的配置项都被忽略掉;它们分别被保存在各自未受控区域的目录中。对于每个配置项,在工作区域中给出开发时应当保存的区域。如果将要对配置项进行评审,则计划表明应该把它移到哪里进行评审,以及评审后应将它保存的 VSS 下的基准区域。换句话说,计划概括了这些项目演变过程的存储区域。

计划描述了一个文档如何在这些不同的区域中移动——即文档的配置控制过程。这是非常明确的:用户操作工作区中的文档。当文档准备评审时,就把它移动到指定的评审区域。如果评审不要求任何返工,文档就成为了基准。计划没有为代码规定类似的过程,因为使用了 VAJ 方法。

计划规定了各区域和 VSS 的访问权。因为该项目的团队规模很小,所以遵循了一种相对较自由的访问机制,所有团队成员对受控区域都有注册和检查访问权。

计划规定了变更控制过程。首先,计划规定谁负责记录变更申请、谁评审,等等。然后给出变更实现过程。

协调是很多项目中的一个主要问题。前面已经提到过,当多个人同时修改一个配置项时,就需要进行协调。对于文档,不需要这样的协调,因为没有设计并行变更,并且 VSS 有正式的注册和检查程序,不允许发生并行变更。然而,源代码的变更协调是需要的。在类层次上,协调的责任由类的所有者负责,他将对此使用 VAJ 功能。在每个里程碑处,或者每当需要的时候,可为所有资源进行所有协调。

如果在开发地点(脱机)和部署地点(联机)同时做出某些变更,这时可能需要进行协调。如果这种情况发生了,还是要使用 VAJ;标识出这些变更存在的差异,然后合并这些变更。

如果多个项目正在使用某些共同的源代码,则项目间的协调也是必需的。通常,所有项目将它们的 VAJ 文件发送到一个中央协调程序,由它协调文件并返回它们。然后,这些经过协调的文件就成为了每个项目的基准。

CM 计划规定发行区域和后备过程。源代码的发行区域是 VAJ 仓储,并且在构造里程碑结束时发布源代码。“发布”在这里表示协调已经完成,并且基准已经建立,这个基准也有可能被发送给用户。概要设计在相应的里程碑结束时从 VSS 区域发布。对于后备,还规定了其区域和频度。然后,提到配置审计的性质和频度,以及配置控制人员的作用和责任。在这个项目中,CC 负责维护工具、确定后备过程、执行审计并帮助团队遵循 CM 过程。

12.7　AMFI 项目的收尾分析报告

本节介绍 AMFI 项目的收尾分析报告。首先,该报告给出了有关项目的一些基本信息。然后在绩效总结部分指出,项目工作量的 19% 超出量是由两种主要的变更申请导致的。它还给出了团队规模、开始和收尾日期、质量、生产率、质量成本、故障引入率和故障排除效率的计划值和实际值。在所有这些参数中,实际绩效非常接近于估计的绩效。实际的故障引入率大约比估计的低 26%,主要是由于故障预防任务导致。

该报告给出了项目完成的过程裁剪的一个综述,并规定了所用的内部工具和外部工具。对于风险管理,该报告讨论了最初定义的风险以及项目领导和软件工程过程小组(Software Engineering Process Group,SEPG)感到项目所存在的真实风险。你可以看到,这两类风险是不同的。项目执行时出现了一个新风险:转换成 VAJ3.0 的工作。有关风险缓和的备注表明该风险得到了有效控制,显示了变更对客户的影响,然后同意延迟转换到一个未来的版本。对于其他任务,备注评价了风险缓和策略的有效性。

该报告根据不同复杂度的程序量记录估计的规模和实际规模。最终输出系统的规模也以 LOC 的形式给出。对于该项目,Java 代码的规模大约 33KLOC,大概转换成 1612FP,还有 1K 的 COBOL 代码,大概转换成 12FP。规模值用来计算项目的生产率和质量。

该报告给出了各阶段估计的进度和实际进度。在两者相差较大的地方（例如，验收测试），该报告还给出进度落后的原因。

该报告给出了工作量数据。首先，该报告给出实际工作量在项目各阶段的分布情况，以及每个阶段的任务、评审和返工工作量。采用这种任务分解方式，计算出质量成本是项目的31.4%。然后，给出项目各阶段的估计的工作量和实际工作量，并在两者偏差较大的情况下给出偏差的原因。你可以看到，该项目的总体偏差并非很大，只是有几个阶段的偏差很大，并且有时该偏差是负的。

该报告包含了一个故障分析。给出各个故障检测阶段的故障分布情况，以及那些阶段估计的故障数。与其他参数一样，还要给出偏差百分比。这里的总体偏差也是 -20%，尽管某些阶段的偏差很大。该报告表明了总故障数减少的原因，以及实际故障分布中出现显著偏差的原因。然后按检测阶段和引入阶段给出故障数据。使用这些数据，就可以计算出每个故障排除阶段的故障排除效率。在这个项目中，需求和设计评审阶段的故障排除效率是100%，代码评审只有 55%，单元测试只有 32%，系统测试 91%，而验收测试 100%（因为只知道那些在验收测试收尾前排除的故障）。总体故障排除效率是 97.5%，这是比较令人满意的（目标是 97%）。该报告还计算了关于严重性和故障类型的故障分布情况。

最后，对那些没有满足计划目标的情况，因果分析提供了可能的过程原因。在这个项目中，讨论了绩效偏差的原因，以及绩效数据。总结了从该项目中吸取的教训。还记录了已经提交的过程资源。

AMFI 项目的收尾分析报告

1. 基本信息

AMFI 项目的基本信息如表 12-5 所示。

表 12-5　AMFI 项目的基本信息

项目代码	Xxxx
生命周期	开发周期，整个生命周期
业务领域	金融业，基于 Web 的账户管理应用
项目领导/模块领导	××××
业务经理	
软件质量顾问	××××

2. 绩效总结

AMFI 项目的绩效总结如表 12-6 所示。

表 12-6　AMFI 项目的绩效总结

绩效参数	实际值	估计值	偏差	偏差原因（如果偏差大）
总的工作量（人日）	597	501	19%	两个主要的变更申请
最多时的团队人数	9	9	0	N/A

续表

绩效参数	实际值	估计值	偏差	偏差原因(如果偏差大)
项目开始日期	2000 年 4 月 3 日	2000 年 4 月 3 日	0	N/A
项目收尾日期	2000 年 10 月 3 日	2000 年 10 月 30 日	27 天	两个主要的变更申请花去了 5％工作量
质量(已交付产品的故障数/FP)	0.002	0.0125		由于故障预防和增量过程的使用,质量被提高了
生产率	58	57	2％	N/A
质量成本	31.4％	33％	5％	N/A
故障引入率	0.022	0.03	−26％	由于故障预防,故障引入率被降低了
故障排除效率	97.4	97	小	N/A

3. 过程细节

AMFI 项目的过程细节如表 12-7 所示。

表 12-7　AMFI 项目的过程细节

过程裁剪	利用了 Rational 统一过程
	迭代式地完成开发和分析——开发迭代三次,而设计和分析迭代两次
	通过 RequisitePro 工具实现需求跟踪

4. 所用的工具

AMFI 项目的工具列表如表 12-8 所示。

表 12-8　AMFI 项目的工具列表

所用的工具	外部工具:VSS、VJA、RequisitePro 和 MSP
	内部工具:BugsBunny 和 WAR

5. 风险管理

在项目开始时识别出的风险。在 AMFI 项目开始时识别出的风险如表 12-9 所示。

表 12-9　项目开始时识别出的风险

风险 1	缺少客户方的数据库设计师和数据库管理员的支持
风险 2	RUP 使用不正确,因为这是第一次使用
风险 3	人员流失
风险 4	通过链路操作客户数据库的问题

项目执行期间遇到的问题。AMFI 项目执行期间遇到的问题如表 12-10 所示。

表 12-10　项目执行期间遇到的问题

风险 1	转换到 VAJ 3.0 的影响
风险 2	缺少客户方的数据库设计师和数据库管理员的支持
风险 3	RUP 使用不正确,因为这是第一次使用
风险 4	人员流失

有关风险缓和措施的备注。

- 风险 1：明确地表达风险有助于客户同意延迟转换以及正确地预算其影响。
- 风险 2：提前进行仔细地规划并利用联机协调者，这样的迁移策略是有效的。
- 风险 3：有效的做法是对团队进行 RUP 培训，并将它及时地通知客户。
- 风险 4：虽然没有具体化，但它仍然是一个风险。影响可能很小，因为每个关键任务都被及时地通知给多个人。

6. 规模

AMFI 项目的规模如表 12-11 所示。

表 12-11　AMFI 项目的规模

	估计的规模	实际规模
简单用例数量	5	5
中等复杂用例数量	9	9
复杂用例数量	12	12

关于估计的备注。

- 分类标准：用简单用例、中等复杂用例和复杂用例的标准定义进行用例分类。这样的分类可以起到很好的作用。
- 最终系统的 FP 规模：最终源代码的规模用 LOC 进行度量。并用公布的转换表将其规范化成 FP 规模。对于 Java，公布的转换表认为 21LOC 等于 1FP，而对于 COBOL，107LOC 等于 1FP。

AMFI 项目最终系统的 FP 规模如表 12-12 所示。

表 12-12　AMFI 项目最终系统的 FP 规模

结果语言	LOC 规模	FP 规模
Java	33 865	1612
COBOL	1241	12

7. 进度计划

AMFI 项目的进度计划如表 12-13 所示。

表 12-13　AMFI 项目的进度计划

阶　　段	实际所花的时间(天)	估计的时间(天)	落后(%)	落后的原因
需求分析	28.67	31	−6.5	
概要设计	0	0	0.0	
详细设计	38.8	42	−6.7	
编码	132	135	−1.6	
单元测试	9	10	−9.3	
总构建	141	144	−2.1	
集成测试	40	40	0	
系统测试	15	0	0.0	
验收测试(AT)	30	10	200.0	在客户的申请下延长了 AT 完成时间

8. 工作量

工作量在生命期各阶段的分布情况。AMFI 项目的工作量如表 12-14 所示。

表 12-14　AMFI 项目的工作量

阶　　段	任务	评审	返工	总计
需求分析	210.0	10.0	60.0	280.0
概要设计	0.0	0.0	0.0	0.0
详细设计	652.0	14.0	29.5	695.5
编码	1188.0	39.5	76.5	1304.0
单元测试	129.5	0.0	17.0	146.5
集成测试	567.5	6.0	160.5	734.0
系统测试	90.0	0.0	0.0	90.0
验收测试	336.5	0.0	0.0	336.5
LC 阶段总计工作量	3173.5	69.5	343.5	3586.5
项目管理	733.1	0.0	0.0	733.1
培训	104.5	0.0	0.0	104.5
CM	317.0	0.0	0.0	317.0
其他	488.5	0.0	0.0	488.5
总计(包括管理、培训和其他工作)	1643.0	0.0	0.0	1643.0
总工作量(人时)	4816.50	69.50	343.50	5229.50
总工作量(人月)	25.76	0.37	1.84	27.97

质量成本:

COQ=(评审工作量＋返工工作量＋测试工作量＋培训工作量)/ 总工作量×100%

＝(69.5＋343.5＋129.5＋567.5＋90＋336.5＋104.5)/5229.5×100% ＝ 31.4%

工作量分布情况及实际的工作量与估计的工作量。AMFI 项目的工作量分布情况及实际的工作量与估计的工作量如表 12-15 所示。

表 12-15　AMFI 项目的工作量分布情况及实际的工作量与估计的工作量

阶　　段	实　　际		估　　计		偏差 (%)	偏差原因
	工作量 (人时)	百分比(%)	工作量 (人时)	百分比(%)		
需求分析	280	5.35	475.0	10	−30	工作量估计过高(以往项目的数据不能提供帮助,因为它没有这个阶段)
设计(概要设计和详细设计)	695.0	13.3	569.0	12	22	设计花去了更多的时间,因为团队没有使用 Rational Rose 和 OOAD 的经验
编码	1304.0	24.9	1235.3	26	6	
单元测试	146.5	2.8	142.5	3	3	
集成测试	734.0	14.04	331.0	7	120	大量工作量用于修复与 Synergy 和 Windows Resized 代码协调期间引入的故障

阶　　段	实　　际		估　　计		偏差 （%）	偏差原因
	工作量 （人时）	百分比（%）	工作量 （人时）	百分比（%）		
系统测试	90.0	1.72	95.0	2	—5	
验收测试	336.5	6.43	285.0	6	18	验收测试在 10 月 3 日没有完成，并且由于客户的延误一直延续至 10 月 23 日
LC 阶段总计	3586.5	68.58	3132.8	66	14.5	
项目管理	733.1	14.02	713.0	15	3	
培训	104.5	2.00	455.0	10	—77	
CM	317.0	6.06	142.0	3	123	由于协调问题而产生的偏差
其他	488.5	9.34	285.0	6	71	更多的是由于培训而引起的偏差
管理、培训和其他工作总计	1643.0	31.42	1595.0	34	3.01	
总计	5229.5	100	4727.8	100	10.6	

9. 故障

故障分布情况。AMFI 项目的故障分布情况如表 12-16 所示。

表 12-16　AMFI 项目的故障分布情况

检测阶段	实际故障数	占发现的总故障数的百分比（%）	估计的故障数	占估计的总故障数的百分比（%）	偏差（%）
需求和设计评审	11	10	29	20	—62
代码评审	58	50	29	20	100
单元测试	15	13	57	40	—73
集成和系统测试	29	25	25	17	16
验收测试	3	2	5	3	—40
总计	116	100	145	100	—20

出现偏差的原因：

（1）故障预防措施减少了后面阶段的故障引入率，导致总体故障引入率降低。

（2）估计所基于的以往项目只进行过极少量的代码评审，并且严重地依赖于 UT（单元测试）。在这个项目中，因为更加严格和广泛地执行代码评审，在评审时则发现了更多的故障，所以在进行单元测试时发现的故障大大地减少了。

AMFI 项目的故障排除效率如表 12-17 所示。

表 12-17 AMFI 项目的故障排除效率

故障检测阶段		故障引入阶段		故障排除效率
	需求分析	构建	设计	
需求评审	5			100%
设计评审	0	6		100%
代码评审	0	0	58	55%×(58/58+15+29+3)
单元测试	0	0	15	32%×(15/15+29+3)
集成/系统测试	0	0	29	91%×(29/29+3)
验收测试	0	0	3	100%

总的故障排除效率＝113/116＝97.4%

AMFI 项目的故障按严重性分布情况如表 12-18 所示。

表 12-18 AMFI 项目的故障按严重性分布情况

序 号	严重性	故障数	总故障率(%)
1	装饰性故障	26	22.4
2	次要故障	51	44
3	主要故障	36	31
4	紧急故障	3	2.6
5	其他	—	
	总计	116	

AMFI 项目的故障按类型的分布情况如表 12-19 所示。

表 12-19 AMFI 项目的故障按类型的分布情况

序 号	故 障 类 型	故 障 数	总故障率(%)
1	逻辑	33	28.4
2	标准	29	25
3	绩效	24	20.7
4	冗余代码	14	12
5	用户接口	9	7.7
6	体系结构	4	3.5
7	一致性	2	1.7
8	重用性	1	0.9
	总计	365	

10. 因果分析和应吸取的教训

几乎没有很大的过程绩效偏差；实际绩效与期望的绩效非常接近。对于那些大的偏差,在出偏差的同时还给出了出现偏差的原因。应吸取的一些关键教训如下：

(1) 增量式开发或者阶段性开发对于实现更高的质量和生产率非常有帮助,因为根据第一段的数据确定故障预防措施,可以改进其余阶段的质量和生产率。

(2) 故障预防可以显著地降低故障引入率。即使从工作量上看,故障预防也能很好地得到回报：在故障预防上投入几个小时的工作量,最多可以使以后的返工工作量减少 5～10

倍。

（3）如果某个变更申请有较大的影响，则用一个详细的影响分析与客户讨论，这在设置正确的期望和进行严格的成本效益分析时非常有益（这可以迫使变更延迟进行，该项目就被延迟变更）。

（4）代码评审和单元测试阶段的故障排除效率很低。为了改进这两个阶段的效率，必须评审这两个阶段的过程以及过程的实现。在这个项目中，系统/集成测试弥补了评审和单元测试绩效的低下。然而，对于更大型的项目，这也许是不可能的，评审和单元测试绩效不高，可能对质量有不良的影响。

11. 提交的过程资源

项目管理计划、项目进度计划、配置管理计划、Java 编码标准、代码评审检查表、集成计划评审检查表、影响分析检查表、故障预防的因果分析报告。

参 考 文 献

[1] [美]J. D. 弗雷姆著. 组织机构中的项目管理. 郭宝柱译. 北京：世界图书出版公司,2000.

[2] [印]RajeevTShandilya 著. 软件项目管理. 王克仁,等译. 北京：科学技术出版社,2002.

[3] [美]J. D. 弗雷姆著. 新项目管理. 郭宝柱,等译. 北京：世界图书出版公司,2001.

[4] [美]史蒂夫·麦克康奈尔著. 微软项目求生法则. 余孟学译. 北京：机械工业出版社,2000.

[5] [美]史蒂夫·马魁尔著. 微软研发制胜策略. 苏斐然译. 北京：机械工业出版社,2000.

[6] 邱菀华,等. 现代项目管理导论. 北京：机械工业出版社,2002.

[7] 纪燕萍. 21 世纪项目管理教程. 北京：人民邮电出版社,2002.

[8] 孙涌,等. 现代软件工程. 北京：北京希望电子出版社,2002.

[9] [美]International Function Point Users Group 著. 方德英译. 北京：清华大学出版社,2003.

[10] 纪康宝. 软件开发项目可行性研究与经济评价手册. 长春：吉林科学技术出版社,2002.

[11] [美]MarkJ. Christensen,等著. 软件工程最佳实践项目经理指南. 王立福,等译. 北京：电子工业出版社,2004.

[12] [美]JohnMcGarry,等著. 实用软件度量. 吴超英,等译. 北京：机械工业出版社,2003.

[13] 韩万江,等. 软件开发项目管理. 北京：机械工业出版社,2003.

[14] 6σ 工作室. PMP 成功之路. 北京：机械工业出版社,2003.

[15] Garmus,D,and David, H. The Software Measuring Process：A Practical Guide to Functional Measurements. NJ：YourdonPress,1996.

[16] Humphrey,W. A Discipline for Software Engineering, SEI Series in Software Engineering. MA：Addison-Wesley,1995.

[17] John H Baumert Software Measuresand the Capability Maturity Model. CMU/ SEI-92-TR-25,1992.

[18] Ronald P Higuera & YacovYHaimes. Software Risk Management. CMU/SEI-96-TR-012,1996.

[19] [美]Anne Mette,Jonassen Hass 等著. 配置管理原理与实践(英文影印版). 北京：清华大学出版社,2003.

[20] Humphrey,W. S.. TSP 领导开发团队. 北京：人民邮电出版社,2006.

[21] Barry W. Boehm. 软件工程经济学. 北京：机械工业出版社,2004.

[22] [美]乔恩·R·卡曾巴赫,等. 团队的智慧(创建绩优组织). 北京：经济科学出版社,2000.

[23] Kerzner. H. 项目管理：计划、进度和控制的系统方法. 7 版. 北京：电子工业出版社,2002.

[24] George T. Milkovich/,John W. Boudreau. 人力资源管理. 原书第 8 版. 北京：机械工业出版社,2002.

[25] 雷蒙德·A. 诺伊. 人力资源管理：赢得竞争优势. 北京：中国人民大学出版社,2002.

[26] 陈劲. 研发项目管理. 北京：机械工业出版社,2004.

[27] 陈远敦,陈全明. 人力资源开发与管理. 北京：中国统计出版社,2000.

[28] 纪燕萍,王亚慧,李小鹏. 中外项目管理案例. 北京：人民邮电出版社,2002.

[29] 邱苑华,沈建明,杨爱华. 现代项目管理导论. 北京：机械工业出版社,2003.

[30] 孙健. 人力资源开发与管理——理论、工具、制度、操作. 北京：企业管理出版社,2004.

[31] 涂台良. 现代人力资源管理手册. 北京：清华大学出版社,2000.

[32] 杨斌. 高新技术项目人力资源管理研究. 济南：山东科技大学,2005.

[33] 朱丹. 人力资源管理教程. 上海：上海财经大学出版社,2001.

[34] [美]美茨格,博迪. 软件项目管理：过程控制与人员管理. 三版. 北京：电子工业出版社,2002.

[35] Jack，Gido. Successful Project Management. 北京：机械工业出版社,1999.

[36] James P. Lewis. The Project Manager's Desk Reference. McGraw-Hill Education,2001.

[37] Joan Knutson. Succeeding in Project-driven Organization,People,Processes and politics. John Wiley & Sons,2001.

[38] John M. Nicholas. Project Management for Business and Technology-Principles and Practice. Prentice Hall,2001.

[39] R. K. Wysochi. Effective Project Management. 2nd Edition. 北京：电子工业出版社,2002.

[40] Watson,T. J.. Organising and Managing Work. London：Financial Times/ Prentice-Hall,2002.

[41] William R. Duncan. A Guide to the Project Management Body of Knowledge. 北京：机械工业出版社,2000.

[42] 韩万江,姜立新. 软件项目管理案例教程. 北京：机械工业出版社,2005.

[43] Dean Leffing well，Don Widrig. Managing Software Requirements：A Use Case Approach,Second Edition,2003.

[44] [美]唐纳德·高斯(Donald C. Gause),杰拉尔德·温伯格(Gerald M. Weinberg). 探索需求. 北京：清华大学出版社,2004.

图 书 资 源 支 持

感谢您一直以来对清华版图书的支持和爱护。为了配合本书的使用，本书提供配套的资源，有需求的读者请扫描下方的"书圈"微信公众号二维码，在图书专区下载，也可以拨打电话或发送电子邮件咨询。

如果您在使用本书的过程中遇到了什么问题，或者有相关图书出版计划，也请您发邮件告诉我们，以便我们更好地为您服务。

我们的联系方式：

地　　址：北京海淀区双清路学研大厦 A 座 707

邮　　编：100084

电　　话：010－62770175－4604

资源下载：http://www.tup.com.cn

电子邮件：weijj@tup.tsinghua.edu.cn

QQ：883604(请写明您的单位和姓名)

用微信扫一扫右边的二维码，即可关注清华大学出版社公众号"书圈"。

资源下载、样书申请

书 圈